Python程序员面试算法宝典

猿媛之家 组编

张 波 楚 秦 等编著

机械工业出版社

本书是一本讲解程序员面试笔试算法的书，代码采用 Python 语言编写，书中除了讲解如何解答算法问题以外，还引入了例子辅以说明，让读者更容易理解。

本书几乎将程序员面试笔试过程中算法类真题一网打尽，在题目的广度上，通过各种渠道，搜集了近 3 年来几乎所有 IT 企业面试笔试算法的高频题目，所选择题目均为企业招聘使用题目。在题目的深度上，本书由浅入深，庖丁解牛式地分析每一个题目，并提炼归纳。同时，引入例子与源代码、时间复杂度与空间复杂度的分析，这些内容是其他同类书籍所没有的。本书根据真题所属知识点进行分门别类，结构合理，条理清晰，对于读者进行学习与检索意义重大。

本书可作为计算机相关专业毕业生面试笔试的求职用书，也可以作为本科生、研究生学习数据结构与算法的辅导书籍，同时适合期望在计算机软硬件行业大显身手的计算机爱好者阅读。

图书在版编目（CIP）数据

Python 程序员面试算法宝典 / 猿媛之家组编；张波等编著. —北京：机械工业出版社，2018.7（2019.6 重印）

ISBN 978-7-111-60779-3

Ⅰ. ①P… Ⅱ. ①猿… ②张… Ⅲ. ①软件工具—程序设计—自学参考资料 Ⅳ. ①TP311.561

中国版本图书馆 CIP 数据核字（2018）第 202897 号

机械工业出版社（北京市百万庄大街 22 号 邮政编码 100037）

策划编辑：时 静 责任编辑：时 静

责任校对：张艳霞 责任印制：张 博

三河市宏达印刷有限公司印刷

2019 年 6 月第 1 版 • 第 3 次印刷

184mm×260mm • 18.75 印张 • 459 千字

5501—8000 册

标准书号：ISBN 978-7-111-60779-3

定价：65.00 元

凡购本书，如有缺页、倒页、脱页，由本社发行部调换

电话服务

服务咨询热线：（010）88361066

读者购书热线：（010）68326294

（010）88379203

网络服务

机 工 官 网：www.cmpbook.com

机 工 官 博：weibo.com/cmp1952

金 书 网：www.golden-book.com

教育服务网：www.cmpedu.com

前　言

计算机技术博大精深、日新月异，Hadoop、GPU 计算、移动互联网、模式匹配、图像识别、神经网络、蚁群算法、大数据、机器学习、人工智能、深度学习等新技术让人眼花缭乱，稍有不慎，就会被时代所抛弃。于是，很多 IT 从业者就开始困惑了，不知道从何学起，到底什么才是计算机技术的基石。其实，究其本质与基础，还是最基础的数据结构与算法知识：Hash、动态规划、分治、排序、查找等。所以，无论是世界级的大型企业，还是几个人的小公司，在面试求职者的时候，往往会考察这些最基础的知识，无论你的研究方向是什么，这些基础知识还是应该熟练掌握的。

本书在写作风格上，推陈出新，对于算法的讲解，不仅有文字描述，更以示例佐证，能够更好地让读者读懂。为了能够写出精品书籍，我们对每一个技术问题都反复推敲，与算法大牛一起反复论证可行性，对于文字，我们咬文嚼字，字斟句酌，所有这些付出，只为让读者能够对书中的技术点放心，文字描述舒心。

市面上同类型书籍很多，也都写得不错，但是，我们相信，我们能够写出更适合读者需求的高质量精品书籍。为了能够在有限的篇幅里面尽可能地罗列出“干货”，我们在选择题目上也是下了巨大的功夫：首先，我们通过搜集近 3 年以来几乎所有 IT 企业的面试笔试算法真题，包括已经出版的其他著作、技术博客、在线编码平台、刷题网站等，保证所选样本足够大。其次，我们选择题目的时候尽可能不选择那种一眼就能知道结果的简单题，也不选择那种怪题、偏题、难题，我们的选题原则是选择难度适中或者看上去简单但实际容易出错的题目。通过我们的努力，力求遴选出来的算法真题能够最大限度地帮助读者。在真题的解析上，我们采用层层递进的方法，先易后难，层层深入，将问题抽丝剥茧，使得读者能够跟随我们的思路，一步步找到问题的最优解。

写作的过程是一个自我提高、自我认识的过程，很多知识，只有你深入理解与剖析后，才能领悟其中的精髓，掌握其中的技巧，程序员求职算法也不例外。本书不仅具备了其他书籍分析透彻、代码清晰合理等优点，还具备以下几个方面的优势：

第一，算法书籍分多种语言版本实现：C/C++、Java、C#、Python 等，这样，不管读者侧重于哪一种语言，都能够有适合自己的书。后续可能还有 PHP 等其他语言描述的图书出现。**本书中如果没有特别强调，代码实现均默认使用 Python 语言。**

第二，每个题目除了循序渐进的分析以外，还对方法进行了详细阐述，针对不同方法的时间复杂度与空间复杂度，进行了详细的分析。除此之外，为了更具说服力，每一种方法几乎都对应有示例讲解，对方法是一种更好的辅助。

第三，代码较为规范，完全参照华为编程规范、Google 编程规范规范编码。小作坊编码的时代早已过去，程序员要想在一个团队中大展拳脚，就离不开合作，而合作的基础就是共同遵循统一的编码规范。不仅如此，规范化的编码往往有助于读者理解代码。

第四，除了题目讲解，还有部分触类旁通的题目供读者练习。本书不可能囊括所有的程序员求职类的数据结构与算法类题目，但是，本书会尽可能地将一些常见的求职类算法题和具有代表性的算法题重点讲解，将其他一些题目以练习题的形式展现在读者面前，供读者思考与学习。

我是一个很乐观的人，人生在世，就是在发现问题，解决问题中度过，我总能够以最饱满的精神状态完成创作。在此，感谢我的父母、姐姐、亲朋好友一直以来对我的关心与照顾，感谢我的大学老师刘坚教授、张立勇副教授、王献青副教授、霍秋艳副教授等对我的无私的知识传授，将我带进了计算机的殿堂，在我对学习感到困惑的时候，点亮我人生的灯塔。感谢同学与师兄弟们的兄弟情义，感谢同事们工作的支持以及业余一起打篮球、踢足球、谈人生、谈理想。感谢那些对我生活、工作给予巨大关心的人，是你们一路陪伴，让我孤独的心充满温暖与爱。正是有了你们，我的生活才更加丰富多彩。每每想到这些，我都对生活充满了无限的期待。

数据结构与算法知识博大精深，非一本或是几本书就能够将其讲解透彻，但不能因为这样就不去做这件事了。尽管本书竭尽所能希望将所有程序员求职过程中出现的面试笔试题一网打尽，试图做到知识覆盖面广，内容知识全，但仍然无法做到面面俱到，百分之百的读者满意率是本书以及后续改版奋斗与追求的目标，希望读者能够体谅。有兴趣的读者可以阅读《算法导论》《编程珠玑》等国外知名专家编写的专著进行知识的扩展与延伸。

其实，本书不仅可以作为程序员求职的应试类书籍，还可以作为数据结构与算法的教辅书籍。书中的很多思想、方法对于提高对数据结构与算法的理解是大有裨益的，不管你是本科生还是研究生，不管你是低年级学生还是高年级学生，不管你对计算机底层知识还是当前的计算机前沿知识是否了解，都不影响你学好本书。

本书是作者历经四年时间打造的技术精品，尽管我们用尽心思、绞尽脑汁地希望做到百分之百的准确性，但书中不足之处在所难免，在恳请读者原谅的同时，也希望读者能够将这些问题反馈到我们这里，以便于未来继续改进与提高，为读者提供更加优秀的作品。

本书中有部分思想来源于网络，无法追踪到出处，在此对这些幕后英雄致以最崇高的敬意。没有学不好的学生，只有教不好的老师，我们希望无论是什么层次的学生，都能毫无障碍地看懂书中所讲内容。如果读者存在求职困惑或是对本书中的内容存在异议，都可以通过 yuancoder@foxmail.com 联系作者。

猿媛之家

于西安

目　录

面试笔试经验技巧篇

想找到一份程序员的工作，一点技术都没有显然是不行的，但是，只有技术也是不够的。面试笔试经验技巧篇主要针对程序员面试笔试中遇到的 13 个常见问题进行深度解析，并且结合实际情景，给出了一个较为合理的参考答案以供读者学习与应用，掌握这 13 个问题的解答精髓，对于求职者大有裨益。

经验技巧 1 如何巧妙地回答面试官的问题

所谓“来者不善，善者不来”，程序员面试中，求职者不可避免地需要回答面试官各种刁钻、犀利的问题，回答面试官的问题千万不能简单地回答“是”或者“不是”，而应该具体分析“是”或者“不是”的理由。

回答面试官的问题是一门很深的学问。那么，面对面试官提出的各类问题，如何才能条理清晰地回答呢？如何才能让自己的回答不至于撞上枪口呢？如何才能让自己的回答结果令面试官满意呢？

谈话是一种艺术，回答问题也是一种艺术，同样的话，不同的回答方式，往往会产生不同的效果，甚至是截然相反的效果。在此，作者提出以下几点建议，供读者参考。首先，回答问题务必谦虚谨慎。既不能让面试官觉得自己很自卑，唯唯诺诺，也不能让面试官觉得自己清高自负，而应该通过问题的回答表现出自己自信从容、不卑不亢的一面。例如，当面试官提出“你在项目中起到了什么作用”的问题时，如果求职者回答：我完成了团队中最难的工作，此时就会给面试官一种居功自傲的感觉，而如果回答：我完成了文件系统的构建工作，这个工作被认为是整个项目中最具有挑战性的一部分内容，因为它几乎无法重用以前的框架，需要重新设计。这种回答不仅不傲慢，反而有理有据，更能打动面试官。

其次，回答面试官的问题时，不要什么都说，要适当地留有悬念。人一般都有猎奇的心理，面试官自然也不例外，而且，人们往往对好奇的事情更有兴趣，更加偏爱，也更加记忆深刻。所以，在回答面试官问题时，切记说关键点而非细节，说重点而非和盘托出，通过关键点，吸引面试官的注意力，等待他们继续“刨根问底”。例如，当面试官对你的简历中一个算法问题有兴趣，希望了解时，可以这样回答：我设计的这种查找算法，对于 80%以上的情况，都可以将时间复杂度从 O(n)降低到 O(log n)，如果您有兴趣，我可以详细给您分析具体的细节。

最后，回答问题要条理清晰、简单明了，最好使用“三段式”方式。所谓“三段式”，有点类似于中学作文中的写作风格，包括“场景/任务”“行动”和“结果”三部分内容。以面试官提的问题“你在团队建设中，遇到的最大挑战是什么”为例，第一步，分析场景/任务：在我参与的一个 ERP 项目中，我们团队一共四个人，除了我以外的其他三个人中，两个人能力很强，人也比较好相处，但有一个人却不太好相处，每次我们小组讨论问题的时候，他都不太爱说话，也很少发言，分配给他的任务也很难完成。第二步，分析行动：为了提高团队的综合实力，我决定找个时间和他好好单独谈一谈。于是我利用周末时间，约他一起吃饭，吃饭的时候，顺便讨论了一下我们的项目，我询问了一些项目中他遇到的问题，通过他的回答，我发现他并不懒，也不糊涂，只是对项目不太了解，缺乏经验，缺乏自信而已，所以越来越孤立，越来越不愿意讨论问题。为了解决这个问题，我尝试着把问题细化到他可以完成的程度，从而建立起他的自信心。第三步，分析结果：他是小组中水平最弱的人，但是，慢慢地，他的技术变得越来越厉害了，也能够按时完成安排给他的工作了，人也越来越自信了，也越来越喜欢参与我们的讨论，并发表自己的看法，我们也都愿意与他一起合作了。“三段式”回答的一个最明显的好处就是条理清晰，既有描述，也有结果，有理有据，让面试官一目了然。

回答问题的技巧，是一门大的学问。求职者完全可以在平时的生活中加以练习，提高自己与人沟通的技能，等到面试时，自然就得心应手了。

经验技巧2 如何回答技术性的问题

程序员面试中，面试官经常会询问一些技术性的问题，有的问题可能比较简单，都是历年的笔试面试真题，求职者在平时的复习中会经常遇到，应对自然不在话下。但有的题目可能比较难，来源于 Google、Microsoft 等大企业的题库或是企业自己为了招聘需要设计的题库，求职者可能从来没见过或者从来都不能完整地、独立地想到解决方案，而这些题目往往又是企业比较关注的。

如何能够回答好这些技术性的问题呢？作者建议：会做的一定要拿满分，不会做的一定要拿部分分。即对于简单的题目，求职者要努力做到完全正确，毕竟这些题目，只要复习得当，完全回答正确一点问题都没有（作者认识的一个朋友据说把《编程之美》《编程珠玑》《程序员面试笔试宝典》上面的技术性题目与答案全都背得滚瓜烂熟了，后来找工作简直成了“offer 杀器”）；对于难度比较大的题目，不要惊慌，也不要害怕，即使无法完全做出来，也要努力思考问题，哪怕是半成品也要写出来，至少要把自己的思路表达给面试官，让面试官知道你的想法，而不是完全回答不会或者放弃，因为面试官很多时候除了关注你独立思考问题的能力以外，还会关注你技术能力的可塑性，观察求职者是否能够在别人的引导下正确地解决问题，所以，对于你不会的问题，他们很有可能会循序渐进地启发你去思考，通过这个过程，让他们更加了解你。

一般而言，在回答技术性问题时，求职者大可不必胆战心惊，除非是没学过的新知识，否则，一般都可以采用以下六个步骤来分析解决。

（1）勇于提问

面试官提出的问题，有时候可能过于抽象，让求职者不知所措，或者无从下手，所以，对于面试中的疑惑，求职者要勇敢地提出来，多向面试官提问，把不明确或二义性的情况都问清楚。不用担心你的问题会让面试官烦恼，影响你的面试成绩，相反，这样做还会对面试结果产生积极影响：一方面，提问可以让面试官知道你在思考，也可以给面试官一个心思缜密的好印象；另一方面，方便后续自己对问题的解答。

例如，面试官提出一个问题：设计一个高效的排序算法。求职者可能丈二和尚摸不着头脑，排序对象是链表还是数组？数据类型是整型、浮点型、字符型还是结构体类型？数据基本有序还是杂乱无序？数据量有多大，1000 以内还是百万以上个数？此时，求职者大可以将自己的疑问提出来，问题清楚了，解决方案自然也就出来了。

（2）高效设计

对于技术性问题，如何才能打动面试官？完成基本功能是必须的，仅此而已吗？显然不是，完成基本功能顶多只能算及格水平，要想达到优秀水平，还应该考虑更多的内容，以排序算法为例：时间是否高效？空间是否高效？数据量不大时也许没有问题，如果是海量数据呢？是否考虑了相关环节，例如数据的“增删改查”？是否考虑了代码的可扩展性、安全性、完整性以及鲁棒性？如果是网站设计，是否考虑了大规模数据访问的情况？是否需要考虑分布式系统架构？是否考虑了开源框架的使用？

（3）伪代码先行

有时候实际代码会比较复杂，上手就写很有可能会漏洞百出、条理混乱，所以，求职者可以先征求面试官的同意，在编写实际代码前，写一个伪代码或者画好流程图，这样做往往会让思路更加清晰明了。

切记在写伪代码前要先告诉面试官，否则他们很有可能对你产生误解，认为你只会纸上谈兵，实际编码能力却不行。只有征得了他们的允许，方可先写伪代码。

（4）控制节奏

如果是算法设计题，面试官都会给求职者一个时间限制用以完成设计，一般为 20min 左右。完成得太慢，会给面试官留下能力不行的印象，但完成得太快，如果不能保证百分百正确，也会给面试官留下毛手毛脚的印象，速度快当然是好事情，但只有速度，没有质量，根本不会给面试加分。所以，作者建议，回答问题的节奏最好不要太慢，也不要太快，如果实在是完成得比较快，也不要急于提交给面试官，最好能够利用剩余的时间，认真仔细地检查一些边界情况、异常情况及极性情况等，看是否也能满足要求。

（5）规范编码

回答技术性问题时，多数都是纸上写代码，离开了编译器的帮助，求职者要想让面试官对自己的代码一看即懂，除了字迹要工整，不能龙飞凤舞以外，最好是能够严格遵循编码规范：函数变量命名、换行缩进、语句嵌套和代码布局等，同时，代码设计应该具有完整性，保证代码能够完成基本功能、输入边界值能够得到正确的输出、对各种不合规范的非法输入能够做出合理的错误处理，否则，写出的代码即使无比高效，面试官也不一定看得懂或者看起来非常费劲，这些对面试成功都是非常不利的。

（6）精心测试

在软件界，有一个事实：任何软件都有 bug。但不能因此就纵容自己的代码，允许错误百出。尤其是在面试过程中，实现功能也许并不十分困难，困难的是在有限的时间内设计出的算法，各种异常是否都得到了有效的处理，各种边界值是否都在算法设计的范围内。

测试代码是让代码变得完备的高效方式之一，也是一名优秀程序员必备的素质之一。所以，在编写代码前，求职者最好能够了解一些基本的测试知识，做一些基本的单元测试、功能测试、边界测试以及异常测试。

在回答技术性问题时，注意在思考问题的时候，千万别一句话都不说，面试官面试的时间是有限的，他们希望在有限的时间内尽可能地去了解求职者，如果求职者坐在那里一句话不说，不仅会让面试官觉得求职者技术水平不行，还会认为求职者思考问题能力以及沟通能力可能都存在问题。

其实，在面试时，求职者往往会存在一种思想误区，把技术性面试的结果看得太过重要。面试过程中的技术性问题，结果固然重要，但也并非最重要的内容，因为面试官看重的不仅仅是最终的结果，还包括求职者在解决问题的过程中体现出来的逻辑思维能力以及分析问题的能力。所以，求职者在与面试官的博弈中，要适当地提问，通过提问获取面试官的反馈信息，并抓住这些有用的信息进行辅助思考，从而博得面试官的认可，进而提高面试的成功率。

经验技巧 3 如何回答非技术性问题

评价一个人的能力，除了专业能力，还有一些非专业能力，如智力、沟通能力和反应能力等，所以在IT企业招聘过程的笔试面试环节中，并非所有的笔试内容都是C/C++/Java、数据结构与算法及操作系统等专业知识，也包括其他一些非技术类的知识，如智力题、推理题和作文题等。技术水平测试可以考查一个求职者的专业素养，而非技术类测试则更加强调求职者的综合素质，包括数学分析能力、反应能力、临场应变能力、思维灵活性、文字表达能力和性格特征等内容。考查的形式多种多样，但与公务员考查相似，主要包括常识测试（占大多数）、性格测试（大部分都有）、应用文和开放问题等内容。

每个人都有自己的答题技巧，答题方式也各不相同，以下是一些相对比较好的答题技巧（以行测为例）：

（1）合理有效的时间管理。由于题目的难易程度不同，所以不要对所有题目都“绝对的公平”、都“一刀切”，要有轻重缓急，最好的做法是不按顺序回答。行测中有各种题型，如数量关系、图形推理、应用题、资料分析和文字逻辑等，而不同的人擅长的题型是不一样的，因此应该首先回答自己最擅长的问题。例如，如果对数字比较敏感，那么就先答数量关系题。

（2）注意时间的把握。由于题量一般都比较大，可以先按照总时间/题数来计算每道题的平均答题时间，如10s，如果看到某一道题5s后还没思路，则马上放弃。在做行测题目的时候，以在最短的时间内拿到最多分为目标。

（3）平时多关注图表类题目，培养迅速抓住图表中各个数字要素间相互逻辑关系的能力。

（4）做题要集中精力，只有集中精力、全神贯注，才能将自己的水平最大限度地发挥出来。

（5）学会关键字查找，通过关键字查找，能够提高做题效率。

（6）提高估算能力，有很多时候，估算能够极大地提高做题速度，同时保证正确率。

除了行测以外，一些企业非常相信个人性格对入职匹配的影响，所以都会引入相关的性格测试题用于测试求职者的性格特性，看其是否适合所投递的职位。大多数情况下，只要按照自己的真实想法选择就行了，不要弄巧成拙，因为测试是为了得出正确的结果，所以大多测试题前后都有相互验证的题目。如果求职者自作聪明，选择该职位可能要求的性格选项，则很可能导致测试前后不符，这样很容易让企业发现你是个不诚实的人，从而首先予以筛除。

经验技巧4 如何回答快速估算类问题

有些大企业的面试官，总喜欢使一些“阴招”“损招”，出一些快速估算类问题，对他们而言，这些问题只是手段，不是目的，能够得到一个满意的结果固然是他们所需要的，但更重要的是，通过这些题目他们可以考查求职者的快速反应能力以及逻辑思维能力。由于求职者平时准备的时候可能对此类问题有所遗漏，一时很难想起解决的方案。而且，这些题目乍一看确实是毫无头绪，无从下手，其实求职者只要从惊慌失措中冷静下来，稍加分析，就会发现这类题也就那么回事。因为此类题目比较灵活，属于开放性试题，一般没有标准答案，只要弄清楚回答要点，分析合理到位，具有说服力，能够自圆其说，就是正确答案，一点都不困难。

例如，面试官可能会问这样一个问题：“请你估算一下一家商场在促销时一天的营业额”，求职者又不是统计局官员，如何能够得出一个准确的数据呢？求职者家又不是开商场的，如何能够得出一个准确的数据呢？即使求职者是商场的大当家，也不可能弄得清清楚楚明明白白吧？

难道此题就无解了吗？其实不然，本题只要能够分析出一个概数就行了，不一定要精确数据，而分析概数的前提就是做出各种假设。以该问题为例，可以尝试从以下思路入手：从商场规模、商铺规模入手，通过每平方米的租金，估算出商场的日租金，再根据商铺的成本构成，得到全商场日均交易额，再考虑促销时的销售额与平时销售额的倍数关系，乘以倍数，即可得到促销时一天的营业额。具体而言，包括以下估计数值：

1）以一家较大规模商场为例，商场一般按 6 层计算，每层大约长 100m，宽 100m，合计 60000m^2 的面积。

2）商铺规模占商场规模的一半左右，合计 30000m^2。

3）商铺租金约为 40 元/m^2，估算出年租金为 40×30000×365=4.38 亿。

4）对商户而言，租金一般占销售额 20%左右，则年销售额为 4.38 亿×5=21.9 亿。计算平均日销售额为 21.9 亿/365=600 万。

5）促销时的日销售额一般是平时的 10 倍，所以大约为 600 万*10=6000 万。

此类题目涉及面比较广，例如：估算一下北京小吃店的数量？估算一下中国在过去一年方便面的市场销售额是多少？估算一下长江的水的质量？估算一下一个行进在小雨中的人 5min 内身上淋到的雨的质量？估算一下东方明珠电视塔的质量？估算一下中国去年一年一共用掉了多少块尿布？估算一下杭州的轮胎数量？但一般都是即兴发挥，不是哪道题记住答案就可以应付得了的。遇到此类问题，一步步抽丝剥茧，才是解决之道。

经验技巧 5 如何回答算法设计问题

程序员面试中的很多算法设计问题，都是历年来各家企业的“炒现饭”，不管求职者以前对算法知识学习得是否扎实，理解得是否深入，只要面试前买本《程序员面试笔试宝典》（作者早前编写的一本书，由机械工业出版社出版），学习上一段时间，牢记于心，应付此类题目完全没有问题，但遗憾的是，很多世界级知名企业也深知这一点，如果纯粹是出一些毫无技术含量的题目，对于考前“突击手”而言，可能会占尽便宜，但对于那些技术好的人而言是非常不公平的。所以，为了把优秀的求职者与一般的求职者能够更好地区分开来，他们会年年推陈出新，越来越倾向于出一些有技术含量的“新”题，这些题目以及答案，不再是以前的样子，而是经过精心设计的好题。

在程序员面试中，算法的地位就如同是 GRE 或托福考试在出国留学中的地位一样，必须但不是最重要的，它只是众多考核方面中的一个而已，不一定就能决定求职者的成败。虽然如此，但并非说就不用去准备算法知识了，因为算法知识回答得好，必然会成为面试的加分项，对于求职成功，有百利而无一害。那么如何应对此类题目呢？很显然，作者不可能将此类题目都在《程序员面试笔试宝典》中一一解答，一来由于内容众多，篇幅有限，二来也没必要，今年考过了，以后一般就不会再考了，不然还是没有区分度。作者以为，靠死记硬背肯定是行不通的，解答此类算法设计问题，需要求职者具有扎实的基本功以及良好的运用能力，作者无法左右求职者的个人基本功以及运用能力，因为这些能力需要求职者“十年磨一剑”地苦学，但作者可以提供一些比较好的答题方法和解题思路，以供求职者在面试时应对此类算法设计问题。“授之以鱼不如授之以渔”，岂不是更好？

（1）归纳法

此方法通过写出问题的一些特定的例子，分析总结其中一般的规律。具体而言就是通过列举少量的特殊情况，经过分析，最后找出一般的关系。例如，某人有一对兔子饲养在围墙中，如果它们每个月生一对兔子，且新生的兔子在第二个月后也是每个月生一对兔子，问一年后围墙中共有多少对兔子。

使用归纳法解答此题，首先想到的就是第一个月有多少对兔子，第一个月的时候，最初的一对兔子生下一对兔子，此时围墙内共有两对兔子。第二个月仍是最初的一对兔子生下一对兔子，共有 3 对兔子。到第三个月除最初的兔子新生一对兔子外，第一个月生的兔子也开始生兔子，因此共有 5 对兔子。通过举例，可以看出，从第二个月开始，每一个月兔子总数都是前两个月兔子总数之和，Un+1=Un+Un-1，一年后，围墙中的兔子总数为 377 对。

此种方法比较抽象，也不可能对所有的情况进行列举，所以，得出的结论只是一种猜测，还需要进行证明。

（2）相似法

此方法考虑解决问题的算法是相似的。如果面试官提出的问题与求职者以前用某个算法解决过的问题相似，此时此刻就可以触类旁通，尝试改进原有算法来解决这个新问题。而通常情况下，此种方法都会比较奏效。

例如，实现字符串的逆序打印，也许求职者从来就没遇到过此问题，但将字符串逆序肯定在求职准备的过程中是见过的。将字符串逆序的算法稍加处理，即可实现字符串的逆序打印。

（3）简化法

此方法首先将问题简单化，例如改变一下数据类型、空间大小等，然后尝试着将简化后的问题解决，一旦有了一个算法或者思路可以解决这个简化过的问题，再将问题还原，尝试着用此类方法解决原有问题。

例如，在海量日志数据中提取出某日访问某网站次数最多的那个 IP。很显然，由于数据量巨大，直接进行排序不可行，但如果数据规模不大时，采用直接排序不失为一种好的解决方法。那么如何将问题规模缩小呢？于是想到了 Hash 法，Hash 往往可以缩小问题规模，然后在简化过的数据里面使用常规排序算法即可找出此问题的答案。

（4）递归法

为了降低问题的复杂度，很多时候都会将问题逐层分解，最后归结为一些最简单的问题，这就是递归。此种方法，首先要能够解决最基本的情况，然后以此为基础，解决接下来的问题。

例如，在寻求全排列的时候，可能会感觉无从下手，但仔细推敲，会发现后一种排列组合往往是在前一种排列组合的基础上进行的重新排列，只要知道了前一种排列组合的各类组合情况，只需将最后一个元素插入到前面各种组合的排列里面，就实现了目标：即先截去字符串 s[1…n]中的最后一个字母，生成所有 s[1…n-1]的全排列，然后再将最后一个字母插入到每一个可插入的位置。

（5）分治法

任何一个可以用计算机求解的问题所需的计算时间都与其规模有关。问题的规模越小，越容易直接求解，解题所需的计算时间也越少。分治法正是充分考虑到这一内容，将一个难以直接解决的大问题，分割成一些规模较小的相同问题，以便各个击破，分而治之。分治法一般包含以下三个步骤：

1）将问题的实例划分为几个较小的实例，最好具有相等的规模。

2）对这些较小的实例求解，最常见的方法一般是递归。

3）如果有必要，合并这些较小问题的解，以得到原始问题的解。

分治法是程序员面试常考的算法之一，一般适用于二分查找、大整数相乘、求最大子数组和、找出伪币、金块问题、矩阵乘法、残缺棋盘、归并排序、快速排序、距离最近的点对、导线与开关等。

（6）Hash 法

很多面试笔试题目，都要求求职者给出的算法尽可能高效。什么样的算法是高效的？一般而言，时间复杂度越低的算法越高效。而要想达到时间复杂度的高效，很多时候就必须在空间上有所牺牲，用空间来换时间。而用空间换时间最有效的方式就是 Hash 法、大数组和位图法。当然，此类方法并非包治百病，有时，面试官也会对空间大小进行限制，那么此时，求职者只能再去思考其他的方法了。

其实，凡是涉及大规模数据处理的算法设计中，Hash 法都是最好的方法之一。

（7）轮询法

在设计每道面试笔试题时，往往会有一个载体，这个载体便是数据结构，例如数组、链表、二叉树或图等，当载体确定后，可用的算法自然而然地就会暴露出来。可问题是很多时候并不确定这个载体是什么。当无法确定这个载体时，一般也就很难想到合适的方法了。

作者建议，此时，求职者可以采用最原始的思考问题的方法——轮询法，在脑海中轮询各种可能的数据结构与算法，常考的数据结构与算法一共就那么几种（见表 1），即使不完全一样，也是由此衍生出来的或者相似的，总有一款适合考题的。

表 1　最常考的数据结构与算法知识点

数据结构	算　法	概　念
链表	广度（深度）优先搜索	位操作
数组	递归	设计模式
二叉树	二分查找	内存管理（堆、栈等）
树	排序（归并排序、快速排序等）	
堆（大顶堆、小顶堆）	树的插入/删除/查找/遍历等	
栈	图论	
队列	Hash 法	
向量	分治法	
Hash 表	动态规划	

此种方法看似笨拙，其实实用，只要求职者对常见的数据结构与算法烂熟于心，一点都没有问题。

为了更好地理解这些方法，求职者可以在平时的准备过程中，应用此类方法去答题，做得多了，自然对各种方法也就熟能生巧了，面试的时候，再遇到此类问题，也就能够收放自如了。

经验技巧 6 如何回答系统设计题

应届生在面试的时候，偶尔也会遇到一些系统设计题，而这些题目往往只是测试一下求职者的知识面，或者测试求职者对系统架构方面的了解，一般不会涉及具体的编码工作。虽然如此，对于此类问题，很多人还是感觉难以应对，也不知道从何说起。

如何应对此类题目呢？在正式介绍基础知识之前，首先罗列几个常见的系统设计相关的面试笔试题，如下所示：

（1）设计一个 DNS 的 Cache 结构，要求能够满足每秒 5000 次以上的查询，满足 IP 数据的快速插入，查询的速度要快（题目还给出了一系列的数据，比如站点数总共为 5000 万、IP 地址有 1000 万等）。

（2）有 N 台机器，M 个文件，文件可以以任意方式存放到任意机器上，文件可任意分割成若干块。假设这 N 台机器的宕机率小于 1/3，想在宕机时可以从其他未宕机的机器中完整导出这 M 个文件，求最好的存放与分割策略。

（3）假设有 30 台服务器，每台服务器上面都存有上百亿条数据（有可能重复），如何找出这 30 台机器中，根据某关键字，重复出现次数最多的前 100 条？要求使用 Hadoop 来实现。

（4）设计一个系统，要求写速度尽可能快，并说明设计原理。

（5）设计一个高并发系统，说明架构和关键技术要点。

（6）有 25TB 的日志(query->queryinfo)，日志在不断地增长，设计一个方案，给出一个 query 能快速返回 queryinfo。

以上所有问题中凡是不涉及高并发的，基本可以采用 Google 的三个技术解决，即 GFS、MapReduce 和 Bigtable，这三个技术被称为“Google 三驾马车”，Google 只公开了论文而未开源代码，开源界对此非常有兴趣，仿照这三篇论文实现了一系列软件，如 Hadoop、HBase、HDFS 及 Cassandra 等。

在 Google 这些技术还未出现之前，企业界在设计大规模分布式系统时，采用的架构往往是 database+sharding+cache，现在很多公司（比如 taobao、weibo.com）仍采用这种架构。在这种架构中，仍有很多问题值得去探讨。如采用什么数据库，是 SQL 界的 MySQL 还是 NoSQL 界的 Redis/TFS，两者有何优劣？采用什么方式 sharding（数据分片），是水平分片还是垂直分片？据网上资料显示，weibo.com 和 taobao 图片存储中曾采用的架构是 Redis/MySQL/TFS+sharding+cache，该架构解释如下：前端 cache 是为了提高响应速度，后端数据库则用于数据永久存储，防止数据丢失，而 sharding 是为了在多台机器间分摊负载。最前端由大块大块的 cache 组成，要保证至少 99%的访问数据落在 cache 中，这样可以保证用户访问速度，减少后端数据库的压力。此外，为了保证前端 cache 中的数据与后端数据库中的数据一致，需要有一个中间件异步更新（为什么使用异步？理由简单：同步代价太高。异步有缺点，如何弥补?）数据，这个有些人可能比较清楚，新浪有个开源软件叫 Memcachedb（整合了 Berkeley DB 和 Memcached），正是完成此功能。另外，为了分摊负载压力和海量数据，会将用户微博信息经过分片后存放到不同节点上（称为“Sharding”）。

这种架构优点非常明显：简单，在数据量和用户量较小的时候完全可以胜任。但缺点是扩展性和容错性太差，维护成本非常高，尤其是数据量和用户量暴增之后，系统不能通过简单地增加机器解决该问题。

鉴于此，新的架构应运而生。新的架构仍然采用 Google 公司的架构模式与设计思想，以下将分别就此内容进行分析。

GFS：这是一个可扩展的分布式文件系统，用于大型的、分布式的、对大量数据进行访问的应用。它运行于廉价的普通硬件上，提供容错功能。现在开源界有 HDFS（Hadoop Distributed File System），该文件系统虽然弥补了数据库+sharding 的很多缺点，但自身仍存在一些问题，比如：由于采用 master/slave 架构，因此存在单点故障问题；元数据信息全部存放在 master 端的内存中，因而不适合存储小文件，或者说如果存储大量小文件，那么存储的总数据量不会太大。

MapReduce：这是针对分布式并行计算的一套编程模型。其最大的优点是：编程接口简单，自动备份（数据默认情况下会自动备三份），自动容错和隐藏跨机器间的通信。在 Hadoop 中，MapReduce 作为分布计算框架，HDFS 作为底层的分布式存储系统，但 MapReduce 不是与 HDFS 耦合在一起的，完全可以使用自己的分布式文件系统替换掉 HDFS。当前 MapReduce 有很多开源实现，如 Java 实现 Hadoop MapReduce，C++实现 Sector/sphere 等，甚至有些数据库厂商将 MapReduce 集成到数据库中了。

BigTable：俗称“大表”，是用来存储结构化数据的，作者觉得，BigTable 在开源界最火爆，其开源实现最多，包括 HBase、Cassandra 和 levelDB 等，使用也非常广泛。

除了 Google 的这“三驾马车”以外，还有其他一些技术可供学习与使用：

Dynamo：亚马逊的 key-value 模式的存储平台，可用性和扩展性都很好，采用 DHT（Distributed Hash Table）对数据分片，解决单点故障问题，在 Cassandra 中，也借鉴了该技术，在 BT 和电驴这两种下载引擎中，也采用了类似算法。

虚拟节点技术：该技术常用于分布式数据分片中。具体应用场景是：有一大块数据（可能 TB 级或者 PB 级），需按照某个字段（key）分片存储到几十（或者更多）台机器上，同时想尽量负载均衡且容易扩展。传统的做法是：Hash(key) mod N，这种方法最大的缺点是不容易扩展，即增加或者减少机器均会导致数据全部重分布，代价太大。于是新技术诞生了，其中一种是上面提到的 DHT，现在已经被很多大型系统采用，还有一种是对“Hash(key) mod N”的改进：假设要将数据分布到 20 台机器上，传统做法是 Hash(key) mod 20，而改进后，N 取值要远大于 20，比如是 20000000，然后采用额外一张表记录每个节点存储的 key 的模值，比如：

node1：0~1000000

node2：1000001~2000000

……

这样，当添加一个新的节点时，只需将每个节点上部分数据移动给新节点，同时修改一下该表即可。

Thrift：Thrift 是一个跨语言的 RPC 框架，分别解释“RPC”和“跨语言”如下：RPC 是远程过程调用，其使用方式与调用一个普通函数一样，但执行体发生在远程机器上；跨语言是指不同语言之间进行通信，比如 C/S 架构中，Server 端采用 C++编写，Client 端采用 PHP 编写，怎样让两者之间通信，Thrift 是一种很好的方式。

本篇最前面的几道题均可以映射到以上几个系统的某个模块中，如：

（1）关于高并发系统设计，主要有以下几个关键技术点：缓存、索引、数据分片及锁粒度尽可能小。

（2）题目 2 涉及现在通用的分布式文件系统的副本存放策略。一般是将大文件切分成小的 block（如 64MB）后，以 block 为单位存放三份到不同的节点上，这三份数据的位置需根据网络拓扑结构配置，一般而言，如果不考虑跨数据中心，可以这样存放：两个副本存放在同一个机架的不同节点上，而另外一个副本存放在另一个机架上，这样从效率和可靠性上，都是最优的（这个 Google 公布的文档中有专门的证明，有兴趣的可参阅一下）。如果考虑跨数据中心，可将两份存在一个数据中心的不同机架上，另一份放到另一个数据中心。

（3）题目 4 涉及 BigTable 的模型。主要思想是将随机写转化为顺序写，进而大大提高写速度。具体是：由于磁盘物理结构的独特设计，其并发的随机写（主要是因为磁盘寻道时间长）非常慢，考虑到这一点，在 BigTable 模型中，首先会将并发写的大批数据放到一个内存表（称为“memtable”）中，当该表大到一定程度后，会顺序写到一个磁盘表（称为“SSTable”）中，这种写是顺序写，效率极高。此时可能有读者问，随机读可不可以这样优化？答案是：看情况。通常而言，如果读并发度不高，则不可以这么做，因为如果将多个读重新排列组合后再执行，系统的响应时间太慢，用户可能接受不了，而如果读并发度极高，也许可以采用类似机制。

经验技巧 7　如何解决求职中的时间冲突问题

对于求职者而言，求职季就是一个赶场季，一天少则几家、十几家企业入校招聘，多则几十家、上百家企业招兵买马。企业多，选择自然也多，这固然是一件好事情，但由于招聘企业实在太多，自然而然会导致另外一个问题的发生：同一天企业扎堆，且都是自己心仪或欣赏的大牛企业。如果不能够提前掌握企业的宣讲时间、地点，是很容易迟到或错过的。但有时候即使掌握了宣讲时间、笔试和面试时间，还是有可能错过，为什么呢？时间冲突，人不可能具有分身术，也不可能同一时间做两件不同的事情，所以，很多时候就必须有所取舍了。

到底该如何取舍呢？该如何应对这种时间冲突的问题呢？在此，作者将自己的一些想法和经验分享出来，以供读者参考：

1）如果多家心仪企业的校园宣讲时间发生冲突（前提是只宣讲，不笔试，否则请看后面的建议），此时最好的解决方法是和同学或朋友商量好，各去一家，然后大家进行信息共享。

2）如果多家心仪企业的笔试时间发生冲突，此时只能选择其一，毕竟企业的笔试时间都是考虑到了成百上千人的安排，需要提前安排考场、考务人员和阅卷人员等，不可能为了某一个人而轻易改变。所以，最好选择自己更有兴趣的企业参加笔试。

3）如果多家心仪企业的面试时间发生冲突，不要轻易放弃。对于面试官而言，面试任何人都是一样的，因为面试官谁都不认识，而面试时间也是灵活性比较大的，一般可以通过电话协商。求职者可以与相关工作人员（一般是企业的 HR）进行沟通，以某种理由（例如学校的事宜、导师的事宜或家庭的事宜等，前提是必须能够说服人，不要给出的理由连自己都说服不了）让其调整时间，一般都能协调下来。但为了保证协调的成功率，一般要接到面试通知后第一时间联系相关工作人员变更时间，这样他们协调起来也更方便。

正如世界上没有能够包治百病的药物一样，以上这些建议在应用时，很多情况下也做不到全盘兼顾，当必须进行多选一的时候，求职者就要对此进行评估了，评估的项目可以包括：对企业的中意程度、获得 offer 的概率及去工作的可能性等。评估的结果往往具有很强的参考性，求职者依据评估结果做出的选择一般也会比较合理。

经验技巧 8 如果面试问题曾经遇见过，是否要告知面试官

其实面试中，大多数题目都是有章可循，只要求职者肯花时间，耐得住寂寞，复习得当，基本上在面试前都会见过相同的或者类似的问题（当然，很多知名企业每年都会推陈出新，这些题目是很难完全复习到位的）。所以，在面试中，求职者曾经遇见过面试官提出的问题也就不足为奇了。那么，一旦出现这种情况，求职者是否要如实告诉面试官呢？

选择不告诉面试官的理由比较充分：首先，面试的题目 60%～70%都是见过的，其次，即使曾经见过该问题了，也是自己辛勤耕耘、努力奋斗的结果，很多人复习不用功或者方法不到位，也许从来就没见过，而这些题也许正好是拉开求职者差距的分水岭，是面试官用来区分求职者实力的手段，为什么要告知面试官呢？最后，一旦告知面试官，面试官很有可能会不断地加大面试题的难度来“为难”你，对你的面试可能没有半点好处。

同样，选择告诉面试官的理由也比较充分：第一，如实告诉面试官，不仅可以彰显出求职者个人的诚实品德，还可以给面试官留下良好的印象，说不定能够在面试中加分。第二，有些问题，即使求职者曾经复习过，但也无法保证完全回答正确，如果向面试官如实相告，没准还可以规避这一问题，避免错误的发生。第三，求职者如果见过该问题，也能轻松应答，题目简单倒也无所谓，一旦题目难度比较大，求职者却对面试官有所隐瞒，就极有可能给面试官造成一种求职者水平很强的假象，进而导致面试官的判断出现偏差，后续的面试有可能向着不利于求职者的方向发展。

所以仁者见仁，智者见智，这个问题并没有固定的答案，需要根据实际情况来决定。针对此问题，一般而言，如果面试官不主动询问求职者，求职者也不用主动告知面试官真相。但如果求职者觉得告知面试官真相对自己更有利的时候，也可以主动告知。

经验技巧 9 被企业拒绝后是否可以再申请

很多企业为了能够在一年一度的招聘季节中，提前将优秀的程序员锁定到自己的麾下，

往往会先下手为强。他们通常采取的措施有以下两种：第一种，招聘实习生；第二种，多轮招聘。

招聘开始后，往往是几家欢喜几家愁，提前拿到企业绿卡的，于是欢天喜地，而没有被选上的，担心从此与这家企业无缘了，于是整日忧心忡忡，感叹生不逢时。难道一次失望的表现就永远会被企业拉入黑名单了吗？难道一次失败的经历就会永远被记录在个人历史的耻辱柱上了吗？

答案当然是否定的，对心仪的女孩表白，即使第一次被拒绝了，都还可以一而再再而三地表白呢？多次表白后成功的案例比比皆是，更何况是求职找工作。一般而言，企业是不会记仇的，尤其是知名的大企业，对此都会有明确的表示。如果在企业的实习生招聘或在企业以前的招聘中不幸被 pass 掉了，一般是不会被拉入企业的黑名单的。在下一次招聘中，和其他求职者，具有相同的竞争机会（有些企业可能会要求求职者等待半年到一年时间再能应聘该企业，但上一次求职的糟糕表现不会被计入此次招聘中）。

对心仪的对象表白被拒绝了，不是一样还可以继续表白吗？也许是在考验，也许是在等待，也许真的是拒绝，但无论出于什么原因，此时此刻都不要对自己丧失信心。工作也是如此，以作者身边的很多同学和朋友为例，很多人最开始被一家企业拒绝了，过了一段时间，又发现他们已成为该企业的员工。所以，即使被企业拒绝了也不是什么大不了的事情，以后还有机会的，有志者自有千计万计，无志者只感千难万难，关键是看你愿意成为什么样的人了。

经验技巧 10　如何应对自己不会回答的问题

在面试的过程中，求职者对面试官提出的问题并不是每个问题都能回答上来，计算机技术博大精深，很少有人能对计算机技术的各个分支学科了如指掌，而且抛开技术层面的问题，在面试那种紧张的环境中，回答不上来的情况也容易出现。面试的过程是一个和面试官“斗智斗勇”的过程，遇到自己不会回答的问题时，错误的做法是保持沉默或者支支吾吾、不懂装懂，硬着头皮胡乱说一通，这样会使面试气氛很尴尬，很难再往下继续进行。

其实面试遇到不会的问题是一件很正常的事情，没有人是万事通，即使对自己的专业有相当的研究与认识，也可能会在面试中遇到感觉没有任何印象、不知道如何回答的问题。在面试中遇到实在不懂或不会回答的问题，正确的办法是本着实事求是的原则，态度诚恳，告诉面试官不知道答案。例如，“对不起，不好意思，这个问题我回答不出来，我能向您请教吗?”

征求面试官的意见时可以说说自己的个人想法，如果面试官同意听了，就将自己的想法说出来，回答时要谦逊有礼，切不可说起没完。然后应该虚心地向面试官请教，表现出强烈的学习欲望。

所以，遇到自己不会的问题时，正确的做法是：“知之为知之，不知为不知”，不懂就是不懂，不会就是不会，一定要实事求是，坦然面对。最后也能给面试官留下诚实、坦率的好印象。

经验技巧 11 如何应对面试官的“激将法”语言

“激将法”是面试官用来淘汰求职者的一种惯用方法，它是指面试官采用怀疑、尖锐或咄咄逼人的交流方式来对求职者进行提问的方法。例如，“我觉得你比较缺乏工作经验”“我们需要活泼开朗的人，你恐怕不合适”“你的教育背景与我们的需求不太适合”“你的成绩太差”“你的英语没过六级”“你的专业和我们不对口”“为什么你还没找到工作”或“你竟然有好多门课不及格”等，很多求职者遇到这样的问题，会很快产生我是来面试而不是来受侮辱的想法，往往会被“激怒”，于是奋起反抗。千万要记住，面试的目的是要获得工作，而不是要与面试官争个高低，也许争辩取胜了，却失去了一份工作。所以对于此类问题求职者应该进行巧妙的回答，一方面化解不友好的气氛，另一方面得到面试官的认可。

具体而言，受到这种“激将”时，求职者首先应该保持清醒的头脑，企业让你来参加面试，说明你已经通过了他们第一轮的筛选，至少从简历上看，已经表明你符合求职岗位的需要，企业对你还是感兴趣的。其次，做到不卑不亢，不要被面试官的思路带走，要时刻保持自己的思路和步调。此时可以换一种方式，如介绍自己的经历、工作和优势，来表现自己的抗压能力。

针对面试官提出的非名校毕业的问题，比较巧妙的回答是：比尔盖茨也并非毕业于哈佛大学，但他一样成为了世界首富，成为举世瞩目的人物。针对缺乏工作经验的问题，可以回答：每个人都是从没经验变为有经验的，如果有幸最终能够成为贵公司的一员，我将很快成为一个经验丰富的人。针对专业不对口的问题，可以回答：专业人才难得，复合型人才更难得，在某些方面，外行的灵感往往超过内行，他们一般没有思维定势，没有条条框框。面试官还可能提问：你的学历对我们来讲太高了。此时也可以很巧妙地回答：今天我带来的 3 张学历证书，您可以从中挑选一张您认为合适的，其他两张，您就不用管了。针对性格内向的问题，可以回答：内向的人往往具有专心致志、锲而不舍的品质，而且我善于倾听，我觉得应该把发言机会更多地留给别人。

面对面试官的“挑衅”行为，如果求职者回答得结结巴巴，或者无言以对，抑或怒形于色、据理力争，那就掉进了对方所设的陷阱，所以当求职者碰到此种情况时，最重要的一点就是保持头脑冷静，不要过分较真，以一颗平淡的心对待。

经验技巧 12 如何处理与面试官持不同观点这个问题

在面试的过程中，求职者所持有的观点不可能与面试官一模一样，在对某个问题的看法上，很有可能两个人相去甚远。当与面试官持不同观点时，有的求职者自作聪明，立马就反驳面试官，例如，“不见得吧！”“我看未必”“不会”“完全不是这么回事！”或“这样的说法未必全对”等，其实，虽然也许确实不像面试官所说的，但是太过直接的反驳往往会导致面试官心理的不悦，最终的结果很可能是“逞一时之快，失一份工作”。

就算与面试官持不一样的观点，也应该委婉地表达自己的真实想法，因为我们不清楚面试官的度量，碰到心胸宽广的面试官还好，万一碰到了“小心眼”的面试官，他和你较真起来，吃亏的还是自己。

所以回答此类问题的最好方法往往是应该先赞同面试官的观点，给对方一个台阶下，然后再说明自己的观点，用“同时”“而且”过渡，千万不要说“但是”，一旦说了“但是”“却”就容易把自己放在面试官的对立面去。

经验技巧 13 关注职场暗语

随着求职大势的变迁发展，以往常规的面试套路，因为过于单调、简明，已经被众多

"面试达人"们挖掘出了各种"破解秘诀"，形成了类似"求职宝典"的各类"面经"。所谓"道高一尺，魔高一丈"，面试官们也纷纷升级面试模式，为求职者们制作了更为隐蔽、间接、含糊甚至"下套"的面试题目，让那些早已流传开来的"面试攻略"毫无用武之地，一些蕴涵丰富信息但以更新面目出现的问话屡屡"秒杀"求职者，让求职者一头雾水，掉进了陷阱里面还以为吃到肉了，例如，"面试官从头到尾都表现出对我很感兴趣的样子，营造出马上就要录用我的氛围，为什么我最后还是被拒了？""为什么 HR 会问我一些与专业、能力根本无关的怪问题，我感觉回答得也还行，为什么最后还是被拒了？"其实，这都是没有听懂面试"暗语"，没有听出面试官"弦外之音"的表现。"暗语"已经成为一种测试求职者心理素质、挖掘求职者内心真实想法的有效手段。理解这些面试中的暗语，对于求职者而言，不可或缺。

以下是一些常见的面试暗语，求职者一定要弄清楚其中蕴含的深意，不然可能"躺着也中枪"，最后只能铩羽而归。

（1）请把简历先放在这儿，有消息我们会通知你的

面试官说出这句话，则表明他对你已经"兴趣不大"，为什么一定要等到有消息了再通知呢？难道现在不可以吗？所以，作为求职者，此时一定不要自作聪明、一厢情愿地等待着他们有消息通知你，因为他们一般不会有消息了。

（2）我不是人力资源的，你别拘束，咱们就当是聊天，随便聊聊

一般来说，能当面试官的人都是久经沙场的老将，都不太好对付。表面上彬彬有礼，看上去笑眯眯、很和气的样子，说起话来可能偶尔还带点小结巴，但没准儿一肚子"坏水"，巴不得下个套把你套进去。所以，作为求职者，千万不能被眼前的这种"假象"所迷惑，而应该时刻保持高度警觉，面试官不经意间问出来的问题，看似随意，很可能是他最想知道的。所以千万不要把面试过程当作聊天，当作朋友之间的侃大山，不要把面试官提出的问题当作是普通问题，而应该对每一个问题都仔细思考，认真回答，心理上 Hold 住，切忌不经过大脑的随意接话和回答。

（3）是否可以谈谈你的要求和打算

面试官在翻阅了求职者的简历后，说出这句话，很有可能是对求职者有兴趣，此时求职者应该尽量全方位地表现个人水平与才能，但也不能自卖自夸引起对方的反感。

（4）面试时只是"例行公事"式的问答

如果面试时只是"例行公事"式的问答，没有什么激情或者主观性的赞许，此时希望就很渺茫了。但如果面试官对你的专长问得很细，而且表现出一种极大的关注与热情，那么此时希望会很大，作为求职者，一定要抓住机会，将自己最好的一面展示在面试官面前。

（5）你好，请坐

简单的一句话，从面试官口中说出来其含义就大不同了。一般而言，面试官说出此话，求职者回答"你好"或"您好"不重要，重要的是求职者是否"礼貌回应"和"坐不坐"。有的求职者的回应是"你好"或"您好"后直接落座，也有求职者回答"你好，谢谢"或"您好，谢谢"后落座，还有求职者一声不吭就坐下去，极个别求职者回答"谢谢"但不坐下来。前两种方法都可接受，后两者都不可接受。通过问候语，可以体现一个人的基本修养，直接影响在面试官心目中的第一印象。

（6）面试官向求职者探过身去

在面试的过程中，面试官会有一些肢体语言，了解这些肢体语言对于了解面试官的心理情况以及面试的进展情况非常重要。例如当面试官向求职者探过身去时，一般表明面试官对求职者很感兴趣；当面试官打呵欠或者目光呆滞、游移不定，甚至打开手机看时间或打电话、接电话时，一般表明面试官此时有了厌烦的情绪；而当面试官收拾文件或从椅子上站起来，一般表明此时面试官打算结束面试。针对面试官的肢体语言，求职者也应该迎合他们：当面试官很感兴趣时，应该继续陈述自己的观点；当面试官厌烦时，此时最好停下来，询问面试官是否愿意再继续听下去；当面试官打算结束面试，领会其用意，并准备好收场白，尽快地结束面试。

（7）你从哪里知道我们的招聘信息的

面试官提出这种问题，一方面是在评估招聘渠道的有效性，另一方面是想知道求职者是否有熟人介绍。一般而言，熟人介绍总体上会有加分，“不看僧面看佛面”，但是也不全是如此。如果是一个在单位里表现不佳或者其推荐的历史记录不良的熟人介绍，则会起到相反的效果。而大多数面试官主要是为了评估自己企业发布招聘广告的有效性，顺带评估 HR 敬业与否。

（8）你念书的时间还是比较富足的

表面上看，这是对他人的高学历表示赞赏，但同时也是一语双关，如果“高学历”的同时还搭配上一个“高年龄”，就一定要提防面试官的质疑：比如有些人因为上学晚或者工作了以后再回来读的研究生，毕业年龄明显高出平均年龄。此时一定要向面试官解释清楚，否则，面试官如果自己揣摩的话，往往会向不利于求职者的方向思考，例如求职者年龄大的原因是高考复读过、考研用了两年甚至更长时间或者是先工作后读研等，如果面试官有了这种想法，最终的求职结果也就很难说了。

（9）你有男/女朋友吗？对异地恋爱怎么看待

一般而言，面试官都会询问求职者的婚恋状况，一方面是对求职者个人问题的关心，另一方面，对于女性而言，绝大多数面试官不是来刺探求职者的隐私，他提出是否有男朋友的问题，很有可能是在试探你是否近期要结婚生子，将会给企业带来什么程度的负担。“能不能接受异地恋”，很有可能是考察你是否能够安心在一个地方工作，或者是暗示该岗位可能需要长期出差，试探求职者如何在感情和工作上做出抉择。与此类似的问题还有“如果求职者已婚，面试官会问是否生育，如果已育可能还会问小孩谁带？”所以，如果面试官有这一层面的意思，尽量要当场表态，避免将来的麻烦。

（10）你还应聘过其他什么企业

面试官提出这种问题是在考核你的职业生涯规划，同时顺便评估下你被其他企业录用或淘汰的可能性。当面试官对求职者提出此种问题，表明面试官对求职者是基本肯定的，只是还不能下决定是否最终录用。如果你还应聘过其他企业，请最好选择相关联的岗位或行业回答。一般而言，如果应聘过其他企业，一定要说自己拿到了其他企业的 offer，如果其他的行业影响力高于现在面试的企业，无疑可以加大你自身的筹码，有时甚至可以因此拿到该企业的顶级 offer，如果行业影响力低于现在面试的企业，如果回答没有拿到 offer，则会给面试官一种误导：连这家企业都没有给你 offer，我们如果给你 offer 了，岂不是说明我们不如这家企业。

（11）这是我的名片，你随时可以联系我

在面试结束，面试官起身将求职者送到门口，并主动与求职者握手，提供给求职者名片或者自己的个人电话，希望日后多加联系，此时，求职者一定要明白，面试官已经对自己非常肯定了，这是被录用的前兆，因为很少有面试官会放下身段，对一个已经没有录用可能的求职者还如此“厚爱”。很多面试官在整个面试过程中会一直塑造出一种即将录用求职者的假象，表态也很暧昧，例如“你来到我们公司的话，有可能会比较忙”等模棱两可的表述，但如果面试官亲手将名片呈交，言谈中也流露出兴奋、积极的意向和表情，一般是表明了一种接纳你的态度。

（12）你担任职务很多，时间安排得过来吗？

对于有些职位，例如销售等，学校的积极分子往往更具优势，但在应聘研发类岗位时，却并不一定吃香。面试官提出此类问题，其实就是对一些在学校当“领导”的学生的一种反感，大量的社交活动很有可能占据学业时间，从而导致专业基础不牢固等。所以，针对上述问题，求职者在回答时，一定要告诉面试官，自己参与组织的“课外活动”并没有影响到自己的专业技能。

（13）我们会在几天后联系你

一般而言，面试官说出这句话，表明了面试官对求职者还是很感兴趣的，尤其是当面试官仔细询问你所能接受的薪资情况等相关情况后，否则他们会尽快结束面谈，而不是多此一举。

（14）面试官认为该结束面试时的暗语

一般而言，求职者自我介绍之后，面试官会相应地提出各类问题，然后转向谈工作。面试官先会把工作内容和职责介绍一番，接着让求职者谈谈今后工作的打算和设想，最后，双方会谈及福利待遇问题，这些都是高潮话题，谈完之后你就应该主动作出告辞的姿态，不要盲目拖延时间。

面试官认为该结束面试时，往往会说以下暗示的话语来提醒求职者：

1）我很感谢你对我们公司这项工作的关注。

2）真难为你了，跑了这么多路，多谢了。

3）谢谢你对我们招聘工作的关心，我们一旦做出决定就会立即通知你。

4）你的情况我们已经了解。你知道，在做出最后决定之前我们还要面试几位申请人。

此时，求职者应该主动站起身来，露出微笑，和面试官握手告辞，并且谢谢他，然后有礼貌地退出面试室。适时离场还包括不要在面试官结束谈话之前表现出浮躁不安、急欲离去或另去赴约的样子，过早地想离场会使面试官认为你应聘没有诚意或做事情没有耐心。

（15）如果让你调到其他岗位，你愿意吗

有些企业招收岗位和人员较多，在面试中，当听到面试官说出此话时，言外之意是该岗位也许已经“人满为患”或“名花有主”了，但企业对你兴趣不减，还是很希望你能成为企业的一员。面对这种提问，求职者应该迅速做出反应，如果认为对方是个不错的企业，你对新的岗位又有一定的把握，也可以先进单位再选岗位；如果对方情况一般，新岗位又不太适合自己，最好当面回答不行。

（16）你能来实习吗

对于实习这种敏感的问题，面试官一般是不会轻易提及的，除非是确实对求职者很感兴趣，相中求职者了。当求职者遇到这种情况时，一定要清楚面试官的意图，他希望求职者能够表态，如果确实可以去实习，一定及时地在面试官面前表达出来，这无疑可以给予自己更多的机会。

（17）你什么时候能到岗

当面试官问及到岗的时间时，表明面试官已经同意给 offer 了，此时只是为了确定求职者是否能够及时到岗并开始工作。如果确有难题千万不要遮遮掩掩，含糊其辞，说清楚情况，诚实守信。

针对面试中存在的这种暗语，求职者在面试过程中，一定不要“很傻很天真”，要多留一个心眼，多推敲面试官的深意，仔细想想其中的“潜台词”，从而将面试官的想法掌控在股掌之中。

面试笔试真题解析篇

面试笔试真题解析篇主要针对近3年以来近百家顶级IT企业的面试笔试算法真题而设计，这些企业涉及业务包括系统软件、搜索引擎、电子商务、手机APP、安全关键软件等，面试笔试真题难易适中，覆盖面广，非常具有代表性与参考性。本篇对这些真题进行了合理地划分与归类（包括链表、栈、队列、二叉树、数组、字符串、海量数据处理等内容），并且对其进行了庖丁解牛式地分析与讲解，针对真题中涉及的部分重难点问题，本篇都进行了适当地扩展与延伸，力求对知识点的讲解清晰而不紊乱，全面而不啰嗦，使读者能够通过本书不仅获取到求职的知识，同时更有针对性地进行求职准备，最终能够收获一份满意的工作。

第1章 链 表

链表作为最基本的数据结构，不仅在实际应用中有着非常重要的作用，而且也是程序员面试笔试中必考的内容。具体而言，它的存储特点为：可以用任意一组存储单元来存储单链表中的数据元素（存储单元可以是不连续的），而且，除了存储每个数据元素 a_i 外，还必须存储指示其直接后继元素的信息。这两部分信息组成的数据元素 a_i 的存储映像称为结点。N 个结点链在一块被称为链表，当结点只包含其后继结点的信息的链表就被称为单链表，而链表的第一个结点通常被称为头结点。

对于单链表，又可以将其分为有头结点的单链表和无头结点的单链表，如下图所示。

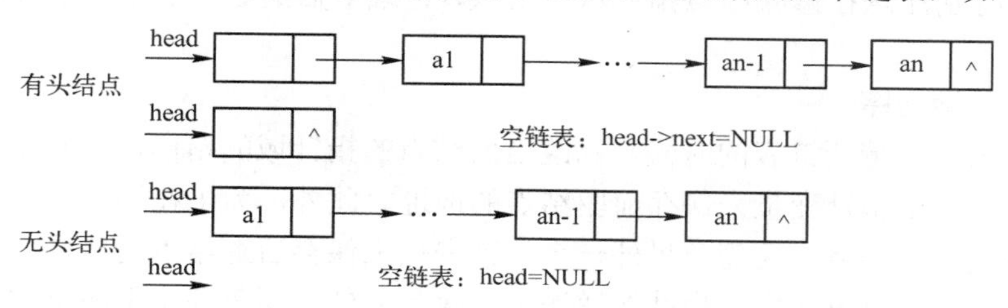

在单链表的开始结点之前附设一个类型相同的结点，称之为头结点，头结点的数据域可以不存储任何信息，也可以存放如线性表的长度等附加信息，头结点的指针域存储指向开始结点的指针（即第一个元素结点的存储位置）。**需要注意的是，在 Python 中没有指针的概念，而类似指针的功能都是通过引用来实现的，为了便于理解，我们仍然使用指针（可以认为引用与指针是类似的）来进行描述，而在实现的代码中，都是通过引用来建立结点之间的关系。**

具体而言，头结点的作用主要有以下两点：

（1）对于带头结点的链表，当在链表的任何结点之前插入新结点或删除链表中任何结点时，所要做的都是修改前一个结点的指针域，因为任何结点都有前驱结点。若链表没有头结点，则首元素结点没有前驱结点，在其前面插入结点或删除该结点时操作会复杂些，需要进行特殊的处理。

（2）对于带头结点的链表，链表的头指针是指向头结点的非空指针，因此，对空链表与非空链表的处理是一样的。

由于头结点有诸多的优点，因此，本章中所介绍的算法都使用了带头结点的单链表。

如下是一个单链表数据结构的定义示例：

```
class LNode:
    def __new__(self,x):
        self.data=x        #数据域
        self.next=None   #下一个结点引用
```

另外，Python 中没有数组的数据结构，但是列表和数组很像。列表可以用来表示有序数组，因此，本书 Python 代码中均用列表来表示有序数组。

1.1 如何实现链表的逆序

【出自 TX 笔试题】

难度系数：★★★☆☆　　　　　　　　被考察系数：★★★★☆

题目描述：

给定一个带头结点的单链表，请将其逆序。即如果单链表原来为 head->1->2->3->4->5->6 ->7，那么逆序后变为 head->7->6->5->4->3->2->1。

分析与解答：

由于单链表与数组不同，单链表中每个结点的地址都存储在其前驱结点的指针域中，因此，对单链表中任何一个结点的访问只能从链表的头指针开始进行遍历。在对链表的操作过程中，需要特别注意在修改结点指针域的时候，记录下后继结点的地址，否则会丢失后继结点。

方法一：就地逆序

主要思路为：在遍历链表的时候，修改当前结点的指针域的指向，让其指向它的前驱结点。为此需要用一个指针变量来保存前驱结点的地址。此外，为了在调整当前结点指针域的指向后还能找到后继结点，还需要另外一个指针变量来保存后继结点的地址，在所有的结点都被保存好以后就可以直接完成指针的逆序了。除此之外，还需要特别注意对链表首尾结点的特殊处理。具体实现方式如下图所示。

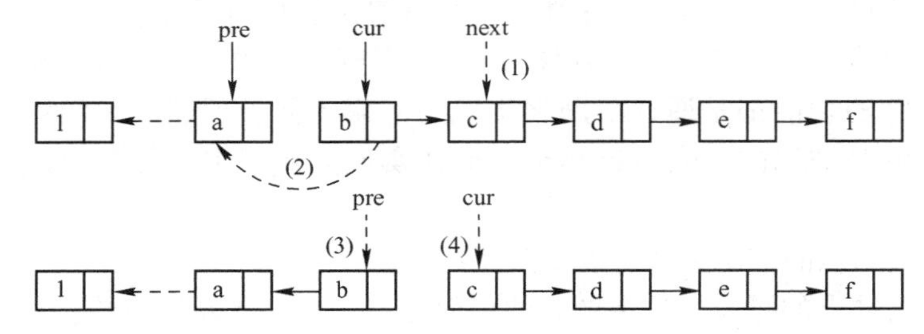

在上图中，假设当前已经遍历到 cur 结点，由于它所有的前驱结点都已经完成了逆序操作，因此，只需要使 cur.next=pre 即可完成逆序操作，在此之前，为了能够记录当前结点的后继结点的地址，需要用一个额外的指针 next 来保存后继结点的信息，通过上图（1）～（4）四步把实线的指针调整为虚线的指针就可以完成当前结点的逆序。当前结点完成逆序后，通过向后移动指针来对后续的结点用同样的方法进行逆序操作。算法实现如下：

```
class   LNode:
    def   __new__(self,x):
        self.data=x
        self.next=None

# 方法功能：对单链表进行逆序 输入参数：head:链表头结点
def   Reverse(head):
    # 判断链表是否为空
    if   head == None or head.next == None or head.next.next==None:
```

```
            return
        pre = None    #前驱结点
        cur = None    # 当前结点
        next = None #  后继结点
        #把链表首结点变为尾结点
        cur = head.next
        next = cur.next
        cur.next = None
        pre = cur
        cur = next
        #使当前遍历到的结点 cur 指向其前驱结点
        while    cur.next != None:
            next = cur.next
            cur.next = pre
            pre = cur
            cur = cur.next
            cur = next
        #链表最后一个结点指向倒数第二个结点
        cur.next = pre
        #链表的头结点指向原来链表的尾结点
        head.next = cur

if    __name__=="__main__":
    i = 1
    #链表头结点
    head = LNode()
    head.next = None
    tmp = None
    cur = head
    #构造单链表
    while    i<8:
        tmp = LNode()
        tmp.data = i
        tmp.next = None
        cur.next = tmp
        cur = tmp
        i +=1
    print    "逆序前：",
    cur = head.next
    while    cur != None:
        print    cur.data,
        cur = cur.next
    print    "\n 逆序后：",
    Reverse(head)
    cur = head.next
    while    cur != None:
        print    cur.data,
        cur = cur.next
```

程序的运行结果为：

```
逆序前：1  2  3  4  5  6  7
逆序后：7  6  5  4  3  2  1
```

算法性能分析：

以上这种方法只需要对链表进行一次遍历，因此，时间复杂度为 O(N)，其中，N 为链表的长度。但是需要常数个额外的变量来保存当前结点的前驱结点与后继结点，因此，空间复杂度为 O(1)。

方法二：递归法

假定原链表为 1->2->3->4->5->6->7，递归法的主要思路为：先逆序除第一个结点以外的子链表（将 1->**2->3->4->5->6->7** 变为 1->**7->6->5->4->3->2**），接着把结点 1 添加到逆序的子链表的后面（1->**7->6->5->4->3->2** 变为 **7->6->5->4->3->2->1**）。同理，在逆序链表 2->3->4->5->6->7 时，也是先逆序子链表 3->4->5->6->7（逆序为 2->**7->6->5->4->3**），接着实现链表的整体逆序（2->**7->6->5->4->3 转换为 7->6->5->4->3->2**）。实现代码如下：

```
"""
方法功能：对不带头结点的单链表进行逆序
输入参数：firstRef:链表头结点
"""
def  RecursiveReverse(head):
    # 如果链表为空或者链表中只有一个元素
    if   head is None or head.next is None :
        return   head
    else :
        # 反转后面的结点
        newhead=RecursiveReverse(head.next)
        # 把当前遍历的结点加到后面结点逆序后链表的尾部
        head.next.next=head
        head.next=None
    return   newhead

"""
方法功能：对带头结点的单链表进行逆序
输入参数：head:链表头结点
"""
def  Reverse(head):
    if    head is None:
        return
    # 获取链表第一个结点
    firstNode=head.next
    # 对链表进行逆序
    newhead=RecursiveReverse(firstNode)
    # 头结点指向逆序后链表的第一个结点
    head.next=newhead
    return    newhead
```

算法性能分析：

由于递归法也只需要对链表进行一次遍历，因此，算法的时间复杂度也为 O(N)，其中，

N 为链表的长度。递归法的主要优点是：思路比较直观，容易理解，而且也不需要保存前驱结点的地址。缺点是：算法实现的难度较大，此外，由于递归法需要不断地调用自己，需要额外的压栈与弹栈操作，因此，与方法一相比性能会有所下降。

方法三：插入法

插入法的主要思路为：从链表的第二个结点开始，把遍历到的结点插入到头结点的后面，直到遍历结束。假定原链表为 head->1->2->3->4->5->6->7，在遍历到 2 的时候，将其插入到头结点后，链表变为 head->2->1->3->4->5->6->7，同理将后续遍历到的所有结点都插入到头结点 head 后，就可以实现链表的逆序。实现代码如下：

```
def  Reverse(head):
    # 判断链表是否为空
    if  head is None or head.next is None:
        return
    cur = None #当前结点
    next = None #后继结点
    cur = head.next.next
    # 设置链表第一个结点为尾结点
    head.next.next = None
    # 把遍历到结点插入到头结点的后面
    while  cur is not  None:
        next = cur.next
        cur.next = head.next
        head.next = cur
        cur = next
```

算法性能分析：

以上这种方法也只需要对单链表进行一次遍历，因此，时间复杂度为 O(N)，其中，N 为链表的长度。与方法一相比，这种方法不需要保存前驱结点的地址，与方法二相比，这种方法不需要递归地调用，效率更高。

引申：（1）对不带头结点的单链表进行逆序

（2）从尾到头输出链表

分析与解答：

对不带头结点的单链表的逆序读者可以自己练习（方法二已经实现了递归的方法），这里主要介绍单链表逆向输出的方法。

方法一：就地逆序+顺序输出

首先对链表进行逆序，然后顺序输出逆序后的链表。这种方法的缺点是改变了链表原来的结构。

方法二：逆序+顺序输出

申请新的存储空间，对链表进行逆序，然后顺序输出逆序后的链表。逆序的主要思路为：每当遍历到一个结点的时候，申请一块新的存储空间来存储这个结点的数据域，同时把新结点插入到新的链表的头结点后。这种方法的缺点是需要申请额外的存储空间。

方法三：递归输出

递归输出的主要思路为：先输出除当前结点外的后继子链表，然后输出当前结点，假如链表为：1->2->3->4->5->6->7，那么先输出 2->3->4->5->6->7，再输出 1。同理，对于链表 2->3->4->5->6->7，也是先输出 3->4->5->6->7，接着输出 2，直到遍历到链表的最后一个结点 7 的时候会输出结点 7，然后递归地输出 6，5，…，1。实现代码如下：

```
def  ReversePrint(firstNode):
     if   firstNode is None:
              return
     ReversePrint   (firstNode.next)
     print   firstNode.data,
```

算法性能分析：

以上这种方法只需要对链表进行一次遍历，因此，时间复杂度为 O(N)，其中，N 为链表的长度。

1.2 如何从无序链表中移除重复项

【出自 GG 面试题】

难度系数：★★★☆☆　　　　**被考察系数：**★★★★☆

题目描述：

给定一个没有排序的链表，去掉其重复项，并保留原顺序，例如链表 1->3->1->5->5->7，去掉重复项后变为 1->3->5->7。

分析与解答：

方法一：顺序删除

主要思路为：通过双重循环直接在链表上进行删除操作。外层循环用一个指针从第一个结点开始遍历整个链表，然后内层循环用另外一个指针遍历其余结点，将与外层循环遍历到的指针所指结点的数据域相同的结点删除。如下图所示：

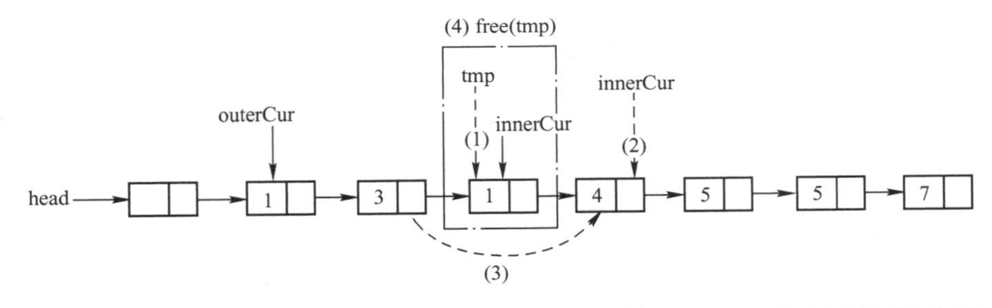

假设外层循环从 outerCur 开始遍历，当内层循环指针 innerCur 遍历到上图实线所示的位置（outerCur.data= =innerCur.data）时，需要把 innerCur 指向的结点删除。具体步骤如下：

（1）用 tmp 记录待删除的结点的地址。

（2）为了能够在删除 tmp 结点后继续遍历链表中其余的结点，使 innerCur 指向它的后继结点：innerCur=innerCur.next。

（3）从链表中删除 tmp 结点。

实现代码如下：

```
class  LNode:
    def  __new__(self,x):
        self.data=x
        self.next=None

"""
** 方法功能：对带头结点的无序单链表删除重复的结点
** 输入参数：head:链表头结点
"""
def  removeDup(head):
    if  head == None or head.next == None:
        return
    outerCur = head.next  # 用于外层循环，指向链表第一个结点
    innerCur = None   # 用于内层循环用来遍历 outerCur 后面的结点
    innerPre = None   # innerCur 的前驱结点
    while  outerCur != None:
        innerCur = outerCur.next
        innerPre = outerCur
        while  innerCur != None:
            # 找到重复的结点并删除
            if  outerCur.data == innerCur.data:
                innerPre.next = innerCur.next
                innerCur = innerCur.next
            else:
                innerPre = innerCur
                innerCur = innerCur.next
        outerCur = outerCur.next

if  __name__=="__main__":
    i = 1
    head =LNode()
    head.next = None
    tmp = None
    cur = head
    while  i<7:
        tmp =LNode()
        if  i % 2 == 0:
            tmp.data = i + 1
        elif   i % 3 == 0:
            tmp.data = i - 2
        else:
            tmp.data = i
        tmp.next = None
        cur.next = tmp
        cur = tmp
        i +=1
```

```
    print  "删除重复结点前：",
    cur = head.next
    while  cur != None:
        print  cur.data,
        cur = cur.next
    removeDup(head)
    print  "\n 删除重复结点后：",
    cur = head.next
    while  cur != None:
        print  cur.data,
        cur = cur.next
```

程序的运行结果为：

```
删除重复结点前：1  3  1  5  5  7
删除重复结点后：1  3  5  7
```

算法性能分析：

由于这种方法采用双重循环对链表进行遍历，因此，时间复杂度为 $O(N^2)$，其中，N 为链表的长度，在遍历链表的过程中，使用了常量个额外的指针变量来保存当前遍历的结点、前驱结点和被删除的结点，因此，空间复杂度为 O(1)。

方法二：递归法

主要思路为：对于结点 cur，首先递归地删除以 cur.next 为首的子链表中重复的结点，接着从以 cur.next 为首的子链表中找出与 cur 有着相同数据域的结点并删除，实现代码如下：

```
def  removeDupRecursion(head):
    if  head.next is None:
            return  head
    pointer = None
    cur = head
     #对以 head.next 为首的子链表删除重复的结点
    head.next = removeDupRecursion(head.next)
    pointer = head.next
     # 找出以 head.next 为首的子链表中与 head 结点相同的结点并删除
    while  pointer is not None:
            if  head.data == pointer.data:
                cur.next = pointer.next
                pointer = cur.next
            else:
                pointer = pointer.next
                cur = cur.next
    return  head

"""
方法功能：对带头结点的单链删除重复结点  输入参数：head:链表头结点
"""
def  removeDup(head):
    if  (head is None):
        return
```

```
        head.next = removeDupRecursion(head.next)
```

算法性能分析：

这种方法与方法一类似，从本质上而言，由于这种方法需要对链表进行双重遍历，因此，时间复杂度为 $O(N^2)$，其中，N 为链表的长度。由于递归法会增加许多额外的函数调用，因此，从理论上讲，该方法效率比方法一低。

方法三：空间换时间

通常情况下，为了降低时间复杂度，往往在条件允许的情况下，通过使用辅助空间来实现。具体而言，主要思路为：

（1）建立一个 HashSet，HashSet 中的内容为已经遍历过的结点内容，并将其初始化为空。

（2）从头开始遍历链表中的所有结点，存在以下两种可能性：

1）如果结点内容已经在 HashSet 中，那么删除此结点，继续向后遍历。

2）如果结点内容不在 HashSet 中，那么保留此结点，将此结点内容添加到 HashSet 中，继续向后遍历。

引申：如何从有序链表中移除重复项

分析与解答：

上述介绍的方法也适用于链表有序的情况，但是由于以上方法没有充分利用到链表有序这个条件，因此，算法的性能肯定不是最优的。本题中，由于链表具有有序性，因此，不需要对链表进行两次遍历。所以，有如下思路：用 cur 指向链表第一个结点，此时需要分为以下两种情况讨论：

（1）如果 cur.data==cur.next.data，那么删除 cur.next 结点；

（2）如果 cur.data!= cur.next.data，那么 cur=cur.next，继续遍历其余结点。

1.3 如何计算两个单链表所代表的数之和

【出自 HW 笔试题】

难度系数：★★★☆☆　　　　**被考察系数：**★★★★☆

题目描述：

给定两个单链表，链表的每个结点代表一位数，计算两个数的和。例如：输入链表 (3–>1–>5)和链表(5–>9–>2)，输出：8–>0–>8，即 513+295=808，注意个位数在链表头。

分析与解答：

方法一：整数相加法

主要思路：分别遍历两个链表，求出两个链表所代表的整数的值，然后把这两个整数进行相加，最后把它们的和用链表的形式表示出来。这种方法的优点是计算简单，但是有个非常大的缺点：当链表所代表的数很大的时候（超出了 long 的表示范围），就无法使用这种方法了。

方法二：链表相加法

主要思路：对链表中的结点直接进行相加操作，把相加的和存储到新的链表中对应的结点中，同时还要记录结点相加后的进位。如下图所示：

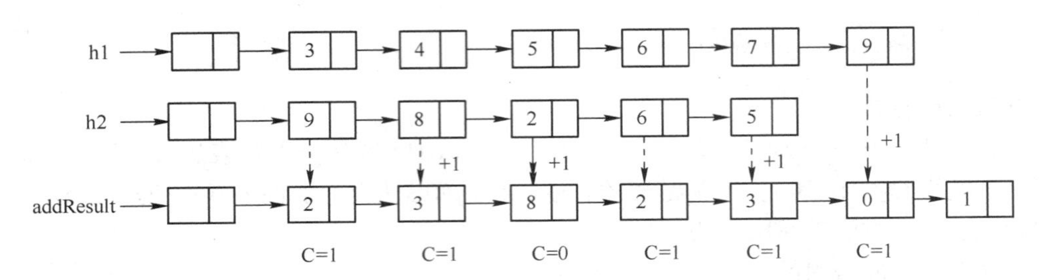

使用这种方法需要注意如下几个问题：（1）每组结点进行相加后需要记录其是否有进位；（2）如果两个链表 h1 与 h2 的长度不同（长度分别为 L1 和 L2，且 L1<L2），当对链表的第 L1 位计算完成后，接下来只需要考虑链表 L2 剩余的结点的值（需要考虑进位）；（3）对链表所有结点都完成计算后，还需要考虑此时是否还有进位，如果有进位，则需要增加新的结点，此结点的数据域为 1。实现代码如下：

```
class  LNode:
    def  __new__(self,x):
        self.data=x
        self.next=None

"""
方法功能：对两个带头结点的单链表所代表的数相加
输入参数：h1:第一个链表头结点；h2:第二个链表头结点
返回值：相加后链表的头结点
"""
def  add(h1,h2):
    if  h1 is None or h1.next is None:
        return  h2
    if  h2 is None or h2.next is None:
        return  h1
    c=0   #用来记录进位
    sums=0  #用来记录两个结点相加的值
    p1=h1.next  #用来遍历 h1
    p2=h2.next  #用来遍历 h2
    tmp=None  #用来指向新创建的存储相加和的结点
    resultHead=LNode() #相加后链表头结点
    resultHead.next=None
    p=resultHead #用来指向链表 resultHead 最后一个结点
    while  p1 is not None and  p2 is not None:
        tmp=LNode()
        tmp.next=None
        sums=p1.data+p2.data+c
        tmp.data=sums % 10  #两结点相加和
        c=sums/10  #进位
        p.next=tmp
        p=tmp
        p1=p1.next
        p2=p2.next
    # 链表 h2 比 h1 长，接下来只需要考虑 h2 剩余结点的值
    if  p1 is None:
```

```
            while   p2 is not None:
                tmp=LNode()
                tmp.next=None
                sums=p2.data+c
                tmp.data=sums % 10
                c=sums/10
                p.next=tmp
                p=tmp
                p2=p2.next
        # 链表 h1 比 h2 长，接下来只需要考虑 h1 剩余结点的值
        if  p2 is None:
            while   p1 is not None:
                tmp=LNode()
                tmp.next=None
                sums=p1.data+c
                tmp.data=sums % 10
                c=sums/10
                p.next=tmp
                p=tmp
                p1=p1.next
        # 如果计算完成后还有进位，则增加新的结点
        if  c==1:
            tmp=LNode()
            tmp.next=None
            tmp.data=1
            p.next=tmp
        return  resultHead

if  __name__=="__main__":
        i=1
        head1=LNode()
        head1.next=None
        head2=LNode()
        head2.next=None
        tmp=None
        cur=head1
        addResult=None
        # 构造第一个链表
        while   i<7:
            tmp=LNode()
            tmp.data=i+2
            tmp.next=None
            cur.next=tmp
            cur=tmp
            i +=1
        cur=head2
        # 构造第二个链表
        i=9
        while   i>4:
            tmp=LNode()
```

```
            tmp.data=i
            tmp.next=None
            cur.next=tmp
            cur=tmp
            i -=1
    print  "\nHead1: ",
    cur=head1.next
    while   cur is not None:
            print   cur.data,
            cur=cur.next
    print   "\nHead2: ",
    cur=head2.next
    while   cur is not None:
            print   cur.data,
            cur=cur.next
    addResult=add(head1,head2)
    print   "\n 相加后: ",
    cur=addResult.next
    while   cur is not None:
            print   cur.data,
            cur=cur.next
```

程序的运行结果为：

```
Head1：  3   4   5   6   7   8
Head2：  9   8   7   6   5
相加后： 2   3   3   3   3   9
```

运行结果分析：

前五位可以按照整数相加的方法依次从左到右进行计算，第五位 7+5+1（进位）的值为 3，进位为 1。此时 head2 已经遍历结束，由于 head1 还有结点没有被遍历，所以，依次接着遍历 head1 剩余的结点：8+1(进位)=9，没有进位。因此，运行代码可以得到上述结果。

算法性能分析：

由于这种方法需要对两个链表都进行遍历，因此，时间复杂度为 O(N)，其中，N 为较长的链表的长度，由于计算结果保存在一个新的链表中，因此，空间复杂度也为 O(N)。

1.4 如何对链表进行重新排序

【出自 WR 笔试题】

难度系数：★★★☆☆　　　　**被考察系数：**★★★★☆

题目描述：

给定链表 L_0->L_1->L_2…L_{n-1}->L_n，把链表重新排序为 L_0->L_n->L_1->L_{n-1}->L_2-> L_{n-2}…。要求：（1）在原来链表的基础上进行排序，即不能申请新的结点；（2）只能修改结点的 next 域，不能修改数据域。

分析与解答：

主要思路为：（1）首先找到链表的中间结点；（2）对链表的后半部分子链表进行逆序；

（3）把链表的前半部分子链表与逆序后的后半部分子链表进行合并，合并的思路为：分别从两个链表各取一个结点进行合并。实现方法如下图所示：

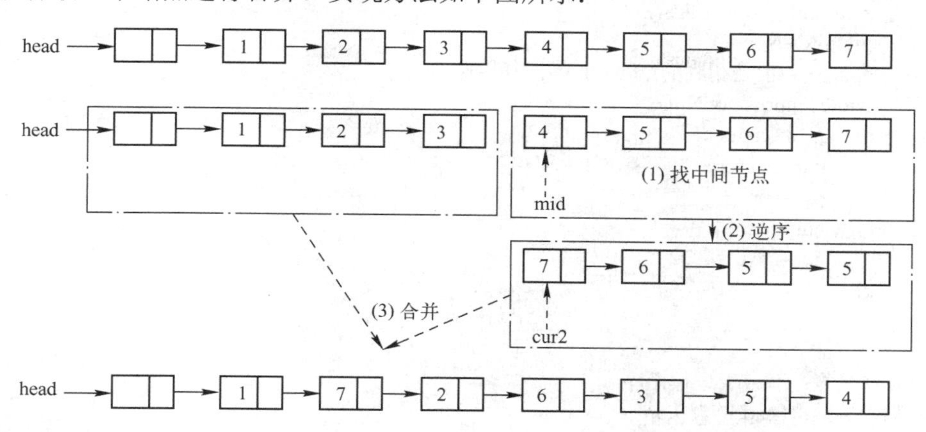

实现代码如下：

```
class  LNode:
    def  __new__(self,x):
        self.data=x
        self.next=None

"""
方法功能：找出链表 Head 的中间结点，把链表从中间断成两个子链表
输入参数：head:链表头结点
返回值：链表中间结点
"""
def  FindMiddleNode(head):
    if  head is None or head.next is None:
        return  head
    fast = head #  遍历链表的时候每次向前走两步
    slow = head #  遍历链表的时候每次向前走一步
    slowPre=head
    # 当 fast 到链表尾时，slow 恰好指向链表的中间结点
    while  fast is not None and fast.next is not None:
        slowPre=slow
        slow=slow.next
        fast=fast.next.next
    #把链表断开成两个独立的子链表
    slowPre.next=None
    return  slow

"""
方法功能：对不带头结点的单链表翻转
输入参数：head:链表头结点
"""
def  Reverse(head):
    if  head==None or head.next==None:
        return  head
```

```
    pre=head #前驱结点
    cur=head.next #当前结点
    next=cur.next #后继结点
    pre.next=None
    # 使当前遍历到的结点 cur 指向其前驱结点
    while   cur is not None:
        next=cur.next
        cur.next=pre
        pre=cur
        cur=cur.next
        cur=next
    return   pre

"""
方法功能：对链表进行排序
输入参数：head:链表头结点
"""
def   Reorder(head):
    if   head==None or head.next==None or head.next.next==None:
        return
    # 前半部分链表第一个结点
    cur1=head.next
    mid=FindMiddleNode(head.next)
    # 后半部分链表逆序后的第一个结点
    cur2=Reverse(mid)
    tmp=None
    # 合并两个链表
    while   cur1.next is not None:
        tmp=cur1.next
        cur1.next=cur2
        cur1=tmp
        tmp=cur2.next
        cur2.next=cur1
        cur2=tmp
    cur1.next=cur2

if   __name__=="__main__":
    i=1
    head=LNode()
    head.next=None
    tmp=None
    cur=head
    # 构造第一个链表
    while   i <8 :
        tmp=LNode()
        tmp.data=i
        tmp.next=None
        cur.next=tmp
        cur=tmp
        i +=1
```

```
    print  "排序前：  ",
    cur=head.next
    while   cur!=None:
        print   cur.data,
        cur=cur.next
    Reorder(head)
    print  "\n 排序后：  ",
    cur=head.next
    while   cur!=None:
        print   cur.data,
        cur=cur.next
```

程序的运行结果为：

```
排序前： 1  2  3  4  5  6  7
排序后： 1  7  2  6  3  5  4
```

算法性能分析：

查找链表的中间结点的方法的时间复杂度为 O(N)，逆序子链表的时间复杂度也为 O(N)，合并两个子链表的时间复杂度也为 O(N)，因此，整个方法的时间复杂度为 O(N)，其中，N 表示的是链表的长度。由于这种方法只用了常数个额外指针变量，因此，空间复杂度为 O(1)。

引申：如何查找链表的中间结点

分析与解答：

主要思路：用两个指针从链表的第一个结点开始同时遍历结点，一个快指针每次走 2 步，另外一个慢指针每次走 1 步；当快指针先到链表尾部时，慢指针则恰好到达链表中部。（快指针到链表尾部时，当链表长度为奇数时，慢指针指向的即是链表中间指针，当链表长度为偶数时，慢指针指向的结点和慢指针指向结点的下一个结点都是链表的中间结点），上面的代码 FindMiddleNode 就是用来求链表的中间结点的。

1.5 如何找出单链表中的倒数第 k 个元素

【出自 WR 笔试题】

难度系数：★★★☆☆　　　　**被考察系数：**★★★★★

题目描述：

找出单链表中的倒数第 k 个元素，例如给定单链表：1->2->3->4->5->6->7，则单链表的倒数第 k=3 个元素为 5。

分析与解答：

方法一：顺序遍历两遍法

主要思路：首先遍历一遍单链表，求出整个单链表的长度 n，然后把求倒数第 k 个元素转换为求顺数第 n－k 个元素，再去遍历一次单链表就可以得到结果。但是该方法需要对单链表进行两次遍历。

方法二：快慢指针法

由于单链表只能从头到尾依次访问链表的各个结点，因此，如果要找链表的倒数第 k 个元素，也只能从头到尾进行遍历查找，在查找过程中，设置两个指针，让其中一个指针比另一个指针先前移 k 步，然后两个指针同时往前移动。循环直到先行的指针值为 None 时，另一个指针所指的位置就是所要找的位置。程序代码如下：

```
class  LNode:
    def  __new__(self,x):
        self.data=x
        self.next=None

# 构造一个单链表
def  ConstructList():
    i=1
    head=LNode()
    head.next=None
    tmp=None
    cur=head
    # 构造第一个链表
    while  i<8:
        tmp=LNode()
        tmp.data=i
        tmp.next=None
        cur.next=tmp
        cur=tmp
        i +=1
    return  head

# 顺序打印单链表结点的数据
def  PrintList(head):
    cur=head.next
    while  cur!=None:
        print(cur.data),
        cur=cur.next

"""
方法功能：找出链表倒数第 k 个结点
输入参数：head:链表头结点
返回值：倒数第 k 个结点
"""
def  FindLastK(head,k):
    if  head==None or head.next==None:
        return  head
    slow=LNode()
    fast=LNode()
    slow=head.next
    fast=head.next
    i=0
    while  i<k and fast!=None:
        fast=fast.next  #前移 k 步
        i +=1
    if  i<k:
```

```
            return    None
        while    fast!=None:
            slow=slow.next
            fast=fast.next
        return    slow

if    __name__=="__main__":
    head=ConstructList()    # 链表头指针
    result=None
    print    "链表：",
    PrintList(head)
    result=FindLastK(head,3)
    if    result!=None:
        print    "\n 链表倒数第 3 个元素为："+str(result.data),
```

程序的运行结果为：

```
链表： 1  2  3  4  5  6  7
链表倒数第 3 个元素为：5
```

算法性能分析：

这种方法只需要对链表进行一次遍历，因此，时间复杂度为 O(N)。另外，由于只需要常量个指针变量来保存结点的地址信息，因此，空间复杂度为 O(1)。

引申：如何将单链表向右旋转 k 个位置

题目描述： 给定单链表 1->2->3->4->5->6->7，k=3，那么旋转后的单链表变为 5->6->7->1->2->3->4。

分析与解答：

主要思路：（1）首先找到链表倒数第 k+1 个结点 slow 和尾结点 fast（如下图示）；（2）把链表断开为两个子链表，其中，后半部分子链表结点的个数为 k；（3）使原链表的尾结点指向链表的第一个结点；（4）使链表的头结点指向原链表倒数第 k 个结点。

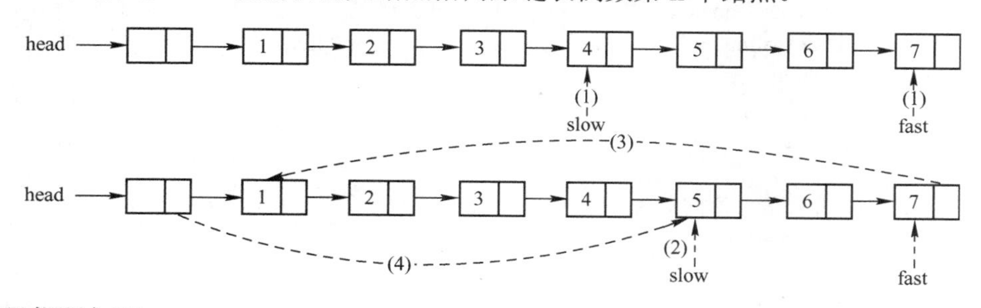

实现代码如下：

```
class    LNode:
    def    __new__(self,x):
        self.data=x
        self.next=None

# 方法功能：把链表右旋 k 个位置
def    RotateK(head,k):
```

```
    if  head==None or head.next==None:
            return
    # fast 指针先走 k 步，然后与 slow 指针同时向后走
    slow,fast,tmp=LNode(),LNode(),LNode()
    slow,fast=head.next,head.next
    i=0
    while  i<k and fast!=None: #前移 k 步
        fast=fast.next
        i +=1
    # 判断 k 是否已超出链表长度
    if  i<k:
        return
    # 循环结束后 slow 指向链表倒数第 k+1 个元素，fast 指向链表最后一个元素
    while  fast.next!=None:
        slow=slow.next
        fast=fast.next
    tmp=slow
    slow=slow.next
    tmp.next=None  # 如上图（2）
    fast.next=head.next #如上图（3）
    head.next=slow   # 如上图（4）

def  ConstructList():
    i=1
    head=LNode()
    head.next=None
    tmp=None
    cur=head
    # 构造第一个链表
    while  i<8:
        tmp=LNode()
        tmp.data=i
        tmp.next=None
        cur.next=tmp
        cur=tmp
        i +=1
    return  head

# 顺序打印单链表结点的数据
def  PrintList(head):
    cur=head.next
    while  cur!=None:
        print  cur.data,
        cur=cur.next

if  __name__=="__main__":
    head=ConstructList()
    print  "旋转前：",
    PrintList(head)
    RotateK(head,3)
```

```
print   "\n 旋转后: ",
PrintList(head)
```

程序的运行结果为：

```
旋转前:  1  2  3  4  5  6  7
旋转后:  5  6  7  1  2  3  4
```

算法性能分析：

这种方法只需要对链表进行一次遍历，因此，时间复杂度为 O(n)。另外，由于只需要几个指针变量来保存结点的地址信息，因此，空间复杂度为 O(1)。

1.6 如何检测一个较大的单链表是否有环

【出自 ALBB 笔试题】

难度系数：★★★★☆　　　　**被考察系数：**★★★★★

题目描述：

单链表有环指的是单链表中某个结点的 next 域指向的是链表中在它之前的某一个结点，这样在链表的尾部形成一个环形结构。如何判断单链表是否有环存在？

分析与解答：

方法一：蛮力法

定义一个 HashSet 用来存放结点的引用，并将其初始化为空，从链表的头结点开始向后遍历，每遍历到一个结点就判断 HashSet 中是否有这个结点的引用，如果没有，说明这个结点是第一次访问，还没有形成环，那么将这个结点的引用添加到指针 HashSet 中去。如果在 HashSet 中找到了同样的结点，那么说明这个结点已经被访问过了，于是就形成了环。这种方法的时间复杂度为 O(N)，空间复杂度也为 O(N)。

方法二：快慢指针遍历法

定义两个指针 fast（快）与 slow（慢），二者的初始值都指向链表头，指针 slow 每次前进一步，指针 fast 每次前进两步，两个指针同时向前移动，快指针每移动一次都要跟慢指针比较，如果快指针等于慢指针，就证明这个链表是带环的单向链表，否则，证明这个链表是不带环的循环链表。实现代码见后面引申部分。

引申：如果链表存在环，那么如何找出环的入口点？

分析与解答：

当链表有环的时候，如果知道环的入口点，那么在需要遍历链表或释放链表所占的空间的时候方法将会非常简单，下面主要介绍查找链表环入口点的思路：

如果单链表有环，那么按照上述方法二的思路，当走得快的指针 fast 与走得慢的指针 slow 相遇时，slow 指针肯定没有遍历完链表，而 fast 指针已经在环内循环了 n 圈（$1<=n$）。如果 slow 指针走了 s 步，则 fast 指针走了 2s 步（fast 步数还等于 s 加上在环上多转的 n 圈），假设环长为 r，则满足如下关系表达式。

$$2s = s + nr$$

由此可以得到：$s= nr$

设整个链表长为 L，入口环与相遇点距离为 x，起点到环入口点的距离为 a。则满足如下关系表达式：

$$a + x = nr$$
$$a + x = (n - 1)r + r = (n-1)r + L - a$$
$$a = (n-1)r + (L - a - x)$$

(L – a – x)为相遇点到环入口点的距离，从链表头到环入口点的距离=(n−1)*环长+相遇点到环入口点的长度，于是从链表头与相遇点分别设一个指针，每次各走一步，两个指针必定相遇，且相遇第一点为环入口点。实现代码如下：

```
class  LNode:
    def  __new__(self,x):
        self.data=x
        self.next=None

# 构造链表
def  constructList():
    i=1
    head=LNode()
    head.next=None
    tmp=None
    cur=head
    # 构造第一个链表
    while  i<8:
        tmp=LNode()
        tmp.data=i
        tmp.next=None
        cur.next=tmp
        cur=tmp
        i +=1
    cur.next=head.next.next.next
    return  head

"""
方法功能：判断单链表是否有环
输入参数：head:链表头结点
返回值：None:无环，否则返回 slow 与 fast 相遇点的结点
"""
def  isLoop(head):
    if  head==None or head.next==None:
        return  None
    #初始 slow 与 fast 都指向链表第一个结点
    slow=head.next
    fast=head.next
    while  fast!=None and fast.next!=None:
        slow=slow.next
        fast=fast.next.next
        if  slow==fast:
            return  slow
```

```
        return None

    """
    方法功能：找出环的入口点
    输入参数：head:fast 与 slow 相遇点
    返回值：None:无环，否则返回 slow 与 fast 指针相遇点的结点
    """
    def findLoopNode(head,meetNode):
        first=head.next
        second=meetNode
        while first!=second:
            first=first.next
            second=second.next
        return first

    if __name__=="__main__":
        head=constructList() # 头结点
        meetNode=isLoop(head)
        loopNode=None
        if meetNode!=None:
            print "有环"
            loopNode=findLoopNode(head,meetNode)
            print "环的入口点为："+str(loopNode.data)
        else:
            print "无环"
```

程序的运行结果为：

```
有环
环的入口点为：3
```

运行结果分析：

示例代码中给出的链表为：1->2->3->4->5->6->7->**3**（3 实际代表链表第三个结点）。因此，isLoop 函数返回的结果为两个指针相遇的结点，所以，链表有环，通过函数 findLoopNode 可以获取到环的入口点为 3。

算法性能分析：

这种方法只需要对链表进行一次遍历，因此，时间复杂度为 O(n)。另外由于只需要几个指针变量来保存结点的地址信息，因此，空间复杂度为 O(1)。

1.7 如何把链表相邻元素翻转

【出自 TX 笔试题】

难度系数：★★★☆☆ **被考察系数：★★★★☆**

题目描述：

把链表相邻元素翻转，例如给定链表为 1->2->3->4->5->6->7，则翻转后的链表变为 2->1->4->3->6->5->7。

分析与解答：

方法一：交换值法

最容易想到的方法就是交换相邻两个结点的数据域，这种方法由于不需要重新调整链表的结构，因此，比较容易实现，但是这种方法并不是考官所期望的解法。

方法二：就地逆序

主要思路：通过调整结点指针域的指向来直接调换相邻的两个结点。如果单链表恰好有偶数个结点，那么只需要将奇偶结点对调即可，如果链表有奇数个结点，那么只需要将除最后一个结点外的其它结点进行奇偶对调即可。为了便于理解，下图给出了其中第一对结点对调的方法。

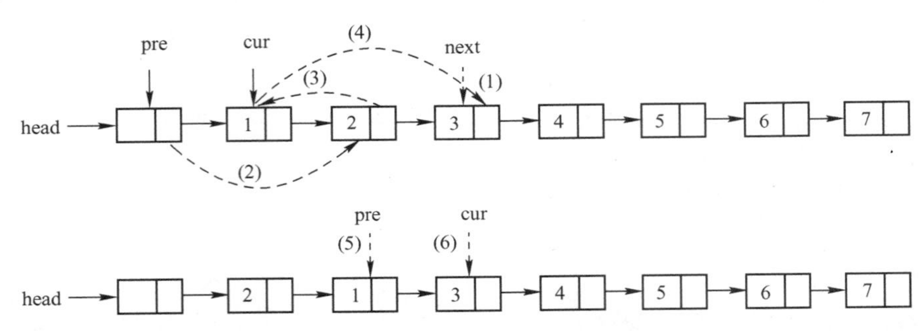

在上图中，当前遍历到结点 cur，通过（1）～（6）6 个步骤用虚线的指针来代替实线的指针实现相邻结点的逆序。其中，（1）～（4）实现了前两个结点的逆序操作，（5）和（6）两个步骤向后移动指针，接着可以采用同样的方式实现后面两个相邻结点的逆序操作。实现代码如下：

```
class    LNode:
      def    __new__(self,x):
            self.data=x
            self.next=None

# 把链表相邻元素翻转
def    reverse (head):
      #判断链表是否为空
      if     head == None or head.next == None:
            return
      cur = head.next # 当前遍历结点
      pre = head # 当前结点的前驱结点
      next = None # 当前结点后继结点的后继结点
      while    cur != None and cur.next != None:
            next = cur.next.next # 见图第（1）步
            pre.next = cur.next # 见图第（2）步
            cur.next.next = cur # 见图第（3）步
            cur.next = next # 见图第（4）步
            pre = cur # 见图第（5）步
            cur = next # 见图第（6）步

if    __name__=="__main__":
```

```
        i=1
        head =LNode()
        head.next = None
        tmp = None
        cur = head
        while   i<8:
            tmp = LNode()
            tmp.data = i
            tmp.next = None
            cur.next = tmp
            cur = tmp
            i +=1
        print   "顺序输出：",
        cur = head.next
        while   cur != None:
            print   cur.data,
            cur = cur.next
        reverse (head)
        print   "\n 逆序输出：",
        cur = head.next
        while   cur != None:
            print   cur.data,
            cur = cur.next
        cur = head.next
        while   cur != None:
            cur = cur.next
```

程序的运行结果为：

```
顺序输出：1  2  3  4  5  6  7
逆序输出：2  1  4  3  6  5  7
```

上例中，由于链表有奇数个结点，因此，链表前三对结点相互交换，而最后一个结点保持在原来的位置。

算法性能分析：

这种方法只需要对链表进行一次遍历，因此，时间复杂度为 O(n)。另外由于只需要几个指针变量来保存结点的地址信息，因此，空间复杂度为 O(1)。

1.8 如何把链表以 K 个结点为一组进行翻转

【出自 MT 笔试题】

难度系数：★★★☆☆　　　　**被考察系数：**★★★★☆

题目描述：

K 链表翻转是指把每 K 个相邻的结点看成一组进行翻转，如果剩余结点不足 K 个，则保持不变。假设给定链表 1->2->3->4->5->6->7 和一个数 K，如果 K 的值为 2，那么翻转后的链表为 2->1->4->3->6->5->7。如果 K 的值为 3，那么翻转后的链表为：3->2->1->6->

5->4->7。

分析与解答：

主要思路为：首先把前 K 个结点看成一个子链表，采用前面介绍的方法进行翻转，把翻转后的子链表链接到头结点后面，然后把接下来的 K 个结点看成另外一个单独的链表进行翻转，把翻转后的子链表链接到上一个已经完成翻转子链表的后面。具体实现方法如下图所示。

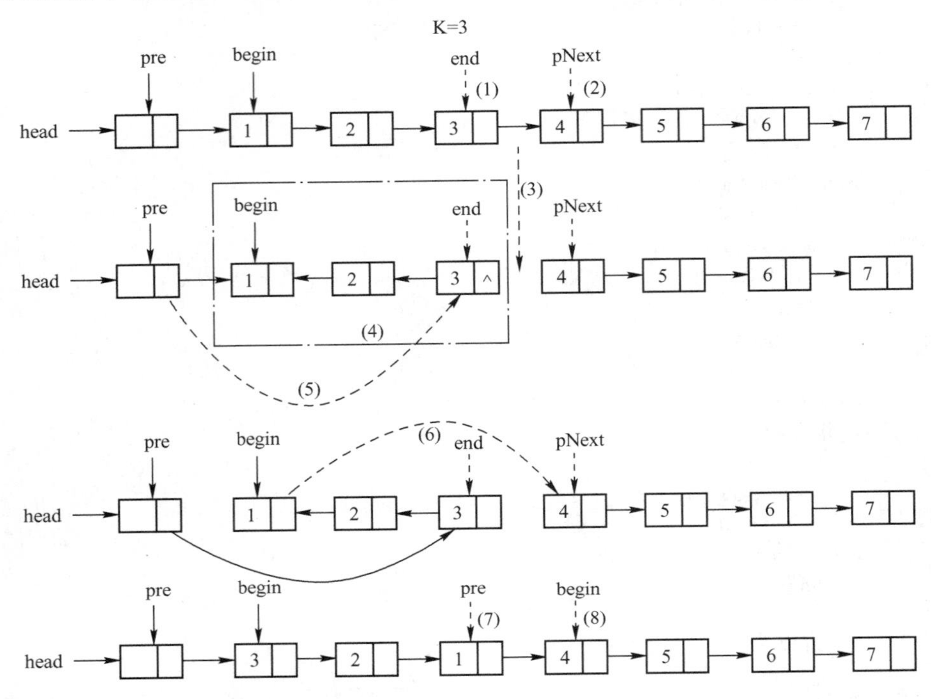

在上图中，以 K=3 为例介绍具体实现的方法：

（1）首先设置 pre 指向头结点，然后让 begin 指向链表第一个结点，找到从 begin 开始第 K=3 个结点 end。

（2）为了采用本章第一节中链表翻转的算法，需要使 end.next=None 在此之前需要记录下 end 指向的结点，用 pNext 来记录。

（3）使 end.next=None，从而使得从 begin 到 end 为一个单独的子链表，从而可以对这个子链表采用 1.1 节介绍的方法进行翻转。

（4）对以 begin 为第一个结点，end 为尾结点所对应的 K=3 个结点进行翻转。

（5）由于翻转后子链表的第一个结点从 begin 变为 end，因此，执行 pre.next=end，把翻转后的子链表链接起来。

（6）把链表中剩余的还未完成翻转的子链表链接到已完成翻转的子链表后面（主要是针对剩余的结点的个数小于 K 的情况）。

（7）让 pre 指针指向已完成翻转的链表的最后一个结点。

（8）让 begin 指针指向下一个需要被翻转的子链表的第一个结点（通过 begin=pNext 来实现）。

接下来可以反复使用（1）～（8）8 个步骤对链表进行翻转。实现代码如下：

```
class  LNode:

    def  __new__(self,x):
        self.data=x
        self.next=None

# 对不带头结点的单链表翻转
def  Reverse(head):
    if  head==None or head.next==None:
        return  head
    pre=head # 前驱结点
    cur=head.next # 当前结点
    next=cur.next # 后继结点
    pre.next=None
    # 使当前遍历到的结点 cur 指向其前驱结点
    while  cur!=None:
        next=cur.next
        cur.next=pre
        pre=cur
        cur=next
    return  pre

# 对链表 K 翻转
def  ReverseK(head,k):
    if  head==None or head.next==None or k<2:
        return
    i=1
    pre=head
    begin=head.next
    end=None
    pNext=None
    while  begin!=None:
        end=begin
        # 对应图中第(1)步，找到从 begin 开始第 K 个结点
        while  i<k:
            if  end.next!=None:
                end=end.next
            else:    # 剩余结点的个数小于 K
                return
            i +=1
        pNext=end.next # (2)
        end.next=None  # (3)
        pre.next=Reverse(begin)  # (4) (5)
        begin.next=pNext  # (6)
        pre=begin # (7)
        begin=pNext # (8)
        i=1

if  __name__=="__main__":
    i=1
```

```
    head=LNode()

    head.next=None
    tmp=None
    cur=head
    while  i<8:
        tmp=LNode()
        tmp.data=i
        tmp.next=None
        cur.next=tmp
        cur=tmp
        i+=1
    print  "顺序输出：",
    cur=head.next
    while  cur!=None:
        print  cur.data,
        cur=cur.next
    ReverseK(head,3)
    print  "\n 逆序输出：",
    cur=head.next
    while  cur!=None:
        print  cur.data,
        cur=cur.next
    cur=head.next
    while  cur!=None:
        tmp=cur
        cur=cur.next
```

程序的运行结果为：

```
顺序输出：1  2  3  4  5  6  7
逆序输出：3  2  1  6  5  4  7
```

运行结果分析：

由于 K=3，因此，链表可以分成三组（1 2 3）、（4 5 6）、（7）。对（1 2 3）翻转后变为（3 2 1），对（4 5 6）翻转后变为（6 5 4），由于（7）这个子链表只有 1 个结点（小于 3 个），因此，不进行翻转，所以，翻转后的链表就变为：3->2->1->6->5->4->7。

算法性能分析：

这种方法只需要对链表进行一次遍历，因此，时间复杂度为 O(n)。另外由于只需要几个指针变量来保存结点的地址信息，因此，空间复杂度为 O(1)。

1.9 如何合并两个有序链表

【出自 ALBB 笔试题】

难度系数：★★★☆☆　　　　**被考察系数：**★★★★☆

题目描述：

已知两个链表 head1 和 head2 各自有序（例如升序排列），请把它们合并成一个链表，要求合并后的链表依然有序。

分析与解答：

分别用指针 head1，head2 来遍历两个链表，如果当前 head1 指向的数据小于 head2 指向的数据，则将 head1 指向的结点归入合并后的链表中，否则，将 head2 指向的结点归入合并后的链表中。如果有一个链表遍历结束，则把未结束的链表连接到合并后的链表尾部。

下图以一个简单的示例为例介绍合并的具体方法：

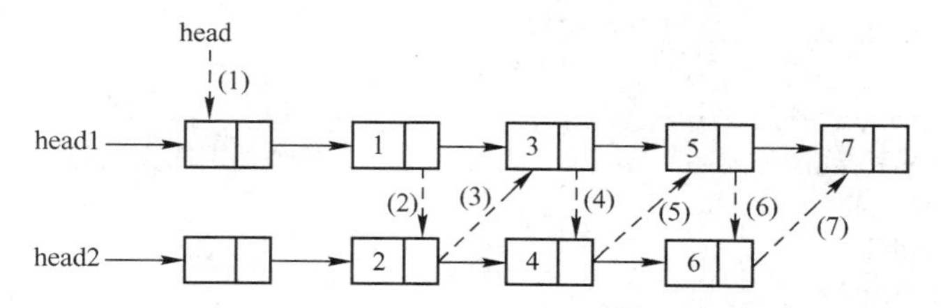

由于链表按升序排列，首先通过比较链表第一个结点中元素的大小来确定最终合并后链表的头结点；接下来每次都找两个链表中剩余结点的最小值链接到被合并的链表后面，如上图中的虚线所示。具体实现代码如下：

```
class  LNode:
    def  __new__(self,x):
        self.data=x
        self.next=None

# 方法功能：构造链表
def  ConstructList(start):
    i=start
    head=LNode()
    head.next=None
    tmp=None
    cur=head
    while  i<7:
        tmp=LNode()
        tmp.data=i
        tmp.next=None
        cur.next=tmp
        cur=tmp
        i +=2
    return  head

def  PrintList(head):
    cur=head.next
    while  cur!=None:
        print  cur.data,
        cur=cur.next

"""
方法功能：合并两个升序排列的单链表
输入参数：head1 与 head2 代表两个单链表
```

```
返回值：合并后链表的头结点
"""
def  Merge(head1,head2):
    if  head1==None or head1.next==None:
        return  head2
    if  head2==None or head2.next==None:
        return  head1
    cur1=head1.next # 用来遍历 head1
    cur2=head2.next # 用来遍历 head2
    head=None   # 合并后链表的头结点
    cur=None # 合并后的链表在尾结点
    # 合并后链表的头结点为第一个结点元素最小的那个链表的头结点
    if  cur1.data > cur2.data:
        head=head2
        cur=cur2
        cur2=cur2.next
    else:
        head=head1
        cur=cur1
        cur1=cur1.next
    # 每次找链表剩余结点的最小值对应的结点连接到合并后链表的尾部
    while  cur1!=None and  cur2!=None:
        if  cur1.data < cur2.data:
            cur.next=cur1
            cur=cur1
            cur1=cur1.next
        else:
            cur.next=cur2
            cur=cur2
            cur2=cur2.next
    # 当遍历完一个链表后把另外一个链表剩余的结点链接到合并后的链表后面
    if  cur1!=None:
        cur.next=cur1
    if  cur2!=None:
        cur.next=cur2
    return  head

if  __name__=="__main__":
    head1=ConstructList(1)
    head2=ConstructList(2)
    print  "head1: ",
    PrintList(head1)
    print  "\nhead2: ",
    PrintList(head2)
    print  "\n 合并后的链表：",
    head=Merge(head1,head2)
    PrintList(head)
```

程序的运行结果为：

```
head1: 1   3   5
head2: 2   4   6
合并后的链表：1   2   3   4   5   6
```

算法性能分析：

以上这种方法只需要对链表进行一次遍历，因此，时间复杂度为 O(n)。另外由于只需要几个指针变量来保存结点的地址信息，因此，空间复杂度为 O(1)。

1.10 如何在只给定单链表中某个结点的指针的情况下删除该结点

【出自 XM 笔试题】

难度系数：★★★★☆　　　　**被考察系数：**★★★★☆

题目描述：

假设给定链表 1->2->3->4->5->6->7 中指向第 5 个元素的指针，要求把结点 5 删掉，删除后链表变为 1->2->3->4->6->7。

分析与解答：

一般而言，要删除单链表中的一个结点 p，首先需要找到结点 p 的前驱结点 pre，然后通过 pre.next=p.next 来实现对结点 p 的删除。对于本题而言，由于无法获取到结点 p 的前驱结点，因此，不能采用这种传统的方法。

那么如何解决这个问题呢？可以分如下两种情况来分析：

（1）如果这个结点是链表的最后一个结点，那么无法删除这个结点。

（2）如果这个结点不是链表的最后一个结点，可以通过把其后继结点的数据复制到当前结点中，然后删除后继结点的方法来实现。实现方法如下图所示：

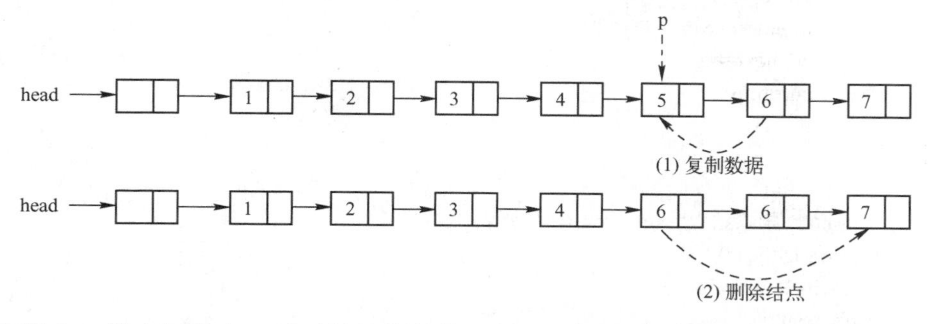

在上图中，首先把结点 p 的后继结点的数据复制到结点 p 的数据域中；接着把结点 p 的后继结点删除。实现代码如下：

```
class  LNode:
    def  __new__(self,x):
        self.data=x
        self.next=None
```

```
def printList(head):
    cur=head.next
    while cur!=None:
        print cur.data,
        cur=cur.next

"""
方法功能：给定单链表中某个结点，删除该结点
输入参数：链表中某结点
返回值： true：删除成功；    false:删除失败
"""
def RemoveNode(p):
    # 如果结点为空，或结点 p 无后继结点则无法删除
    if p==None or p.next==None:
        return False
    p.data=p.next.data
    tmp=p.next
    p.next=tmp.next
    return True

if __name__=="__main__":
    i=1
    head=LNode() # 链表头结点
    head.next=None
    tmp=None
    cur=head
    p=None
    # 构造链表
    while i<8:
        tmp=LNode()
        tmp.data=i
        tmp.next=None
        cur.next=tmp
        cur=tmp
        if i==5:
            p=tmp
        i +=1
    print "删除结点"+str(p.data)+"前链表: ",
    printList(head)
    result=RemoveNode(p)
    if result:
        print "\n 删除该结点后链表:",
        printList(head)
```

程序的运行结果为：

```
删除结点 5 前链表：1 2 3 4 5 6 7
删除该结点后链表：1 2 3 4 6 7
```

算法性能分析：

由于这种方法不需要遍历链表，只需要完成一个数据复制与结点删除的操作，因此，时间复杂度为 O(1)。由于这种方法只用了常数个额外指针变量，因此，空间复杂度也为 O(1)。

引申：只给定单链表中某个结点 p(非空结点)，如何在 p 前面插入一个结点

分析与解答：

主要思路：首先分配一个新结点 q，把结点 q 插入到结点 p 后，然后把 p 的数据域复制到结点 q 的数据域中，最后把结点 p 的数据域设置为待插入的值。

1.11 如何判断两个单链表（无环）是否交叉

【出自 WR 笔试题】

难度系数：★★★★☆　　　　**被考察系数：**★★★★★

题目描述：

单链表相交指的是两个链表存在完全重合的部分，如下图所示：

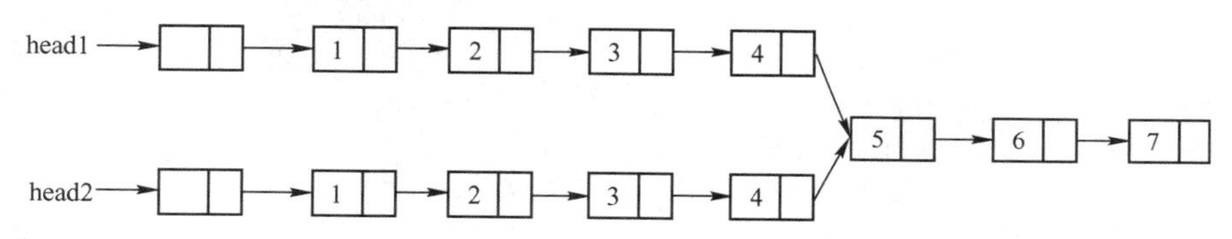

在上图中，这两个链表相交于结点 5，要求判断两个链表是否相交，如果相交，找出相交处的结点。

分析与解答：

方法一：Hash 法

如上图所示，如果两个链表相交，那么它们一定会有公共的结点，由于结点的地址或引用可以作为结点的唯一标识，因此，可以通过判断两个链表中的结点是否有相同的地址或引用来判断链表是否相交。具体可以采用如下方法实现：首先遍历链表 head1，把遍历到的所有结点的地址存放到 HashSet 中；接着遍历链表 head2，每遍历到一个结点，就判断这个结点的地址在 HashSet 中是否存在，如果存在，那么说明两个链表相交并且当前遍历到的结点就是它们的相交点，否则直接将链表 head2 遍历结束，说明这两个单链表不相交。

算法性能分析：

由于这种方法需要分别遍历两个链表，因此，算法的时间复杂度为 O(n1+n2)，其中，n1 与 n2 分别为两个链表的长度。此外，由于需要申请额外的存储空间来存储链表 head1 中结点的地址，因此，算法的空间复杂度为 O(n1)。

方法二：首尾相接法

主要思路：将这两个链表首尾相连（例如把链表 head1 尾结点链接到 head2 的头指针），然后检测这个链表是否存在环，如果存在，则两个链表相交，而环入口结点即为相交的结点，如下图所示。具体实现方法以及算法性能分析见 1.6 节。

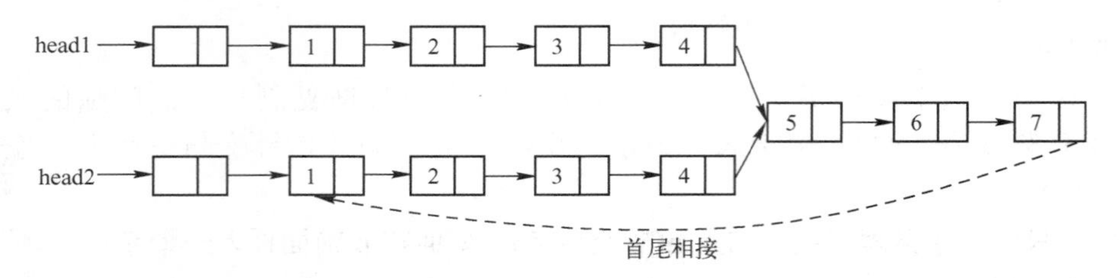

方法三：尾结点法

主要思路：如果两个链表相交，那么两个链表从相交点到链表结束都是相同的结点，必然是 Y 字形（如上图所示），所以，判断两个链表的最后一个结点是不是相同即可。即先遍历一个链表，直到尾部，再遍历另外一个链表，如果也可以走到同样的结尾点，则两个链表相交，这时记下两个链表的长度 n1、n2，再遍历一次，长链表结点先出发前进|n1-n2|步，之后两个链表同时前进，每次一步，相遇的第一点即为两个链表相交的第一个点。实现代码如下：

```
class   LNode:
    def   __new__(self,x):
        self.data=x
        self.next=None

"""
方法功能：判断两个链表是否相交，如果相交找出交点
输入参数：head1 与 head2 分别为两个链表的头结点
返回值：如果不相交返回 None，如果相交返回相交结点
"""
def   IsIntersect(head1,head2):
    if   head1 == None or head1.next==None or    head2 == None or \
        head2.next==None or head1==head2:
        return   None
    temp1 = head1.next
    temp2 = head2.next
    n1,n2 = 0,0
    # 遍历 head1，找到尾结点，同时记录 head1 的长度
    while   temp1.next!=None:
        temp1= temp1.next
        n1 +=1
     # 遍历 head2，找到尾结点，同时记录 head2 的长度
    while   temp2.next!=None:
        temp2= temp2.next
        n2 +=1
     #head1 与 head2 是有相同的尾结点
    if   temp1 == temp2:
        #长链表先走|n1-n2|步
        if   n1>n2:
            while   n1-n2 > 0:
                head1 = head1.next
                n1 -=1
        if   n2 >n1:
            while   n2-n1> 0:
                head2 = head2.next
```

```
                    n2 -=1
            #两个链表同时前进，找出相同的结点
            while   head1 != head2:
                head1 = head1.next
                head2 = head2.next
            return  head1
        # head1 与 head2 是没有相同的尾结点
        else:
            return  None

if  __name__=="__main__":
    i=1
    # 链表头结点
    head1=LNode()
    head1.next=None
    # 链表头结点
    head2=LNode()
    head2.next=None
    tmp=None
    cur=head1
    p=None
    # 构造第 1 个链表
    while   i<8 :
        tmp=LNode()
        tmp.data=i
        tmp.next=None
        cur.next=tmp
        cur=tmp
        if(i==5) :
            p=tmp
        i +=1
    cur=head2
    # 构造第 2 个链表
    i=1
    while   i<5:
        tmp=LNode()
        tmp.data=i
        tmp.next=None
        cur.next=tmp
        cur=tmp
        i +=1
    # 使它们相交于结点 5
    cur.next=p
    interNode=IsIntersect(head1,head2)
    if   interNode==None:
        print   "这两个链表不相交："
    else:
        print   "这两个链表相交点为："+str(interNode.data)
```

程序的运行结果为：

```
这两个链表相交点为：5
```

运行结果分析：

在上述代码中，由于构造的两个单链表相交于结点 5，因此，输出结果中它们的相交结点为 5。

算法性能分析：

假设这两个链表长度分别为 n1，n2，重叠的结点的个数为 L($0<L<\min(n1,n2)$)，则总共对链表进行遍历的次数为 n1+n2+L+n1−L+n2−L=2(n1+n2)−L，因此，算法的时间复杂度为 O(n1+n2)；由于这种方法只使用了常数个额外指针变量，因此，空间复杂度为 O(1)。

引申：如果单链表有环，如何判断两个链表是否相交

分析与解答：

（1）如果一个单链表有环，另外一个没环，那么它们肯定不相交。

（2）如果两个单链表都有环并且相交，那么这两个链表一定共享这个环。判断两个有环的链表是否相交的方法为：首先采用本章第 1.6 节中介绍的方法找到链表 head1 中环的入口点 p1，然后遍历链表 head2，判断链表中是否包含结点 p1，如果包含，则这两个链表相交，否则不相交。找相交点的方法为：把结点 p1 看作两个链表的尾结点，这样就可以把问题转换为求两个无环链表相交点的问题，可以采用本节介绍的求相交点的方法来解决这个问题。

1.12 如何展开链接列表

【出自 TX 面试题】

难度系数：★★★★☆　　**被考察系数：★★★☆☆**

题目描述：

给定一个有序链表，其中每个结点也表示一个有序链表，结点包含两个类型的指针：

（1）指向主链表中下一个结点的指针（在下面的代码中称为“正确”指针）

（2）指向此结点头的链表（在下面的代码中称之为“down”指针）。

所有链表都被排序。请参见以下示例：

```
 3     ->    11    ->    15    ->    30
|V          |V          |V          |V
 6           21          22          39
|V                      |V          |V
 8                       50          40
|V                                  |V
 31                                  55
```

实现一个函数 flatten()，该函数用来将链表扁平化成单个链表，扁平化的链表也应该被排序。例如，对于上述输入链表，输出链表应为 3->6-> 8-> 11-> 15-> 21-> 22->30-> 31-> 39->40->45->50。

分析与解答：

本题的主要思路为使用归并排序中的合并操作，使用归并的方法把这些链表来逐个归并。

具体而言，可以使用递归的方法，递归地合并已经扁平化的链表与当前的链表。在实现的过程可以使用 down 指针来存储扁平化处理后的链表。实现代码如下：

```
class Node:
    def __init__(self,data):
        self.data=data
        self.right=None
        self.down=None

class MergeList:
    def __init__(self):
        self.head=None
    # 用来合并两个有序的链表 *
    def merge(self,a,b):
        # 如果有其中一个链表为空，直接返回另外一个链表
        if a == None:
            return b
        if b == None:
            return a
        # 把两个链表头中较小的结点赋值给 result
        if a.data < b.data:
            result = a
            result.down = self.merge(a.down, b)
        else:
            result = b
            result.down = self.merge(a, b.down)
        return result
    # 把链表扁平化处理
    def flatten(self,root):
        if root == None or root.right == None:
            return root
        # 递归处理 root.right 链表
        root.right = self.flatten(root.right)
        # 把 root 结点对应的链表与右边的链表合并
        root = self.merge(root, root.right)
        return root
    # 把 data 插入到链表头
    def insert(self,head_ref,data):
        new_node =Node(data)
        new_node.down = head_ref
        head_ref = new_node
        # 返回新的表头结点
        return head_ref
    def printList(self):
        temp = self.head
        while temp != None:
            print temp.data,
            temp = temp.down
```

```
            print '\n'

if __name__=="__main__":
    L = MergeList()
    # 构造链表
    L.head = L.insert(L.head, 31)
    L.head = L.insert(L.head, 8)
    L.head = L.insert(L.head, 6)
    L.head = L.insert(L.head, 3)
    L.head.right = L.insert(L.head.right, 21)
    L.head.right = L.insert(L.head.right, 11)
    L.head.right.right = L.insert(L.head.right.right, 50)
    L.head.right.right = L.insert(L.head.right.right, 22)
    L.head.right.right = L.insert(L.head.right.right, 15)
    L.head.right.right.right = L.insert(L.head.right.right.right, 55)
    L.head.right.right.right = L.insert(L.head.right.right.right, 40)
    L.head.right.right.right = L.insert(L.head.right.right.right, 39)
    L.head.right.right.right = L.insert(L.head.right.right.right, 30)
    # 扁平化链表
    L.head = L.flatten(L.head)
    L.printList()
```

程序的运行结果为：

```
3 6 8 11 15 21 22 30 31 39 40 50 55
```

第 2 章　栈、队列与哈希

栈与队列是在程序设计中被广泛使用的两种重要的线性数据结构，都是在一个特定范围的存储单元中存储的数据，这些数据都可以重新被取出使用，与线性表相比，它们的插入和删除操作受到更多的约束和限定，故又称为限定性的线性表结构。不同的是，栈就像一个很窄的桶，先存进去的数据只能最后被取出来，是 LIFO（Last In First Out，后进先出），它将进出顺序逆序，即先进后出，后进先出，栈结构如下图所示。队列像日常排队买东西的人的“队列”，先排队的人先买，后排队的人后买，是 FIFO（First In First Out，先进先出），它保持进出顺序一致，即先进先出，后进后出，队列结构如下图所示。

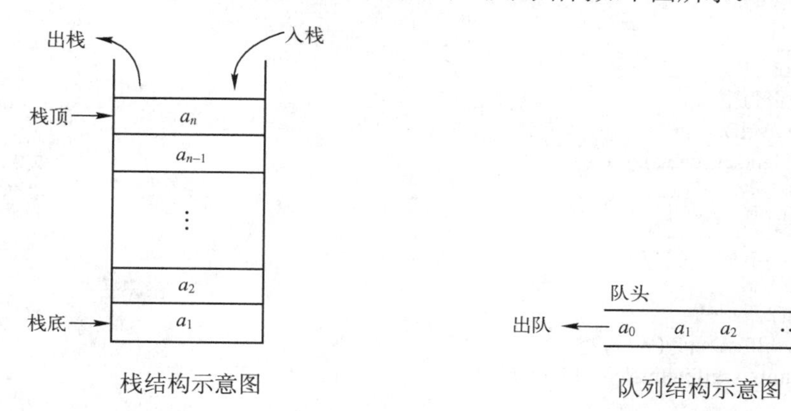

栈结构示意图　　　　队列结构示意图

需要注意的是，有时在数据结构中还有可能出现按照大小排队或按照一定条件排队的数据队列，这时的队列属于特殊队列，就不一定按照“先进先出”的原则读取数据了。

2.1　如何实现栈

【出自 ALBB 面试题】

难度系数：★★★☆☆　　　　被考察系数：★★★★☆

题目描述：

实现一个栈的数据结构，使其具有以下方法：压栈、弹栈、取栈顶元素、判断栈是否为空以及获取栈中元素个数。

分析与解答：

栈的实现有两种方法，分别为采用数组来实现和采用链表来实现。下面分别详细介绍这两种方法。

方法一：数组实现

在采用数组来实现栈的时候，栈空间是一段连续的空间。实现思路如下图所示。

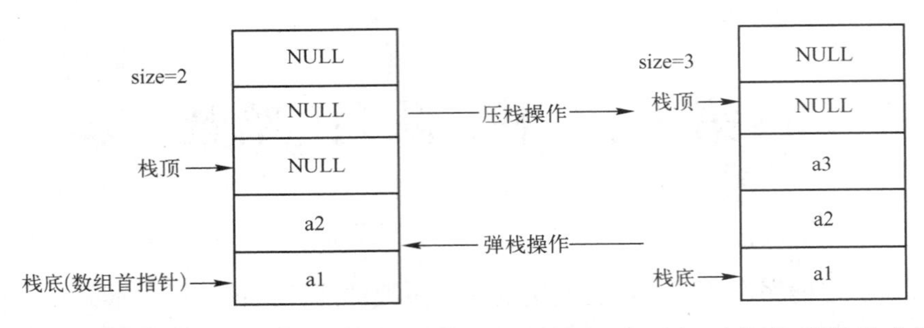

从上图中可以看出，可以把数组的首元素当做栈底，同时记录栈中元素的个数 size，假设数组首地址为 arr，从上图可以看出，压栈的操作其实是把待压栈的元素放到数组 arr[size] 中，然后执行 size+操作；同理，弹栈操作其实是取数组 arr[size−1]元素，然后执行 size−操作。根据这个原理可以非常容易实现栈，示例代码如下：

```
class  MyStack:
    # 模拟栈
    def  __init__(self):
        self.items= []
    # 判断栈是否为空
    def  isEmpty(self):
        return  len(self.items) ==0
    # 返回栈的大小
    def  size(self):
        return  len(self.items)
    # 返回栈顶元素
    def  top(self):
        if  not self.isEmpty():
            return  self.items[len(self.items)-1]
        else:
            return  None
    # 弹栈
    def  pop(self):
        if  len(self.items)>0:
            return  self.items.pop()
        else:
            print  "栈已经为空"
            return  None
    # 压栈
    def  push(self,item):
        self.items.append(item)

if  __name__=="__main__":
    s=MyStack()
    s.push(4)
    print  "栈顶元素为：" +str(s.top())
    print  "栈大小为：" +str(s.size())
    s.pop()
    print  "弹栈成功"
    s.pop()
```

方法二：链表实现

在创建链表的时候经常采用一种从头结点插入新结点的方法，可以采用这种方法来实现栈，最好使用带头结点的链表，这样可以保证对每个结点的操作都是相同的，实现思路如下图所示。

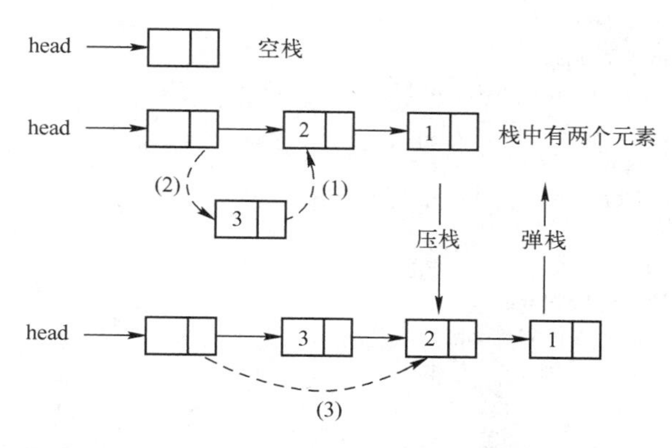

在上图中，在进行压栈操作的时候，首先需要创建新的结点，把待压栈的元素放到新结点的数据域中，然后只需要（1）和（2）两步就实现了压栈操作（把新结点加到了链表首部）。同理，在弹栈的时候，只需要进行（3）的操作就可以删除链表的第一个元素，从而实现弹栈操作。实现代码如下：

```
class LNode:
    def __new__(self,x):
        self.data=x
        self.next=None

class MyStack:
    def __init__(self):
        # pHead=LNode()
        self.data=None
        self.next=None
    # 判断 stack 是否为空,如果为空返回 true，否则返回 false
    def empty(self):
        if self.next == None:
            return True
        else:
            return False
    # 获取栈中元素的个数
    def size(self):
        size=0
        p = self.next
        while p != None:
            p = p.next
            size +=1
        return size
    # 入栈：把 e 放到栈顶
    def push(self,e):
        p =LNode
```

```
            p.data = e
            p.next = self.next
            self.next = p
        # 出栈，同时返回栈顶元素
        def  pop(self):
            tmp = self.next
            if  tmp != None:
                self.next = tmp.next
                return  tmp.data
            print  "栈已经为空"
            return  None
        # 取得栈顶元素
        def  top(self):
            if  self.next != None:
                return  self.next.data
            print  "栈已经为空"
            return  None

if  __name__=="__main__":
    stack = MyStack()
    stack.push(1)
    print  "栈顶元素为："+str(stack.top())
    print  "栈大小为："+str(stack.size())
    stack.pop()
    print  "弹栈成功"
    stack.pop()
```

程序的运行结果为：

```
栈顶元素为：1
栈大小为：1
弹栈成功
栈已经为空
```

两种方法的对比：

采用数组实现栈的优点是：一个元素值占用一个存储空间；它的缺点为：如果初始化申请的存储空间太大，会造成空间的浪费，如果申请的存储空间太小，后期会经常需要扩充存储空间，扩充存储空间是个费时的操作，这样会造成性能的下降。

采用链表实现栈的优点是：使用灵活方便，只有在需要的时候才会申请空间。它的缺点为：除了要存储元素外，还需要额外的存储空间存储指针信息。

算法性能分析：

这两种方法压栈与弹栈的时间复杂度都为 O(1)。

2.2 如何实现队列

【出自 XL 面试题】

难度系数：★★★☆☆　　　　**被考察系数：★★★★☆**

题目描述：

实现一个队列的数据结构，使其具有入队列、出队列、查看队列首尾元素、查看队列大小等功能。

分析与解答：

与实现栈的方法类似，队列的实现也有两种方法，分别为采用数组来实现和采用链表来实现。下面分别详细介绍这两种方法。

方法一：数组实现

下图给出了一种最简单的实现方式，用 front 来记录队列首元素的位置，用 rear 来记录队列尾元素往后一个位置。入队列的时候只需要将待入队列的元素放到数组下标为 rear 的位置，同时执行 rear+，出队列的时候只需要执行 front+即可。

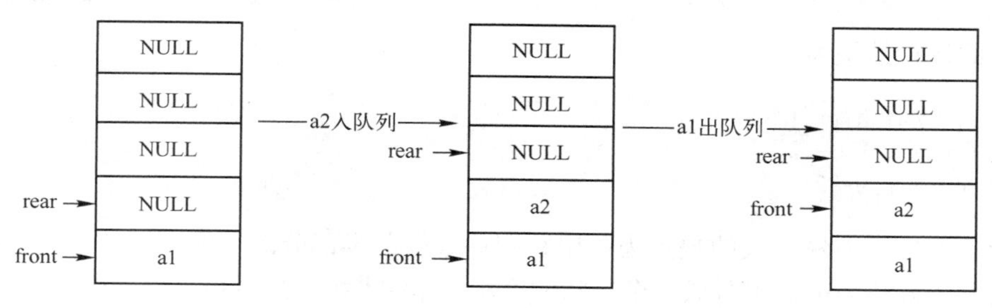

示例代码如下：

```
class  MyQueue:
    def  __init__(self):
        self.arr=[]
        self.front=0  # 队列头
        self.rear=0   # 队列尾
    # 判断队列是否为空
    def  isEmpty(self):
        return  self.front == self.rear
    #返回队列的大小
    def  size(self):
        return  self.rear-self.front
    # 返回队列首元素
    def  getFront(self):
        if  self.isEmpty():
            return  None
        return  self.arr[self.front]
    # 返回队列尾元素
    def  getBack(self):
        if  self.isEmpty():
            return  None
        return  self.arr[self.rear-1]
    # 删除队列头元素
    def  deQueue(self):
        if  self.rear>self.front:
            self.front +=1
        else:
```

```
            print  "队列已经为空"
    # 把新元素加入队列尾
    def  enQueue(self,item):
        self.arr.append(item)
        self.rear +=1

if  __name__=="__main__":
    queue= MyQueue()
    queue.enQueue(1)
    queue.enQueue(2)
    print  "队列头元素为："+str(queue.getFront())
    print  "队列尾元素为："+str(queue.getBack())
    print  "队列大小为："+str(queue.size())
```

程序的运行结果为：

```
队列头元素为：1
队列尾元素为：2
队列大小为：2
```

以上这种实现方法最大的缺点为：出队列后数组前半部分的空间不能被充分地利用，解决这个问题的方法为把数组看成一个环状的空间（循环队列）。当数组最后一个位置被占用后，可以从数组首位置开始循环利用，具体实现方法可以参考数据结构的课本。

方法二：链表实现

采用链表实现队列的方法与实现栈的方法类似，分别用两个指针指向队列的首元素与尾元素，如下图所示。用 pHead 来指向队列的首元素，用 pEnd 来指向队列的尾元素。

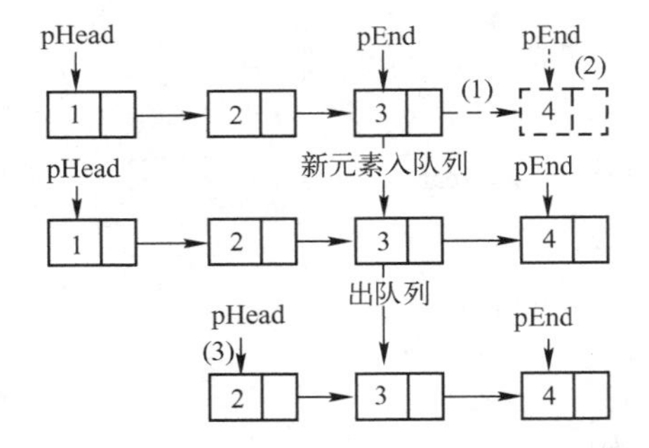

在上图中，刚开始队列中只有元素 1、2 和 3，当新元素 4 要进队列的时候，只需要上图中（1）和（2）两步，就可以把新结点连接到链表的尾部，同时修改 pEnd 指针指向新增加的结点。出队列的时候只需要步骤（3），改变 pHead 指针使其指向 pHead.next，此外也需要考虑结点所占空间释放的问题。在入队列与出队列的操作中也需要考虑队列尾空的时候的特殊操作，实现代码如下所示：

```
class  LNode:
    def  __new__(self,x):
        self.data=x
        self.next=None
```

```
class   MyQueue:
    # 分配头结点
    def   __init__(self):
        self.pHead=None
        self.pEnd=None
    # 判断队列是否为空,如果为空返回 true，否则返回 false
    def   empty(self):
        if   self.pHead == None:
            return   True
        else:
            return   False
    # 获取栈中元素的个数
    def   size(self):
        size=0
        p=self.pHead
        while   p != None:
            p = p.next
            size +=1
        return   size
    # 入队列：把元素 e 加到队列尾
    def   enQueue(self,e):
        p =LNode()
        p.data = e
        p.next=None
        if   self.pHead==None:
            self.pHead=self.pEnd=p
        else:
            self.pEnd.next=p
            self.pEnd=p
    # 出队列，删除队列首元素
    def   deQueue(self):
        if   self.pHead == None:
            print   "出队列失败，队列已经为空"
            return
        self.pHead=self.pHead.next
        if   self.pHead==None:
            self.pEnd=None
    # 取得队列首元素
    def   getFront(self):
        if   self.pHead==None:
            print   "获取队列首元素失败，队列已经为空"
            return   None
        return   self.pHead.data
    # 取得队列尾元素
    def   getBack(self):
        if   self.pEnd==None:
            print   "获取队列尾元素失败，队列已经为空"
            return   None
        return   self.pEnd.data

if   __name__=="__main__":
    queue=MyQueue()
    queue.enQueue(1)
```

```
        queue.enQueue(2)
        print  "队列头元素为："+str(queue.getFront())
        print  "队列尾元素为："+str(queue.getBack())
        print  "队列大小为："+str(queue.size())
```

程序的运行结果为：

```
队列头元素为：1
队列尾元素为：2
队列大小为：2
```

显然用链表来实现队列有更好的灵活性，与数组的实现方法相比，它多了用来存储结点关系的指针空间。此外，也可以用循环链表来实现队列，这样只需要一个指向链表最后一个元素的指针即可，因为通过指向链表尾元素可以非常容易地找到链表的首结点。

2.3 如何翻转栈的所有元素

【出自 ALBB 面试题】

难度系数：★★★★☆　　　　　　**被考察系数：★★★★☆**

题目描述：

翻转（也叫颠倒）栈的所有元素，例如输入栈{1, 2, 3, 4, 5}，其中，1 处在栈顶，翻转之后的栈为{5, 4, 3, 2, 1}，其中，5 处在栈顶。

分析与解答：

最容易想到的办法是申请一个额外的队列，先把栈中的元素依次出栈放到队列里，然后把队列里的元素按照出队列顺序入栈，这样就可以实现栈的翻转，这种方法的缺点是需要申请额外的空间存储队列，因此，空间复杂度较高。下面介绍一种空间复杂度较低的递归的方法。

递归程序有两个关键因素需要注意：递归定义和递归终止条件。经过分析后，很容易得到该问题的递归定义和递归终止条件。递归定义：将当前栈的最底元素移到栈顶，其他元素顺次下移一位，然后对不包含栈顶元素的子栈进行同样的操作。终止条件：递归下去，直到栈为空。递归的调用过程如下图所示：

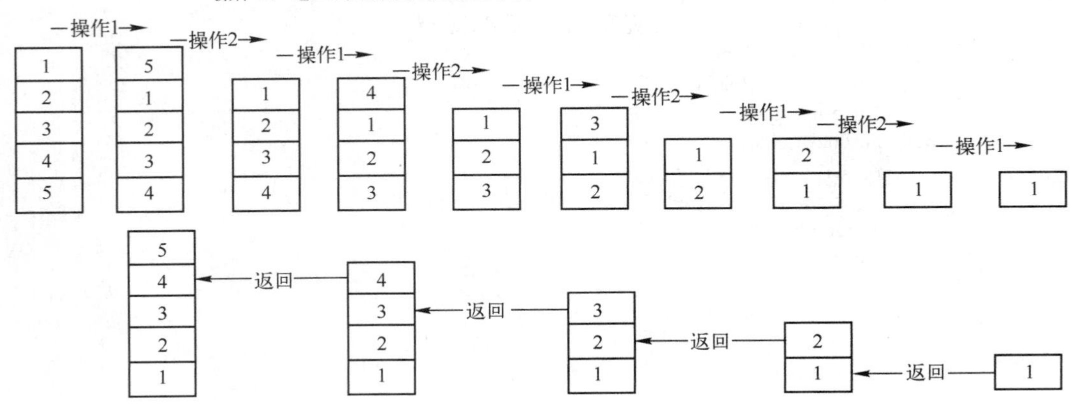

在上图中，对于栈{1, 2, 3, 4, 5}，进行翻转的操作为：首先把栈底元素移动到栈顶得到栈{5, 1, 2, 3, 4}，然后对不包含栈顶元素的子栈进行递归调用（对子栈元素进行翻转），子栈{1,2,3,4}翻转的结果为{4,3,2,1}，因此，最终得到翻转后的栈为{5,4,3,2,1}。

此外，由于栈的后进先出的特点，使得只能取栈顶的元素，因此，要把栈底的元素移动到栈顶也需要递归调用才能完成，主要思路为：把不包含该栈顶元素的子栈的栈底的元素移动到子栈的栈顶，然后把栈顶的元素与子栈栈顶的元素（其实就是与栈顶相邻的元素）进行交换。

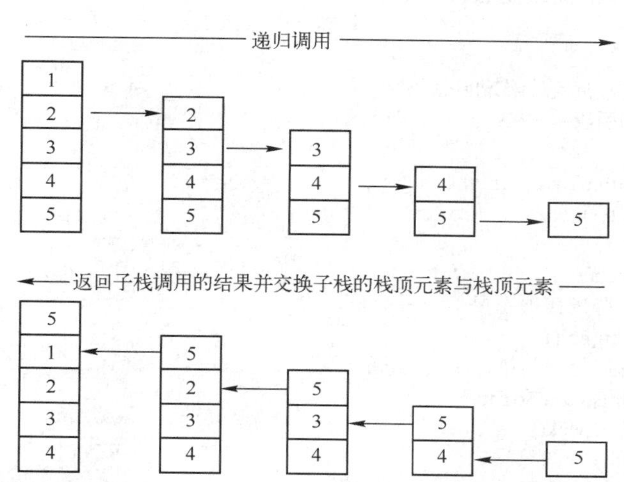

为了更容易理解递归调用，可以认为在进行递归调用的时候，子栈已经把栈底元素移动到了栈顶，在上图中，为了把栈{1, 2, 3, 4, 5}的栈底元素 5 移动到栈顶，首先对子栈{ 2, 3, 4, 5}，进行递归调用，调用的结果为{ 5, 2, 3, 4}，然后对子栈顶元素 5，与栈顶元素 1 进行交换得到栈{5, 1, 2, 3, 4}，实现了把栈底元素移动到栈顶。

实现代码如下：

```
# Python 中没有栈的模块，所以先新建一个栈类
class    Stack:
    # 模拟栈
    def    __init__(self):
        self.items= []
    # 判断栈是否为空
    def    empty(self):
        return    len(self.items) ==0
    # 返回栈的大小
    def    size(self):
        return    len(self.items)
    # 返回栈顶元素
    def    peek(self):
        if    not self.empty():
            return    self.items[len(self.items)-1]
        else:
            return    None
    # 弹栈
```

```
    def  pop(self):
        if  len(self.items)>0:
            return  self.items.pop()
        else:
            print  "栈已经为空"
            return  None
    # 压栈
    def  push(self,item):
        self.items.append(item)

"""
方法功能：把栈底元素移动到栈顶
参数：s 栈的引用
"""
def  moveBottomToTop(s):
    if  s.empty():
        return
    top1=s.peek()
    s.pop() # 弹出栈顶元素
    if  not s.empty():
        # 递归处理不包含栈顶元素的子栈
        moveBottomToTop(s)
        top2=s.peek()
        s.pop()
        # 交换栈顶元素与子栈栈顶元素
        s.push(top1)
        s.push(top2)
    else:
        s.push(top1)

def  reverse_stack(s):
    if  s.empty():
        return
    # 把栈底元素移动到栈顶
    moveBottomToTop(s)
    top=s.peek()
    s.pop()
    # 递归处理子栈
    reverse_stack(s)
    s.push(top)

if  __name__=="__main__":
    s=Stack()
    s.push(5)
    s.push(4)
    s.push(3)
    s.push(2)
    s.push(1)
    reverse_stack(s)
    print  "翻转后出栈顺序为:",
```

```
        while  not s.empty():
            print  s.peek(),
            s.pop()
```

程序的运行结果为：

```
翻转后出栈顺序为:5 4 3 2 1
```

算法性能分析：

把栈底元素移动到栈顶操作的时间复杂度为 O(N)，在翻转操作中对每个子栈都进行了把栈底元素移动到栈顶的操作，因此，翻转算法的时间复杂度为 $O(N^2)$。

引申：如何给栈排序

分析与解答：

很容易通过对上述方法进行修改得到栈的排序算法。主要思路为：首先对不包含栈顶元素的子栈进行排序，如果栈顶元素大于子栈的栈顶元素，则交换这两个元素。因此，在上述方法中，只需要在交换栈顶元素与子栈顶元素的时候增加一个条件判断即可实现栈的排序，实现代码如下：

```
class  Stack:
    # 模拟栈
    def  __init__(self):
        self.items= []
    # 判断栈是否为空
    def  empty(self):
        return  len(self.items) ==0
    # 返回栈的大小
    def  size(self):
        return  len(self.items)
    # 返回栈顶元素
    def  peek(self):
        if  not self.empty():
            return  self.items[len(self.items)-1]
        else:
            return  None
    # 弹栈
    def  pop(self):
        if  len(self.items)>0:
            return  self.items.pop()
        else:
            print  "栈已经为空"
            return  None
    # 压栈
    def  push(self,item):
        self.items.append(item)

"""
方法功能：把栈底元素移动到栈顶
参数：s 栈的引用
```

```
"""
def  moveBottomToTop(s):
    if  s.empty():
        return
    top1=s.peek()
    s.pop()
    if  not s.empty():
        moveBottomToTop(s)
        top2=s.peek()
        if  top1>top2:
            s.pop()
            s.push(top1)
            s.push(top2)
            return
    s.push(top1)

def  sortStack(s):
    if  s.empty():
        return
    # 把栈底元素移动到栈顶
    moveBottomToTop(s)
    top=s.peek()
    s.pop()
    # 递归处理子栈
    sortStack(s)
    s.push(top)

if  __name__=="__main__":
    s=Stack()
    s.push(1)
    s.push(3)
    s.push(2)
    sortStack(s)
    print  "排序后出栈顺序为:",
    while  not s.empty():
        print  s.peek(),
        s.pop()
```

程序的运行结果为：

```
排序后出栈顺序为:1 2 3
```

算法性能分析：

这种方法的时间复杂度为 $O(N^2)$。

2.4 如何根据入栈序列判断可能的出栈序列

【出自 TX 面试题】

难度系数：★★★☆☆　　　　被考察系数：★★★★★

题目描述：

输入两个整数序列，其中一个序列表示栈的 push（入）顺序，判断另一个序列有没有可能是对应的 pop（出）顺序。

分析与解答：

假如输入的 push 序列是 1、2、3、4、5，那么 3、2、5、4、1 就有可能是一个 pop 序列，但 5、3、4、1、2 就不可能是它的一个 pop 序列。

主要思路是使用一个栈来模拟入栈顺序，具体步骤如下：

（1）把 push 序列依次入栈，直到栈顶元素等于 pop 序列的第一个元素，然后栈顶元素出栈，pop 序列移动到第二个元素；

（2）如果栈顶继续等于 pop 序列现在的元素，则继续出栈并 pop 后移；否则对 push 序列继续入栈。

（3）如果 push 序列已经全部入栈，但是 pop 序列未全部遍历，而且栈顶元素不等于当前 pop 元素，那么这个序列不是一个可能的出栈序列。如果栈为空，而且 pop 序列也全部被遍历过，则说明这是一个可能的 pop 序列。下图给出一个合理的 pop 序列的判断过程。

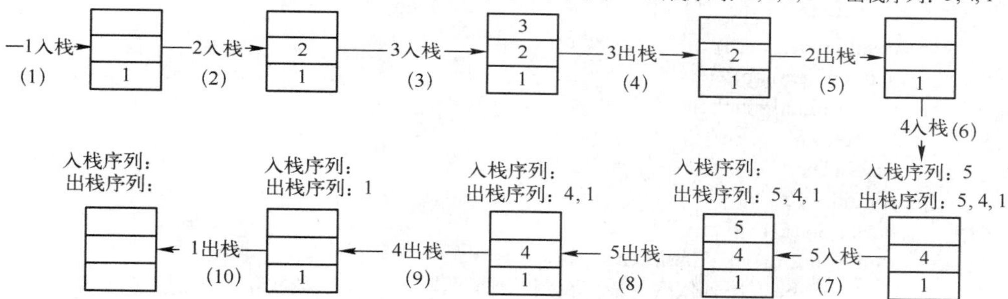

在上图中，（1）～（3）三步，由于栈顶元素不等于 pop 序列第一个元素 3，因此，1,2,3 依次入栈，当 3 入栈后，栈顶元素等于 pop 序列的第一个元素 3，因此，第（4）步执行 3 出栈，接下来指向第二个 pop 序列 2，且栈顶元素等于 pop 序列的当前元素，因此，第（5）步执行 2 出栈；接着由于栈顶元素 4 不等于当前 pop 序列 5，因此，接下来（6）和（7）两步分别执行 4 和 5 入栈；接着由于栈顶元素 5 等于 pop 序列的当前值，因此，第（8）步执行 5 出栈，接下来（9）和（10）两步栈顶元素都等于当前 pop 序列的元素，因此，都执行出栈操作。最后由于栈为空，同时 pop 序列都完成了遍历，因此，{3,2,5,4,1}是一个合理的出栈序列。

实现代码如下：

```
class   Stack:
    # 模拟栈
    def   __init__(self):
        self.items= []
    # 判断栈是否为空
    def   empty(self):
        return   len(self.items) ==0
    # 返回栈的大小
```

```
    def  size(self):
        return  len(self.items)
    # 返回栈顶元素
    def  peek(self):
        if  not self.empty():
            return  self.items[len(self.items)-1]
        else:
            return  None
    # 弹栈
    def  pop(self):
        if  len(self.items)>0:
            return  self.items.pop()
        else:
            print  "栈已经为空"
            return  None
    # 压栈
    def  push(self,item):
        self.items.append(item)

def  isPopSerial(push,pop):
    if  push==None or pop==None:
        return  False
    pushLen=len(push)
    popLen=len(pop)
    if  pushLen!=popLen:
        return  False
    pushIndex=0
    popIndex=0
    stack =Stack()
    while  pushIndex < pushLen:
        # 把 push 序列依次入栈，直到栈顶元素等于 pop 序列的第一个元素
        stack.push(push[pushIndex])
        pushIndex +=1
            # 栈顶元素出栈，pop 序列移动到下一个元素
        while  (not stack.empty() ) and stack.peek()== pop[popIndex]:
            stack.pop()
            popIndex +=1
    #栈为空，且 pop 序列中元素都被遍历过
    return  stack.empty() and popIndex==popLen

if  __name__=="__main__":
    push="12345"
    pop="32541"
    if  isPopSerial(push,pop):
        print  pop+"是"+push+"的一个 pop 序列"
    else:
        print  pop+"不是"+push+"的一个 pop 序列"
```

程序的运行结果为：

```
32541 是 12345 的一个 pop 序列
```

算法性能分析：

这种方法在处理一个合理的 pop 序列的时候需要操作的次数最多，即把 push 序列进行一次压栈和出栈操作，操作次数为 2N，因此，时间复杂度为 O(N)，此外，这种方法使用了额外的栈空间，因此，空间复杂度为 O(N)。

2.5 如何用 O(1)的时间复杂度求栈中最小元素

【出自 XM 面试题】

难度系数：★★★★☆　　　　**被考察系数：**★★★★☆

分析与解答：

由于栈具有后进先出的特点，因此，push 和 pop 只需要对栈顶元素进行操作。如果使用上述的实现方式，只能访问到栈顶的元素，无法得到栈中最小的元素。当然，可以用另外一个变量来记录栈底的位置，通过遍历栈中所有的元素找出最小值，但是这种方法的时间复杂度为 O(N)，那么如何才能用 O(1)的时间复杂度求出栈中最小的元素呢？

在算法设计中，经常会采用空间换取时间的方式来提高时间复杂度，也就是说，采用额外的存储空间来降低操作的时间复杂度。具体而言，在实现的时候使用两个栈结构，一个栈用来存储数据，另外一个栈用来存储栈的最小元素。实现思路如下：如果当前入栈的元素比原来栈中的最小值还小，则把这个值压入保存最小元素的栈中；在出栈的时候，如果当前出栈的元素恰好为当前栈中的最小值，保存最小值的栈顶元素也出栈，使得当前最小值变为当前最小值入栈之前的那个最小值。为了简单起见，可以在栈中保存 int 类型。

实现代码如下：

```
# 模拟栈
class Stack:
    def __init__(self):
        self.items= []
    # 判断栈是否为空
    def empty(self):
        return len(self.items) ==0
    # 返回栈的大小
    def size(self):
        return len(self.items)
    # 返回栈顶元素
    def peek(self):
        if not self.empty():
            return self.items[len(self.items)-1]
        else:
            return None
    # 弹栈
    def pop(self):
        if len(self.items)>0:
            return self.items.pop()
        else:
            print "栈已经为空"
```

```
            return None
    # 压栈
    def push(self,item):
        self.items.append(item)


class MyStack :
    def __init__(self):
        self.elemStack=Stack() # 用来存储栈中元素
        self.minStack=Stack() # 栈顶永远存储当前 elemStack 中最小的值
    def push(self,data):
        self.elemStack.push(data)
        # 更新保存最小元素的栈
        if self.minStack.empty():
            self.minStack.push(data)
        else:
            if data <= self.minStack.peek():
                self.minStack.push(data)
    def pop(self):
        topData = self.elemStack.peek()
        self.elemStack.pop()
        if topData == self.mins():
            self.minStack.pop()
        return topData
    def mins(self):
        if self.minStack.empty():
            return 2 ** 32
        else:
            return self.minStack.peek()

if __name__=="__main__":
    stack = MyStack()
    stack.push(5)
    print "栈中最小值为：" + str(stack.mins())
    stack.push(6)
    print "栈中最小值为：" + str(stack.mins())
    stack.push(2)
    print "栈中最小值为：" + str(stack.mins())
    stack.pop()
    print "栈中最小值为：" + str(stack.mins())
```

程序的运行结果为：

```
栈中最小值为：5
栈中最小值为：5
栈中最小值为：2
栈中最小值为：5
```

算法性能分析：

这种方法申请了额外的一个栈空间来保存栈中最小的元素，从而达到了用 O(1)的时间复杂度求栈中最小元素的目的，但是付出的代价是空间复杂度为 O(N)。

2.6 如何用两个栈模拟队列操作

【出自 JD 面试题】

难度系数：★★★☆☆ **被考察系数：★★★★☆**

分析与解答：

题目要求用两个栈来模拟队列，假设使用栈 A 与栈 B 模拟队列 Q，A 为插入栈，B 为弹出栈，以实现队列 Q。

再假设 A 和 B 都为空，可以认为栈 A 提供入队列的功能，栈 B 提供出队列的功能。

要入队列，入栈 A 即可，而出队列则需要分两种情况考虑：

（1）如果栈 B 不为空，则直接弹出栈 B 的数据。

（2）如果栈 B 为空，则依次弹出栈 A 的数据，放入栈 B 中，再弹出栈 B 的数据。

实现代码如下：

```
class Stack:
    # 模拟栈
    def __init__(self):
        self.items= []
    # 判断栈是否为空
    def empty(self):
        return len(self.items) ==0
    # 返回栈的大小
    def size(self):
        return len(self.items)
    # 返回栈顶元素
    def peek(self):
        if not self.empty():
            return self.items[len(self.items)-1]
        else:
            return None
    # 弹栈
    def pop(self):
        if len(self.items)>0:
            return self.items.pop()
        else:
            print "栈已经为空"
            return None
    # 压栈
    def push(self,item):
        self.items.append(item)


class MyStack:
    def __init__(self):
        self.A=Stack() # 用来存储栈中元素
```

```
        self.B=Stack() # 用来存储当前栈中最小的元素
    def  push(self,data):
        self.A.push(data)
    def  pop(self):
        if  self.B.empty():
            while  not self.A.empty():
                self.B.push(self.A.peek())
                self.A.pop()
        first=self.B.peek()
        self.B.pop()
        return  first

if  __name__=="__main__":
    stack= MyStack()
    stack.push(1)
    stack.push(2)
    print  "队列首元素为: "+str(stack.pop())
    print  "队列首元素为: "+str(stack.pop())
```

程序的运行结果为：

```
队列首元素为：1
队列首元素为：2
```

算法性能分析：

这种方法入队列操作的时间复杂度为 O(1)，出队列操作的时间复杂度则依赖于入队列与出队列执行的频率。总体来讲，出队列操作的时间复杂度为 O(1)，当然会有个别操作需要耗费更多的时间（因为需要从两个栈之间传输数据）。

2.7 如何设计一个排序系统

【出自 TX 笔试题】

难度系数：★★★★☆　　　　**被考察系数：**★★★☆☆

题目描述：

请设计一个排队系统，能够让每个进入队伍的用户都能看到自己在队列中所处的位置和变化，队伍可能随时有人加入和退出；当有人退出影响到用户的位置排名时需要及时反馈到用户。

分析与解答：

本题不仅要实现队列常见的入队列与出队列的功能，而且还需要实现队列中任意一个元素都可以随时出队列，且出队列后需要更新队列用户位置的变化。实现代码如下：

```
from  collections  import  deque

class  User:
    def  __init__(self,id,name):
        self.id=id # 唯一标识一个用户
```

```
            self.name=name
            self.seq=0
        def  getName(self):
            return  self.name
        def  setName(self,name):
            self.name = name
        def  getSeq(self):
            return  self.seq
        def  setSeq(self,seq):
            self.seq = seq
        def  getId(self):
            return  self.id
        def  equals(self,arg0):
            o = arg0
            return  self.id==o.getId()
        def  toString(self):
            return  "id:" + str(self.id)+" name:"+ self.name +" seq:"+ str(self.seq)

    class  MyQueue:
        def  __init__(self):
            self.q=deque()
        def  enQueue(self,u): # 进入队列尾部
            u.setSeq(len(self.q) + 1)
            self.q.append(u)
        # 队头出队列
        def  deQueue(self):
            self.q.popleft()
            self.updateSeq()
        # 队列中的人随机离开
        def  deQueuemove(self,u):
            self.q.remove(u)
            self.updateSeq()
        # 出队列后更新队列中每个人的序列
        def  updateSeq(self):
            i = 1
            for  u  in  self.q:
                u.setSeq(i)
                i +=1
        # 打印队列的信息
        def  printList(self):
            for  u  in  self.q:
                print  u.toString()

    if  __name__=="__main__":
        u1 =User(1, "user1")
        u2 =User(2, "user2")
        u3 =User(3, "user3")
        u4 =User(4, "user4")
        queue =MyQueue()
        queue.enQueue(u1)
```

```
        queue.enQueue(u2)
        queue.enQueue(u3)
        queue.enQueue(u4)
        queue.deQueue()   # 队首元素 u1 出队列
        queue.deQueuemove(u3) # 队列中间的元素 u3 出队列
        queue.printList()
```

程序的运行结果为：

```
id:2   name:user2   seq:1
id:4   name:user4   seq:2
```

2.8 如何实现 LRU 缓存方案

【出自 MT 面试题】

难度系数：★★★★☆　　　　　　　　被考察系数：★★★★☆

题目描述

LRU 是 Least Recently Used 的缩写，它的意思是“最近最少使用”，LRU 缓存就是使用这种原理实现，简单的说就是缓存一定量的数据，当超过设定的阈值时就把一些过期的数据删除掉。常用于页面置换算法，是虚拟页式存储管理中常用的算法。如何实现 LRU 缓存方案？

分析与解答：

我们可以使用两个数据结构实现一个 LRU 缓存。

（1）使用双向链表实现的队列，队列的最大容量为缓存的大小。在使用过程中，把最近使用的页面移动到队列头，最近没有使用的页面将被放在队列尾的位置。

（2）使用一个哈希表，把页号作为键，把缓存在队列中的结点的地址作为值。

当引用一个页面时，如果所需的页面在内存中，只需要把这个页对应的结点移动到队列的前面。如果所需的页面不在内存中，此时需要把这个页面加载到内存中。简单地说，就是将一个新结点添加到队列的前面，并在哈希表中更新相应的结点地址。如果队列是满的，那么就从队列尾部移除一个结点，并将新结点添加到队列的前面。实现代码如下：

```
from   collections   import   deque

class   LRU:
    def   __init__(self,cacheSize):
        self.cacheSize=cacheSize
        self.queue=deque()
        self.hashSet=set()
    # 判断缓存队列是否已满
    def   isQueueFull(self):
        return   len(self.queue) == self.cacheSize
    # 把页号为 pageNum 的页缓存到队列中，同时也添加到 Hash 表中
    def   enqueue(self,pageNum):
        # 如果队列满了，需要删除队尾的缓存的页
```

```
            if  self.isQueueFull():
                self.hashSet.remove(self.queue[-1] )
                self.queue.pop()
            self.queue.appendleft(pageNum)
            # 把新缓存的结点同时添加到 hash 表中
            self.hashSet.add(pageNum)
        """
    当访问某一个 page 的时候会调用这个函数，对于访问的 page 有两种情况：
        1. 如果 page 在缓存队列中，直接把这个结点移动到队首
        2. 如果 page 不在缓存队列中，把这个 page 缓存到队首。
        """
        def  accessPage(self,pageNum):
            # page 不在缓存队列中，把它缓存到队首
            if  pageNum not in self.hashSet:
                self.enqueue( pageNum )
            # page 已经在缓存队列中了，移动到队首
            elif  pageNum != self.queue[0]:
                self.queue.remove(pageNum)
                self.queue.appendleft(pageNum)
        def  printQueue(self):
            while  len(self.queue) >0:
                print  self.queue.popleft(),

    if  __name__=="__main__":
        # 假设缓存大小为 3
        lru=LRU(3)
        # 访问 page
        lru.accessPage(1)
        lru.accessPage(2)
        lru.accessPage(5)
        lru.accessPage(1)
        lru.accessPage(6)
        lru.accessPage(7)
        # 通过上面的访问序列后，缓存的信息为
        lru.printQueue()
```

程序的运行结果为：

```
7 6 1
```

2.9 如何从给定的车票中找出旅程

【出自 YMX 面试题】

难度系数：★★★☆☆　　　　　　**被考察系数：**★★★★☆

题目描述：

给定一趟旅途旅程中所有的车票信息，根据这个车票信息找出这趟旅程的路线。例如：给定下面的车票：（“西安”到“成都”），（“北京”到“上海”），（“大连”到“西安”），（“上

海”到“大连”)。那么可以得到旅程路线为：北京->上海，上海->大连，大连->西安，西安->成都。假定给定的车票不会有环，也就是说有一个城市只作为终点而不会作为起点。

分析与解答：

对于这种题目，一般而言可以使用拓扑排序进行解答。根据车票信息构建一个图，然后找出这张图的拓扑排序序列，这个序列就是旅程的路线。但这种方法的效率不高，它的时间复杂度为 O(N)。这里重点介绍另外一种更加简单的方法：hash 法（python 中可以使用字典实现)。主要的思路为根据车票信息构建一个字典，然后从这个字典中找到整个旅程的起点，接着就可以从起点出发依次找到下一站，进而知道终点。具体的实现思路为：

（1）根据车票的出发地与目的地构建字典。

```
        Tickets= {(“西安”到“成都”),(“北京”到“上海”),(“大连”到“西安”),(“上海”到“大连”)}
```

（2）构建 Tickets 的逆向字典如下（将旅程的起始点反向)：

```
        ReverseTickets= {(“成都”到“西安”),(“上海”到“北京”),(“西安”到“大连”),(“大连”到“上海”)}
```

（3）遍历 Tickets，对于遍历到的 key 值，判断这个值是否在 ReverseTickets 中的 key 中存在，如果不存在，那么说明遍历到的 Tickets 中的 key 值就是旅途的起点。例如：“北京”在 ReverseTickets 的 key 中不存在，因此“北京”就是旅途的起点。

实现代码如下：

```
def  printResult(inputs):
    # 用来存储把 input 的键与值调换后的信息
    reverseInput =dict()
    for  k,v  in  inputs.items():
        reverseInput[v]=k
    start = None
    # 找到起点
    for  k,v  in  inputs.items():
        if  k not in reverseInput:
            start =k
            break
    if  start == None:
        print  "输入不合理"
        return
    # 从起点出发按照顺序遍历路径
    to = inputs[start]
    print  start +  "->" + to ,
    start=to
    to = inputs[to]
    while  to != None:
        print  ", "+start +  "->" + to,
        start = to
        to = inputs.get(to,None)

if  __name__=="__main__":
```

```
inputs = dict()
inputs["西安"]="成都"
inputs["北京"]="上海"
inputs["大连"]= "西安"
inputs["上海"]="大连"
printResult(inputs)
```

程序的运行结果为：

```
北京->上海, 上海->大连, 大连->西安, 西安->成都
```

算法性能分析：

这种方法的时间复杂度为 O(N)，空间复杂度也为 O(N)。

2.10 如何从数组中找出满足 a+b=c+d 的两个数对

【出自 YMX 面试题】

难度系数：★★★☆☆　　　　**被考察系数：**★★★★☆

题目描述：

给定一个数组，找出数组中是否有两个数对(a, b)和(c, d)，使得 a+b=c+d，其中，a、b、c 和 d 是不同的元素。如果有多个答案，打印任意一个即可。例如给定数组：[3, 4, 7, 10, 20, 9, 8]，可以找到两个数对 (3, 8) 和(4, 7)，使得 3+8 = 4+7。

分析与解答：

最简单的方法就是使用四重遍历，对所有可能的数对，判断是否满足题目要求，如果满足则打印出来，但是这种方法的时间复杂度为 $O(N^4)$，很显然不满足要求。下面介绍另外一种方法——字典法，算法的主要思路为：以数对为单位进行遍历，在遍历过程中，把数对和数对的值存储在字典中（键为数对的和，值为数对），当遍历到一个键值对时，如果它的和在字典中已经存在，那么就找到了满足条件的键值对。下面使用字典为例给出实现代码：

```
# 用来存储数对
class   pair:
    def   __init__(self,first,second):
        self.first=None
        self.second=None
        self.first = first
        self.second = second

def   findPairs(arr):
    # 键为数对的和，值为数对
    sumPair =dict()
    n = len(arr)
    # 遍历数组中所有可能的数对
```

```
        i=0
        while  i<n:
            j=i+1
            while  j<n:
                # 如果这个数对的和在 map 中没有，则放入 map 中
                sums = arr[i] + arr[j]
                if  sums not in sumPair:
                    sumPair[sums]=pair(i, j)
                # map 中已经存在与 sum 相同的数对了，找出来并打印出来
                else:
                    # 找出已经遍历过的并存储在 map 中和为 sum 的数对
                    p = sumPair[sums]
                    print"(" + str(arr[p.first]) + ", " + str(arr[p.second]) + "), (" + \
                    str(arr[i]) + ", " + str(arr[j]) + ")"
                    return  True
                j +=1
            i +=1
        return  False

if  __name__=="__main__":
    arr=[3, 4, 7, 10, 20, 9, 8]
    findPairs(arr)
```

程序的运行结果为：

```
(3, 8),(4, 7)
```

算法性能分析：

这种方法的时间复杂度为 $O(n^2)$。因为使用了双重循环，而字典的插入与查找操作实际的时间复杂度为 O(1)。

第3章　二　叉　树

3.1 二叉树基础知识

二叉树（Binary Tree）也称为二分树、二元树、对分树等，它是n（n≥0）个有限元素的集合，该集合或者为空、或者由一个称为根(root)的元素及两个不相交的、被分别称为左子树和右子树的二叉树组成。当集合为空时，称该二叉树为空二叉树。

在二叉树中，一个元素也称作一个结点。二叉树的递归定义为：二叉树或者是一棵空树，或者是一棵由一个根结点和两棵互不相交的分别称做根结点的左子树和右子树所组成的非空树，左子树和右子树又同样都是一棵二叉树。

以下是一些常见的二叉树的基本概念：

（1）结点的度。结点所拥有的子树的个数称为该结点的度。

（2）叶子结点。度为0的结点称为叶子结点，或者称为终端结点。

（3）分支结点。度不为0的结点称为分支结点，或者称为非终端结点。一棵树的结点除叶子结点外，其余的都是分支结点。

（4）左孩子、右孩子、双亲。树中一个结点的子树的根结点称为这个结点的孩子。这个结点称为它孩子结点的双亲。具有同一个双亲的孩子结点互称为兄弟。

（5）路径、路径长度。如果一棵树的一串结点n1,n2,…,nk有如下关系：结点ni是ni+1的父结点（1≤i<k），就把n1,n2,…,nk称为一条由n1至nk的路径。这条路径的长度是k−1。

（6）祖先、子孙。在树中，如果有一条路径从结点M到结点N，那么M就称为N的祖先，而N称为M的子孙。

（7）结点的层数。规定树的根结点的层数为1，其余结点的层数等于它的双亲结点的层数加1。

（8）树的深度。树中所有结点的最大层数称为树的深度。

（9）树的度。树中各结点度的最大值称为该树的度，叶子结点的度为0。

（10）满二叉树。在一棵二叉树中，如果所有分支结点都存在左子树和右子树，并且所有叶子结点都在同一层上，这样的一棵二叉树称作满二叉树。

完全二叉树。一棵深度为k的有n个结点的二叉树，对树中的结点按从上至下、从左到右的顺序进行编号，如果编号为i（1≤i≤n）的结点与满二叉树中编号为i的结点在二叉树中的位置相同，则这棵二叉树称为完全二叉树。完全二叉树的特点是：叶子结点只能出现在最下层和次下层，且最下层的叶子结点集中在树的左部。需要注意的是满二叉树肯定是完全二叉树，而完全二叉树不一定是满二叉树。

二叉树的基本性质如下所示：

性质1：一棵非空二叉树的第i层上最多有2^{i-1}个结点（i≥1）。

性质 2：一棵深度为 k 的二叉树中，最多具有 2^k-1 个结点，最少有 k 个结点。

性质 3：对于一棵非空的二叉树，度为 0 的结点（即叶子结点）总是比度为 2 的结点多一个，即如果叶子结点数为 n0，度数为 2 的结点数为 n2，则有 n0=n2+1。

证明：用 n0 表示度为 0（叶子结点）的结点总数，用 n1 表示度为 1 的结点总数，n2 表示度为 2 的结点总数，n 表示整个完全二叉树的结点总数。则 n=n0+n1+n2，根据二叉树和树的性质，可知 n=n1+2*n2+1（所有结点的度数之和+1=结点总数），根据两个等式可知 n0+n1+n2=n1+2*n2+1，所以，n2=n0−1，即 n0=n2+1。所以，答案为 1。

性质 4：具有 n 个结点的完全二叉树的深度为「$\log_2 n$」+1。

证明：根据性质 2，深度为 k 的二叉树最多只有 2^k-1 个结点，且完全二叉树的定义是与同深度的满二叉树前面编号相同，即它的总结点数 n 位于 k 层和 k−1 层满二叉树容量之间，即 $2^{k-1}-1<n\leqslant 2^k-1$ 或 $2^{k-1}\leqslant n<2^k$，三边同时取对数，于是有 $k-1\leqslant\log_2 n<k$，因为 k 是整数，所以，k=「$\log_2 n$」+1。

性质 5：对于具有 n 个结点的完全二叉树，如果按照从上至下和从左到右的顺序对二叉树中的所有结点从 1 开始顺序编号，则对于任意的序号为 i 的结点，有：（1）如果 i>1，则序号为 i 的结点的双亲结点的序号为 i/2（其中“/”表示整除）；如果 i=1，则序号为 i 的结点是根结点，无双亲结点。（2）如果 2i≤n，则序号为 i 的结点的左孩子结点的序号为 2i；如果 2i>n，则序号为 i 的结点无左孩子。（3）如果 2i+1≤n，则序号为 i 的结点的右孩子结点的序号为 2i+1；如果 2i+1>n，则序号为 i 的结点无右孩子。

此外，若对二叉树的根结点从 0 开始编号，则相应的 i 号结点的双亲结点的编号为(i−1)/2，左孩子的编号为 2i+1，右孩子的编号为 2i+2。

例题 1：一棵完全二叉树上有 1001 个结点，其中叶子结点的个数是多少？

分析：二叉树的公式：n=n0+n1+n2=n0+n1+(n0−1)=2*n0+n1−1。而在完全二叉树中，n1 只能取 0 或 1。若 n1=1，则 2*n0=1001，可推出 n0 为小数，不符合题意；若 n1=0，则 2*n0−1=1001，则 n0=501。所以，答案为 501。

例题 2：如果根的层次为 1，具有 61 个结点的完全二叉树的高度为多少？

分析：根据二叉树的性质，具有 n 个结点的完全二叉树的深度为 $\log_2 n+1$，因此，含有 61 个结点的完全二叉树的高度为 $\log_2 61+1$，即应该为 6 层。所以，答案为 6。

例题 3：在具有 100 个结点的树中，其边的数目为多少？

分析：在一棵树中，除了根结点之外，每一个结点都有一条入边，因此，总边数应该是 100−1，即 99 条。所以，答案为 99。

二叉树有顺序存储和链式存储两种存储结构，本章涉及到的算法都采用的是链式存储结构，本章示例代码用到的二叉树的结构如下：

```
class BiTNode:
    def __init__(self):
        self.data=None
        self.lchild=None
        self.rchild=None
```

3.2 如何把一个有序整数数组放到二叉树中

【出自 WR 面试题】

难度系数：★★★★☆　　　　　　　　　　被考察系数：★★★☆☆

分析与解答：

如果要把一个有序的整数数组放到二叉树中，那么所构造出来的二叉树必定也是一棵有序的二叉树。鉴于此，实现思路为：取数组的中间元素作为根结点，将数组分成左右两部分，对数组的两部分用递归的方法分别构建左右子树。如下图所示。

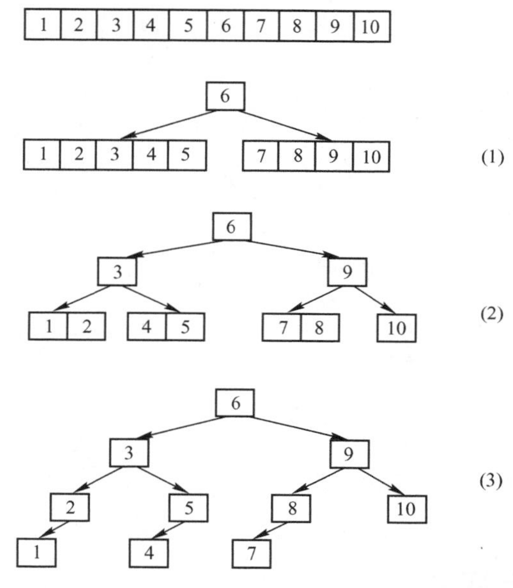

如上图所示，首先取数组的中间结点 6 作为二叉树的根结点，把数组分成左右两部分，然后对于数组的左右两部分子数组分别运用同样的方法进行二叉树的构建，例如，对于左半部分子数组，取中间结点 3 作为树的根结点，再把子数组分成左右两部分。依此类推，就可以完成二叉树的构建，实现代码如下：

```
class   BiTNode:
        def   __init__(self):
              self.data=None
              self.lchild=None
              self.rchild=None

# 方法功能：把有序数组转换为二叉树
def   arraytotree(arr,start,end):
      root=None
      if    end>=start:
            root =BiTNode()
            mid=(start+end+1)/2
            # 树的根结点为数组中间的元素
```

```
            root.data = arr[mid]
            # 递归的用左半部分数组构造 root 的左子树
            root.lchild=arraytotree(arr,start,mid-1)
            # 递归的用右半部分数组构造 root 的右子树
            root.rchild=arraytotree(arr, mid+1, end)
        else:
            root = None
        return  root

    # 用中序遍历的方式打印出二叉树结点的内容
    def  printTreeMidOrder(root):
        if  root==None:
            return
        # 遍历 root 结点的左子树
        if  root.lchild!=None:
            printTreeMidOrder(root.lchild)
        # 遍历 root 结点
        print  root.data,
        # 遍历 root 结点的右子树
        if  root.rchild!=None:
            printTreeMidOrder(root.rchild)

    if  __name__=="__main__":
        arr=[1,2,3,4,5,6,7,8,9,10]
        print  "数组：",
        i=0
        while  i<len(arr):
            print  arr[i],
            i +=1
        print  '\n'
        root=arraytotree(arr, 0,len(arr)-1)
        print  "转换成树的中序遍历为:",
        printTreeMidOrder(root)
        print  '\n'
```

程序的运行结果为：

```
数组：1  2  3  4  5  6  7  8  9  10
转换成树的中序遍历为:1  2  3  4  5  6  7  8  9  10
```

算法性能分析：

由于这种方法只遍历了一次数组，因此，算法的时间复杂度为 O(N)，其中，N 表示的是数组长度。

3.3 如何从顶部开始逐层打印二叉树结点数据

【出自 WR 面试题】

难度系数：★★★☆☆　　　　被考察系数：★★★★☆

题目描述：

给定一棵二叉树，要求逐层打印二叉树结点的数据，例如有如下二叉树：

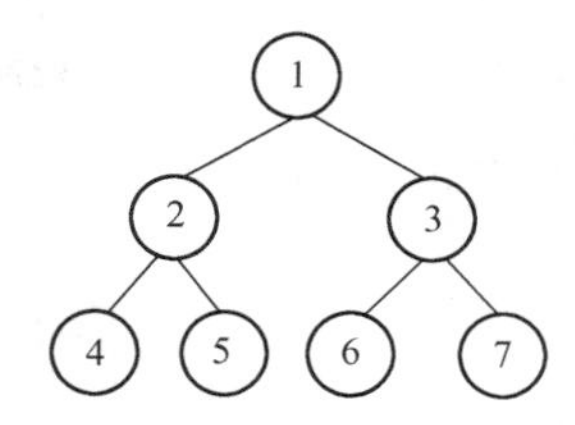

对这棵二叉树层序遍历的结果为 1，2，3，4，5，6，7。

分析与解答：

为了实现对二叉树的层序遍历，就要求在遍历一个结点的同时记录下它的孩子结点的信息，然后按照这个记录的顺序来访问结点的数据，在实现的时候可以采用队列来存储当前遍历到的结点的孩子结点，从而实现二叉树的层序遍历，遍历过程如下图所示。

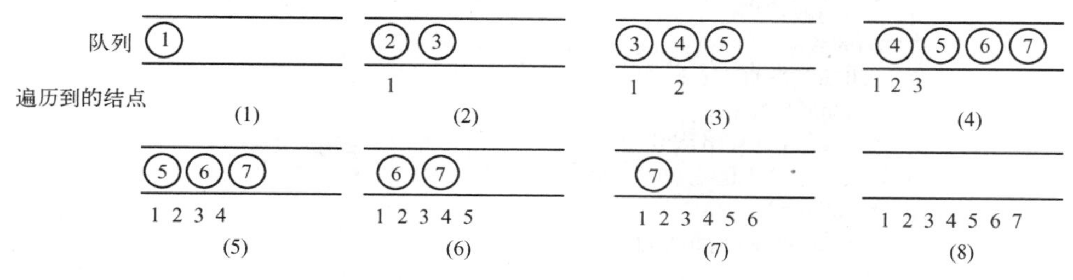

在上图中，图（1）首先把根结点 1 放到队列里面，然后开始遍历。图（2）队列首元素（结点 1）出队列，同时它的孩子结点 2 和结点 3 进队列；图（3）接着出队列的结点为 2，同时把它的孩子结点 4 和结点 5 放到队列里，依此类推就可以实现对二叉树的层序遍历。

实现代码如下：

```
from collections import deque

class BiTNode:
    def __init__(self):
        self.data=None
        self.lchild=None
        self.rchild=None

# 方法功能：把有序数组转换为二叉树
def arraytotree(arr,start,end):
    root=None
    if end>=start:
        root =BiTNode();
        mid=(start+end+1)/2;
        # 树的根结点为数组中间的元素
        root.data = arr[mid];
        # 递归的用左半部分数组构造 root 的左子树
        root.lchild=arraytotree(arr,start,mid-1);
        # 递归的用右半部分数组构造 root 的右子树
        root.rchild=arraytotree(arr, mid+1, end);
```

```
        else:
            root = None
        return   root

"""
方法功能：用层序遍历的方式打印出二叉树结点的内容
输入参数：root:二叉树根结点
"""
def   printTreeLayer(root):
        if   root==None:
            return;
        queue=deque()
        # 树根结点进队列
        queue.append(root)
        while   len(queue)>0:
            p=queue.popleft()
            # 访问当前结点
            print(p.data),
            # 如果这个结点的左孩子不为空则入队列
            if   p.lchild !=None:
                queue.append(p.lchild)
            # 如果这个结点的右孩子不为空则入队列
            if   p.rchild!=None:
                queue.append(p.rchild);

if   __name__=="__main__":
        arr=[1,2,3,4,5,6,7,8,9,10]
        root=arraytotree(arr, 0,len(arr)-1);
        print   "树的层序遍历结果为:",
        printTreeLayer (root);
```

程序的运行结果为：

```
树的层序遍历结果为:6 3 9 2 5 8 10 1 4 7
```

算法性能分析：

在二叉树的层序遍历过程中，对树中的各个结点只进行了一次访问，因此，时间复杂度为 O(N)，此外，这种方法还使用了队列来保存遍历的中间结点，所使用队列的大小取决于二叉树中每一层中结点个数的最大值。具有 N 个结点的完全二叉树的深度为 $h=\log_2N+1$。而深度为 h 的这一层最多的结点个数为 $2^{h-1}=n/2$。也就是说队列中可能的最多的结点个数为 N/2。因此，这种算法的空间复杂度为 O(N)。

引申：用空间复杂度为 O(1)的算法来实现层序遍历

上面介绍的算法的空间复杂度为 O(N)，显然不满足要求。通常情况下，提高空间复杂度都是要以牺牲时间复杂度作为代价的。对于本题而言，主要的算法思路为：不使用队列来存储每一层遍历到的结点，而是每次都会从根结点开始遍历。把遍历二叉树的第 k 层的结点，转换为遍历二叉树根结点的左右子树的第 k-1 层结点。算法如下所示。

```
def   printAtLevel(root,level):
```

```
    if   root==None or level < 0:
            return   0
    elif   level == 0:
            print   root.data
            return   1
    else:
            # 把打印根结点 level 层的结点转换为求解根结点的孩子结点的 level-1 层的结点。
    return   printAtLevel(root.lchild, level - 1)+
             printAtLevel(root.rchild, level - 1)
```

通过上述算法，可以首先求解出二叉树的高度 h，然后调用上面的函数 h 次就可以打印出每一层的结点。

3.4 如何求一棵二叉树的最大子树和

【出自 WR 微软面试题】

难度系数：★★★★☆　　　　**被考察系数：**★★★☆☆

题目描述：

给定一棵二叉树，它的每个结点都是正整数或负整数，如何找到一棵子树，使得它所有结点的和最大？

分析与解答：

要求一棵二叉树的最大子树和，最容易想到的办法就是针对每棵子树，求出这棵子树中所有结点的和，然后从中找出最大值。恰好二叉树的后序遍历就能做到这一点。在对二叉树进行后序遍历的过程中，如果当前遍历的结点的值与其左右子树和的值相加的结果大于最大值，则更新最大值。如下图所示：

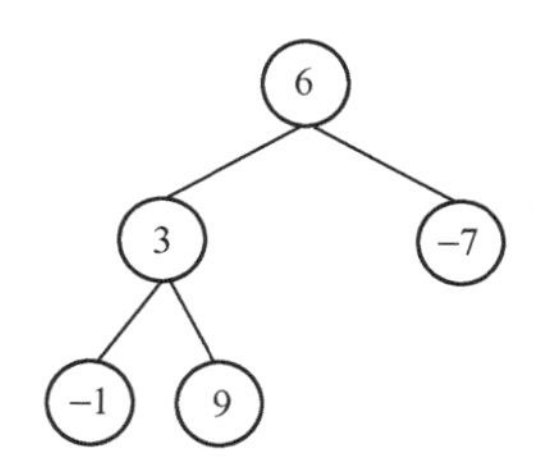

在上面这个图中，首先遍历结点-1，这个子树的最大值为-1，同理，当遍历到结点 9 时，子树的最大值为 9，当遍历到结点 3 的时候，这个结点与其左右孩子结点值的和（3-1+9=11）大于最大值（9）。因此，此时最大的子树为以 3 为根结点的子树，依此类推，直到遍历完整棵树为止。实现代码如下：

```
class   BiTNode:
        def   __init__(self):
              self.data=None
              self.lchild=None
              self.rchild=None

class   Test:
```

```
    def  __init__(self):
        self.maxSum= -2**31
    """
    方法功能：求最大子树
    输入参数：root:根结点；
    maxRoot 最大子树的根结点
    返回值：以 root 为根结点子树所有结点的和
    """
    def  findMaxSubTree(self,root,maxRoot):
        if  root==None:
            return  0
        #求 root 左子树所有结点的和
        lmax = self.findMaxSubTree(root.lchild,maxRoot)
        # 求 root 右子树所有结点的和
        rmax = self.findMaxSubTree(root.rchild,maxRoot)
        sums=lmax+rmax+root.data
        #以 root 为根的子树的和大于前面求出的最大值
        if  sums > self.maxSum:
            self.maxSum=sums
            maxRoot.data=root.data
        # 返回以 root 为根结点的子树的所有结点的和
        return  sums

    """
    方法功能：构造二叉树
    返回值：返回新构造的二叉树的根结点
    """
    def  constructTree(self):
        root=BiTNode()
        node1=BiTNode()
        node2=BiTNode()
        node3=BiTNode()
        node4=BiTNode()
        root.data=6
        node1.data=3
        node2.data=-7
        node3.data=-1
        node4.data=9
        root.lchild=node1
        root.rchild=node2
        node1.lchild=node3
        node1.rchild=node4
        node2.lchild=node2.rchild=node3.lchild=node3.rchild= \
        node4.lchild=node4.rchild=None
        return  root

if  __name__=="__main__":
    # 构造二叉树
    test=Test()
    root=test.constructTree()
```

```
        maxRoot=BiTNode() # 最大子树的根结点
        test.findMaxSubTree(root,maxRoot)
        print  "最大子树和为："+str(test.maxSum)
        print  "对应子树的根结点为："+str(maxRoot.data)
```

程序的运行结果为：

```
最大子树和为：11
对应子树的根结点为：3
```

算法性能分析：

这种方法与二叉树的后序遍历有相同的时间复杂度，即为 O(N)，其中，N 为二叉树的结点个数。

3.5 如何判断两棵二叉树是否相等

【出自 BD 面试题】

难度系数：★★★☆☆　　**被考察系数：**★★★★☆

题目描述：

两棵二叉树相等是指这两棵二叉树有着相同的结构，并且在相同位置上的结点有相同的值。如何判断两棵二叉树是否相等？

分析与解答：

如果两棵二叉树 root1、root2 相等，那么 root1 与 root2 结点的值相同，同时它们的左右孩子也有着相同的结构，并且对应位置上结点的值相等，即 root1.data==root2.data，并且 root1 的左子树与 root2 的左子树相等，root1 的右子树与 root2 的右子树相等。根据这个条件，可以非常容易地写出判断两棵二叉树是否相等的递归算法。实现代码如下：

```
class  BiTNode:
    def  __init__(self):
        self.data=None
        self.lchild=None
        self.rchild=None

"""
方法功能：判断两棵二叉树是否相等
参数：root1 与 root2 分别为两棵二叉树的根结点
返回值：true:如果两棵树相等则返回 true，否则返回 false
"""
def  isEqual(root1,root2):
    if  root1==None and root2==None:
        return  True
    if  root1==None and root2!=None:
        return  False
    if  root1!=None and root2==None:
        return  False
    if  root1.data == root2.data:
```

```
            return  isEqual(root1.lchild,root2.lchild) and isEqual(root1.rchild,root2.rchild)
        else:
            return  False

def  constructTree():
            root=BiTNode()
            node1=BiTNode()
            node2=BiTNode()
            node3=BiTNode()
            node4=BiTNode()
            root.data=6
            node1.data=3
            node2.data=-7
            node3.data=-1
            node4.data=9
            root.lchild=node1
            root.rchild=node2
            node1.lchild=node3
            node1.rchild=node4
            node2.lchild=node2.rchild=node3.lchild=node3.rchild= \
            node4.lchild=node4.rchild=None
            return  root

if  __name__=="__main__":
        root1=constructTree()
        root2=constructTree()
        equal=isEqual(root1,root2)
        if  equal:
            print  "这两棵树相等"
        else:
            print  "这两棵树不相等"
```

程序的运行结果为：

```
这两棵树相等
```

算法性能分析：

这种方法对两棵树只进行了一次遍历，因此，时间复杂度为 O(N)。此外，这种方法没有申请额外的存储空间。

3.6 如何把二叉树转换为双向链表

【出自 XL 笔试题】

难度系数：★★★★☆　　　　**被考察系数：**★★★★☆

题目描述：

输入一棵二元查找树，将该二元查找树转换成一个排序的双向链表。要求不能创建任何新的结点，只能调整结点的指向。例如：

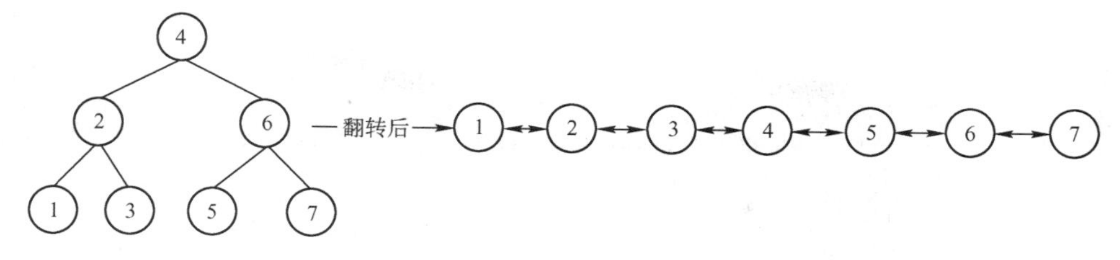

分析与解答：

由于转换后的双向链表中结点的顺序与二叉树的中序遍历的顺序相同，因此，可以对二叉树的中序遍历算法进行修改，通过在中序遍历的过程中修改结点的指向来转换成一个排序的双向链表。实现思路如下图所示：假设当前遍历的结点为 root，root 的左子树已经被转换为双向链表（如下图（1）所示），使用两个变量 pHead 与 pEnd 分别指向链表的头结点与尾结点。那么在遍历 root 结点的时候，只需要将 root 结点的 lchild（左）指向 pEnd，把 pEnd 的 rchild（右）指向 root；此时 root 结点就被加入到双向链表里了，因此，root 变成了双向链表的尾结点。对于所有的结点都可以通过同样的方法来修改结点的指向。因此，可以采用递归的方法来求解，在求解的时候需要特别注意递归的结束条件以及边界情况（例如双向链表为空的时候）。

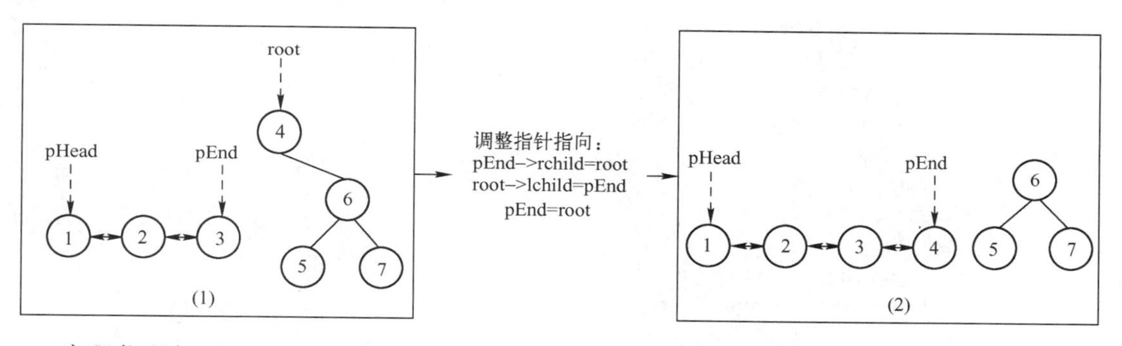

实现代码如下：

```
class  BiTNode:
    def  __init__(self):
        self.data=None
        self.lchild=None
        self.rchild=None

class  Test:
    def  __init__(self):
        self.pHead=None     # 双向链表头结点
        self.pEnd=None      # 双向链表尾结点

    # 方法功能：把有序数组转换为二叉树
    def  arraytotree(self,arr,start,end):
        root=None
        if  end>=start:
            root =BiTNode()
            mid=(start+end+1)/2
            # 树的根结点为数组中间的元素
            root.data = arr[mid]
```

```
            # 递归的用左半部分数组构造 root 的左子树
            root.lchild=self.arraytotree(arr,start,mid-1)
            # 递归的用右半部分数组构造 root 的右子树
            root.rchild=self.arraytotree(arr, mid+1, end)
        else:
            root = None
        return  root
    """
    方法功能：把二叉树转换为双向列表
    输入参数：root:二叉树根结点
    """
    def  inOrderBSTree(self,root):
        if  root==None:
            return
        # 转换 root 的左子树
        self.inOrderBSTree(root.lchild)
        root.lchild=self.pEnd  # 使当前结点的左孩子指向双向链表中最后一个结点
        if  None==self.pEnd:      #双向链表为空，当前遍历的结点为双向链表的头结点
            self.pHead=root
        else:      # 使双向链表中最后一个结点的右孩子指向当前结点
            self.pEnd.rchild=root
        self.pEnd=root  # 将当前结点设为双向链表中最后一个结点
        # 转换 root 的右子树
        self.inOrderBSTree(root.rchild)

if  __name__=="__main__":
    arr=[1,2,3,4,5,6,7]
    test=Test()
    root=test.arraytotree(arr,0,len(arr)-1)
    test.inOrderBSTree(root)
    print  "转换后双向链表正向遍历：",
    #cur=BiTNode()
    cur=test.pHead
    while  cur!=None:
        print  cur.data,
        cur=cur.rchild
    print  '\n'
    print  "转换后双向链表逆向遍历：",
    cur=test.pEnd
    while  cur!=None:
        print  cur.data,
        cur=cur.lchild
```

程序的运行结果为：

```
转换后双向链表正向遍历：1  2  3  4  5  6  7
转换后双向链表逆向遍历：7  6  5  4  3  2  1
```

算法性能分析：

这种方法与二叉树的中序遍历有着相同的时间复杂度 O(N)。此外，这种方法只用了两个

额外的变量 pHead 与 pEnd 来记录双向链表的首尾结点，因此，空间复杂度为 O(1)。

3.7 如何判断一个数组是否是二元查找树后序遍历的序列

【出自 ALBB 面试题】

难度系数：★★★★☆　　　　　　　　被考察系数：★★★★☆

题目描述：

输入一个整数数组，判断该数组是否是某二元查找树的后序遍历的结果。如果是，那么返回 true，否则返回 false。例如数组[1,3,2,5,7,6,4]就是下图中二叉树的后序遍历序列。

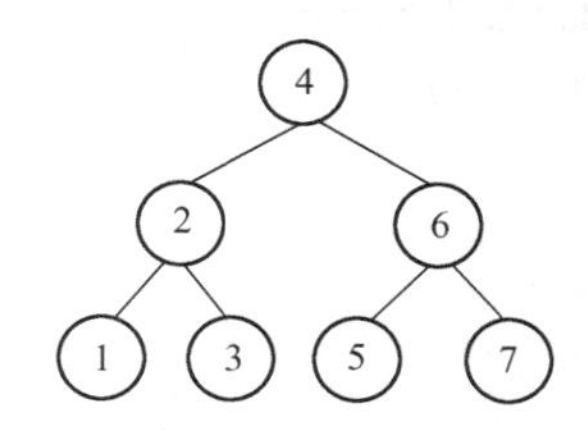

分析与解答：

二元查找树的特点是：对于任意一个结点，它的左子树上所有结点的值都小于这个结点的值，它的右子树上所有结点的值都大于这个结点的值。根据它的这个特点以及二元查找树后序遍历的特点，可以看出，这个序列的最后一个元素一定是树的根结点（上图中的结点 4），然后在数组中找到第一个大于根结点 4 的值 5，那么结点 5 之前的序列（1,3,2）对应的结点一定位于结点 4 的左子树上，结点 5（包含这个结点）后面的序列一定位于结点 4 的右子树上（也就是说结点 5 后面的所有值都应该大于或等于 4）。对于结点 4 的左子树遍历的序列{1,3,2}以及右子树的遍历序列{5,7,6}可以采用同样的方法来分析，因此，可以通过递归方法来实现，实现代码如下：

```
"""
方法功能：判断一个数组是否是二元查找树的后续遍历序列
输入参数：arr:数组；
返回值：true:是，否则返回 false
"""
def  IsAfterOrder(arr,start,end):
    if  arr==None:
        return  False
    # 数组的最后一个结点必定是根结点
    root=arr[end]
    # 找到第一个大于 root 的值，那么前面所有的结点都位于 root 的左子树上
    i=start
    while  i<end:
        if(arr[i]>root):
            break
        i +=1
```

```
        # 如果序列是后续遍历的序列，那么从 i 开始的所有值都应该大于根结点 root 的值
        j=i
        while   j<end:
            if   arr[j]<root:
                return   False
            j +=1
        left_IsAfterOrder = True
        right_IsAfterOrder = True
        # 判断小于 root 值的序列是否是某一二元查找树的后续遍历
        if   i > start:
            left_IsAfterOrder = IsAfterOrder(arr,start, i-1)
        # 判断大于 root 值的序列是否是某一二元查找树的后续遍历
        if   j < end:
            right_IsAfterOrder = IsAfterOrder(arr,i, end)
        return   left_IsAfterOrder and right_IsAfterOrder

if   __name__=="__main__":
        arr=[1,3,2,5,7,6,4]
        result=IsAfterOrder(arr,0,len(arr)-1)
        i=0
        while   i<len(arr):
            print   arr[i],
            i +=1
        if   result:
            print   "是某一二元查找树的后续遍历序列"
        else:
            print   "不是某一二元查找树的后续遍历序列"
```

程序的运行结果为：

```
1 3 2 5 7 6 4 是某一二元查找树的后序遍历序列
```

算法性能分析：

这种方法对数组只进行了一次遍历，因此，时间复杂度 O(N)。

3.8 如何找出排序二叉树上任意两个结点的最近共同父结点

【出自 WR 面试题】

难度系数：★★★☆☆　　　　**被考察系数：**★★★★☆

题目描述：

对于一棵给定的排序二叉树，求两个结点的共同父结点，例如在下图中，结点 1 和结点 5 的共同父结点为 3。

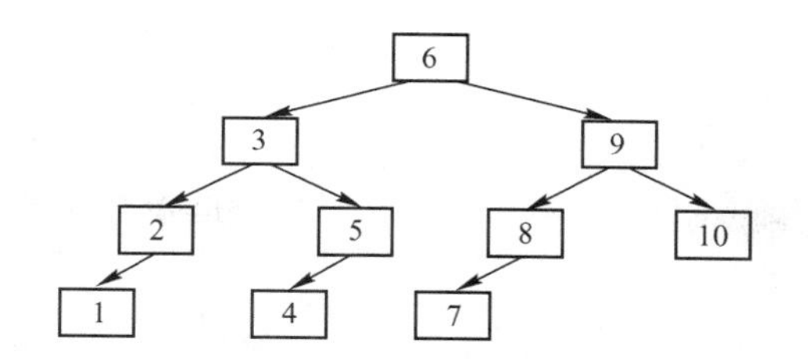

分析与解答：

方法一：路径对比法

对于一棵二叉树的两个结点，如果知道了从根结点到这两个结点的路径，就可以很容易地找出它们最近的公共父结点。因此，可以首先分别找出从根结点到这两个结点的路径（例如上图中从根结点到结点 1 的路径为 6->3->2->1，从根结点到结点 5 的路径为 6->3->5）；然后遍历这两条路径，只要是相等的结点都是它们的父结点，找到最后一个相等的结点即为离它们最近的共同父结点，在这个例子中，结点 3 就是它们共同的父结点。为了便于理解，这里仍然使用 3.2 节中构造的二叉树的方法。示例代码如下：

```
class  BiTNode:
    def  __init__(self):
        self.data=None
        self.lchild=None
        self.rchild=None

class  stack:
    # 模拟栈
    def  __init__(self):
        self.items= []
    # 判断栈是否为空
    def  isEmpty(self):
        return  len(self.items) ==0
    # 返回栈的大小
    def  size(self):
        return  len(self.items)
    # 返回栈顶元素
    def  peek(self):
        if  not self.isEmpty():
            return  self.items[len(self.items)-1]
        else:
            return  None
    # 弹栈
    def  pop(self):
        if  len(self.items)>0:
            return  self.items.pop()
        else:
            print  "栈已经为空"
            return  None
    # 压栈
    def  push(self,item):
        self.items.append(item)
```

```
"""
方法功能：获取二叉树从根结点 root 到 node 结点的路径
输入参数：root:根结点；node:二叉树中的某个结点；s：用来存储路径的栈
返回值：node 在 root 的子树上，或 node==root 时返回 true，否则返回 false
"""
def  getPathFromRoot(root,node,s):
    if  root == None:
        return  False
    if  root == node:
        s.push(root)
        return  True
    """
    如果 node 结点在 root 结点的左子树或右子树上，
    那么 root 就是 node 的祖先结点，把它加到栈里
    """
    if  getPathFromRoot(root.lchild, node,s) or getPathFromRoot(root.rchild, node,s):
        s.push(root)
        return  True
    return  False

"""
方法功能：查找二叉树中两个结点最近的共同父结点
输入参数：root:根结点；node1 与 node2 为二叉树中两个结点
返回值：node1 与 node2 最近的共同父结点
"""
def  FindParentNode(root,node1,node2):
    stack1=stack()  # 保存从 root 到 node1 的路径
    stack2=stack() # 保存从 root 到 node2 的路径
    # 获取从 root 到 node1 的路径
    getPathFromRoot(root, node1,stack1)
    # 获取从 root 到 node2 的路径
    getPathFromRoot(root, node2, stack2)
    commonParent = None
    # 获取最靠近 node1 和 node2 的父结点
    while  stack1.peek()== stack2.peek():
        commonParent = stack1.peek()
        stack1.pop()
        stack2.pop()
    return  commonParent

if  __name__=="__main__":
    arr= [1,2,3,4,5,6,7,8,9,10]
    root=arraytotree(arr,0,len(arr)-1)
    node1=root.lchild.lchild.lchild
    node2=root.lchild.rchild
    res=None
    res = FindParentNode(root,node1,node2)
    if  res != None:
        print  str(node1.data)+"与"+str(node2.data)+"的最近公共父结点为："+str(res.data),
```

```
        else:
            print  "没有公共父结点"
```

程序的运行结果为：

```
    1 与 5 的最近公共父结点为：3
```

算法性能分析：

当获取二叉树从根结点 root 到 node 结点的路径时，最坏的情况就是把树中所有结点都遍历了一遍，这个操作的时间复杂度为 O(N)，再分别找出从根结点到两个结点的路径后，找它们最近的公共父结点的时间复杂度也为 O(N)，因此，这种方法的时间复杂度为 O(N)。此外，这种方法用栈保存了从根结点到特定结点的路径，在最坏的情况下，这个路径包含了树中所有的结点，因此，空间复杂度也为 O(N)。

很显然，这种方法还不够理想。下面介绍另外一种能降低空间复杂度的方法。

方法二：结点编号法

根据 3.1 节中介绍的性质 5，可以把二叉树看成是一棵完全二叉树（不管实际的二叉树是否为完全二叉树，二叉树中的结点都可以按照完全二叉树中对结点编号的方式进行编号），下图为对二叉树中的结点按照完全二叉树中结点的编号方式进行编号后的结果，结点右边的数字为其对应的编号。

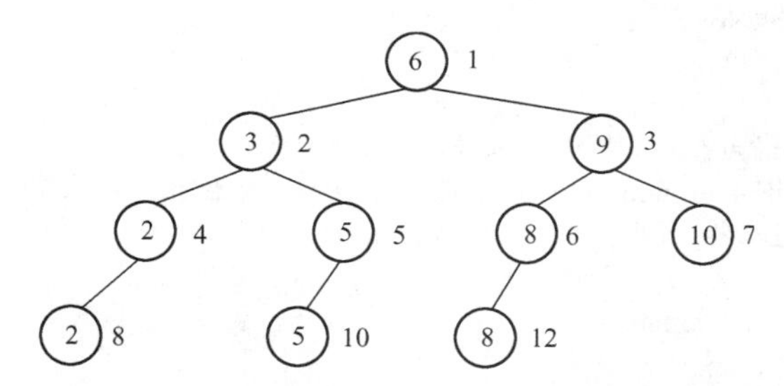

根据 3.1 节性质 5 可以知道，一个编号为 n 的结点，它的父亲结点的编号为 n/2。假如要求 node1 与 node2 的最近的共同父结点，首先把这棵树看成是一棵完全二叉树（不管结点是否存在），分别求得这两个结点的编号 n1，n2。然后每次找出 n1 与 n2 中较大的值除以 2，直到 n1==n2 为止，此时 n1 或 n2 的值对应结点的编号就是它们最近的共同父结点的编号，接着可以根据这个编号信息找到对应的结点，具体方法为：通过观察二叉树中结点的编号可以发现：首先把根结点 root 看成 1，求 root 的左孩子编号的方法为把 root 对应的编号看成二进制，然后向左移一位，末尾补 0，如果是 root 的右孩子，那么末尾补 1，因此，通过结点位置的二进制码就可以确定这个结点。例如结点 3 的编号为 2（二进制 10），它的左孩子的求解方法为：10，向左移一位末尾补 0，可以得到二进制 100（十进制 4），位置为 4 的结点的值为 2。从这个特性可以得出通过结点位置信息获取结点的方法，例如要求位置 4 的结点，4 的二进制码为 100，由于 1 代表根结点，接下来的一个 0 代表是左子树 root.lchild，最后一个 0 也表示左子树 root.lchild.lchild，通过这种方法非常容易根据结点的编号找到对应的结点。实现代码如下：

```
import  math
class   BiTNode:
    def  __init__(self):
```

```
            self.data=None
            self.lchild=None
            self.rchild=None

# 方法功能：把有序数组转换为二叉树
def   arraytotree(arr,start,end):
    root=None
    if   end>=start:
        root =BiTNode()
        mid=(start+end+1)/2
        # 树的根结点为数组中间的元素
        root.data = arr[mid]
        # 递归的用左半部分数组构造 root 的左子树
        root.lchild=arraytotree(arr,start,mid-1)
        # 递归的用右半部分数组构造 root 的右子树
        root.rchild=arraytotree(arr, mid+1, end)
    else:
        root = None
    return   root

class   IntRef:
    def   __init__(self):
        self.num=None

"""
方法功能：找出结点在二叉树中的编号
输入参数：root:根结点  node:待查找结点；number：node 结点在二叉树中的编号
返回值：true:找到该结点的位置，否则返回 false
"""
def   getNo(root,node,number):
    if   root == None:
        return   False
    if   root == node:
        return   True
    tmp = number.num
    number.num = 2 * tmp
    # node 结点在 root 的左子树中，左子树编号为当前结点编号的 2 倍
    if   getNo(root.lchild, node, number):
        return   True
    # node 结点在 root 的右子树中，右子树编号为当前结点编号的 2 倍加 1
    else:
        number.num = tmp * 2 + 1
        return   getNo(root.rchild, node, number)

"""
方法功能：根据结点的编号找出对应的结点
输入参数：root:根结点；number 为结点的编号
返回值：编号为 number 对应的结点
"""
def   getNodeFromNum(root,number):
```

```
    if  root == None or number < 0:
        return  None
    if  number == 1:
        return  root
    # 结点编号对应二进制的位数（最高位一定为 1，因为根结点代表 1）
    lens = int((math.log(number) / math.log(2)))
    # 去掉根结点表示的 1
    number -= 1 << lens
    while  lens>0:
        # 如果这一位二进制的值为 1，
        # 那么编号为 number 的结点必定在当前结点的右子树上
        if  (1 << (lens - 1)) & number== 1:
            root = root.rchild
        else:
            root = root.lchild
        lens -=1
    return  root

"""
方法功能：查找二叉树中两个结点最近的共同父结点
输入参数：root:根结点；node1 与 node2 为二叉树中两个结点
返回值：node1 与 node2 最近的共同父结点
"""
def  FindParentNode(root,node1,node2):
    ref1 = IntRef()
    ref1.num = 1
    ref2 = IntRef()
    ref2.num = 1
    getNo(root, node1, ref1)
    getNo(root, node2, ref2)
    num1 = ref1.num
    num2 = ref2.num
    # 找出编号为 num1 和 num2 的共同父结点
    while  num1 != num2:
        if  num1 > num2:
            num1 /= 2
        else:
            num2 /= 2
    # num1 就是它们最近的公共父结点的编号，通过结点编号找到对应的结点
    return  getNodeFromNum(root, num1)

if  __name__=="__main__":
    arr= [1,2,3,4,5,6,7,8,9,10]
    root=arraytotree(arr,0,len(arr)-1)
    node1=root.lchild.lchild.lchild
    node2=root.lchild.rchild
    res=None
    res = FindParentNode(root,node1,node2)
    if  res != None:
        print  str(node1.data)+"与"+str(node2.data)+"的最近公共父结点为："+str(res.data),
```

```
    else:
        print  "没有公共父结点"
```

算法性能分析：

这种方法的时间复杂度也为 O(N)，与方法一相比，在求解的过程中只用了个别的几个变量，因此，空间复杂度为 O(1)。

方法三：后序遍历法

很多与二叉树相关的问题都可以通过对二叉树的遍历方法进行改装而求解。对于本题而言，可以通过对二叉树的后序遍历进行改编而得到。具体思路为：查找结点 node1 与结点 node2 的最近共同父结点可以转换为找到一个结点 node，使得 node1 与 node2 分别位于结点 node 的左子树或右子树中。例如题目给出的图中，结点 1 与结点 5 的最近共同父结点为结点 3，因为结点 1 位于结点 3 的左子树上，而结点 5 位于结点 3 的右子树上。实现代码如下：

```
def  FindParentNode(root,node1,node2):
    if   None == root or root == node1 or root == node2:
        return   root
    lchild = FindParentNode(root.lchild, node1, node2)
    rchild = FindParentNode(root.rchild, node1, node2)
    # root 的左子树中没有结点 node1 和 node2,那么一定在 root 的右子树上
    if   None == lchild:
        return   rchild
    # root 的右子树中没有结点 node1 和 node2,那么一定在 root 的左子树上
    elif   None== rchild:
        return   lchild
    # node1 与 node2 分别位于 root 的左子树与右子树上，root 就是它们最近的共同父结点
    else:
        return   root
```

把方法一中的 FindParentNode 替换为本方法的 FindParentNode，可以得到同样的输出结果。

算法性能分析：

这种方法与二叉树的后序遍历方法有着相同的时间复杂度 O(N)。

引申：如何计算二叉树中两个结点的距离

【出自 TX 面试题】

题目描述：

在没有给出父结点的条件下，计算二叉树中两个结点的距离。两个结点之间的距离是从一个结点到达另一个结点所需的最小的边数。例如：给出下面的二叉树：

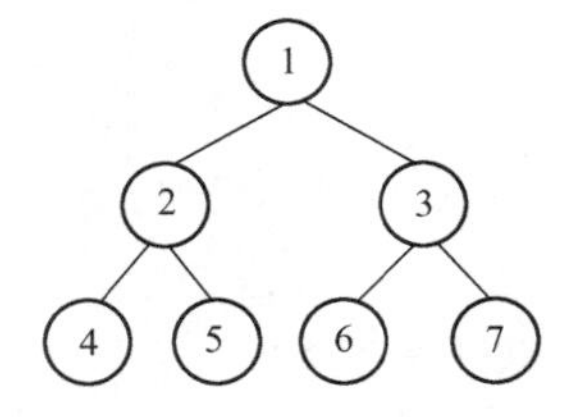

Dist(4,5)=2，Dist(4,6)=4。

分析与解答：

对于给定的二叉树 root，只要能找到两个结点 n1 与 n2 最低的公共父结点 parent，那么就可以通过下面的公式计算出这两个结点的距离：

Dist(n1, n2) = Dist(root, n1) + Dist(root, n2) − 2*Dist(root, parent)

3.9 如何复制二叉树

【出自 GG 面试题】

难度系数：★★★☆☆　　　　**被考察系数：**★★★★☆

题目描述：

给定一个二叉树根结点，复制该树，返回新建树的根结点。

分析与解答：

用给定的二叉树的根结点 root 来构造新的二叉树的方法为：首先创建新的结点 dupTree，然后根据 root 结点来构造 dupTree 结点（dupTree.data=root.data），最后分别用 root 的左右子树来构造 dupTree 的左右子树。根据这个思路可以实现二叉树的复制，使用递归方式实现的代码如下：

```
class BiTNode:
    def __init__(self):
        self.data=None
        self.lchild=None
        self.rchild=None

def createDupTree(root):
    if root==None:
        return None
    # 二叉树根结点
    dupTree=BiTNode()
    dupTree.data=root.data
    # 复制左子树
    dupTree.lchild=createDupTree(root.lchild)
    # 复制右子树
    dupTree.rchild=createDupTree(root.rchild)
    return dupTree

def printTreeMidOrder(root):
    if root==None:
        return
    # 遍历 root 结点的左子树
    if root.lchild!=None:
        printTreeMidOrder(root.lchild)
    # 遍历 root 结点
    print root.data,
    # 遍历 root 结点的右子树
    if root.rchild!=None:
        printTreeMidOrder(root.rchild)
```

```
if __name__=="__main__":
    root1=constructTree()  #引用 3.4 节
    root2=createDupTree(root1)
    print "原始二叉树中序遍历：",
    printTreeMidOrder (root1)
    print '\n'
    print "新的二叉树中序遍历：",
    printTreeMidOrder(root2)
```

程序的运行结果为：

```
原始二叉树中序遍历：-1  3  9  6  -7
新的二叉树中序遍历：-1  3  9  6  -7
```

算法性能分析：

这种方法对给定的二叉树进行了一次遍历，因此，时间复杂度为 O(N)，此外，这种方法需要申请 N 个额外的存储空间来存储新的二叉树。

3.10 如何在二叉树中找出与输入整数相等的所有路径

【出自 BD 面试题】

难度系数：★★★★☆　　　　**被考察系数：**★★★★☆

题目描述：

从树的根结点开始往下访问一直到叶子结点经过的所有结点形成一条路径。找出所有的这些路径，使其满足这条路径上所有结点数据的和等于给定的整数。例如：给定如下二叉树与整数 8，满足条件的路径为 6->3->-1（6+3-1=8）。

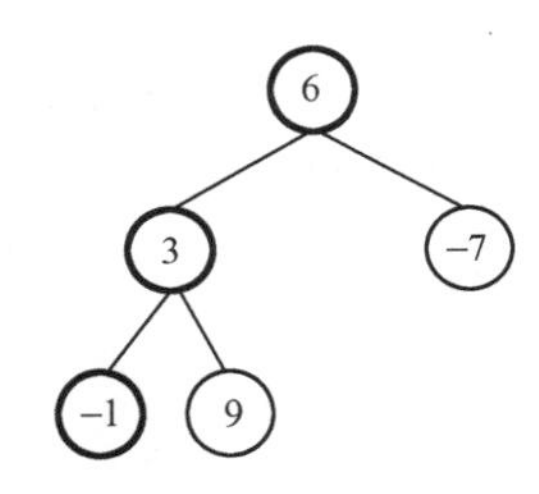

分析与解答：

可以通过对二叉树的遍历找出所有的路径，然后判断各条路径上所有结点的值的和是否与给定的整数相等，如果相等，则打印出这条路径。具体实现方法可以通过对二叉树进行先序遍历来实现，实现思路为：对二叉树进行先序遍历，把遍历的路径记录下来，当遍历到叶子结点时，判断当前的路径上所有结点数据的和是否等于给定的整数，如果相等则输出路径信息，示例代码如下：

```
class BiTNode:
    def __init__(self):
```

```
            self.data=None
            self.lchild=None
            self.rchild=None

""""
方法功能：打印出满足所有结点数据的和等于 num 的所有路径
参数：root:二叉树根结点；num:给定的整数；sum：当前路径上所有结点的和
用来存储从根结点到当前遍历到结点的路径
""""
def FindRoad(root,num,sums,v):
    # 记录当前遍历的 root 结点
    sums +=root.data
    v.append(root.data)
    # 当前结点是叶子结点且遍历的路径上所有结点的和等于 num
    if root.lchild==None and root.rchild== None and sums==num:
        i=0
        while i<len(v):
            print v[i],
            i +=1
        print '\n'
    # 遍历 root 的左子树
    if root.lchild!=None:
        FindRoad(root.lchild,num,sums,v)
    # 遍历 root 的右子树
    if root.rchild!=None:
        FindRoad(root.rchild,num,sums,v)
    # 清除遍历的路径
    sums -= v[-1]
    v.remove(v[-1])

def constructTree():
    root=BiTNode()
    node1=BiTNode()
    node2=BiTNode()
    node3=BiTNode()
    node4=BiTNode()
    root.data=6
    node1.data=3
    node2.data=-7
    node3.data=-1
    node4.data=9
    root.lchild=node1
    root.rchild=node2
    node1.lchild=node3
    node1.rchild=node4
    node2.lchild=node2.rchild=node3.lchild=node3.rchild=node4.lchild=node4.rchild=None
    return root

if __name__=="__main__":
    root=constructTree()
```

```
        s=[]
        print  "满足路径结点和等于 8 的路径为：",
        FindRoad(root,8,0,s)
```

程序的运行结果为：

```
满足路径结点和等于 8 的路径为：6 3 -1
```

算法性能分析：

这种方法与二叉树的先序遍历有着相同的时间复杂度 O(N)，此外，这种方法用一个数组存放遍历路径上结点的值，在最坏的情况下时间复杂度为 O(N)（所有结点只有左子树，或所有结点只有右子树），因此，空间复杂度为 O(N)。

3.11 如何对二叉树进行镜像反转

【出自 TB 笔试题】

难度系数：★★★☆☆　　　　**被考察系数：**★★★☆☆

题目描述：

二叉树的镜像就是二叉树对称的二叉树,就是交换每一个非叶子结点的左子树指针和右子树指针，如下图所示，请写出能实现该功能的代码。注意：请勿对该树做任何假设，它不一定是平衡树，也不一定有序。

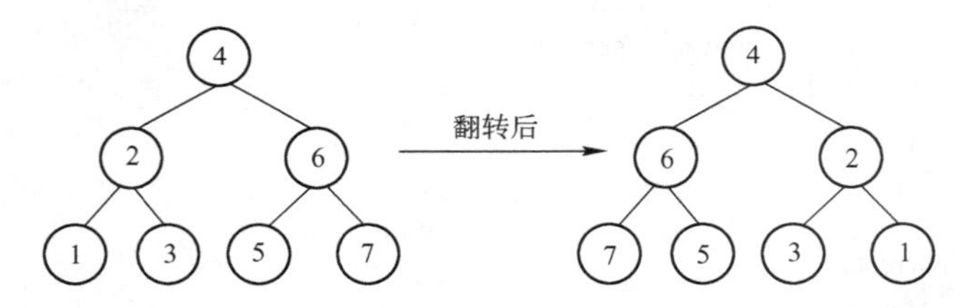

分析与解答：

从上图可以看出，要实现二叉树的镜像反转，只需交换二叉树中所有结点的左右孩子即可。由于对所有的结点都做了同样的操作，因此，可以用递归的方法来实现，由于需要调用 printTreeLayer 层序打印二叉树，这种方法中使用了队列来实现，实现代码如下：

```
from  collections  import  deque

class  BiTNode:
    def  __init__(self):
        self.data=None
        self.lchild=None
        self.rchild=None

# 对二叉树进行镜像反转
def  reverseTree(root):
    if  root==None:
        return
    reverseTree(root.lchild)
```

```
        reverseTree(root.rchild)
        tmp=root.lchild
        root.lchild=root.rchild
        root.rchild=tmp

    def arraytotree(arr,start,end):
        root=None
        if end>=start:
            root =BiTNode()
            mid=(start+end+1)/2
            # 树的根结点为数组中间的元素
            root.data = arr[mid]
            # 递归的用左半部分数组构造 root 的左子树
            root.lchild=arraytotree(arr,start,mid-1)
            # 递归的用右半部分数组构造 root 的右子树
            root.rchild=arraytotree(arr, mid+1, end)
        else:
            root =None
        return root

    def printTreeLayer(root):
        if root==None:
            return
        queue=deque()
        # 树根结点进队列
        queue.append(root)
        while len(queue)>0:
            p=queue.popleft()
            # 访问当前结点
            print p.data,
            # 如果这个结点的左孩子不为空则入队列
            if p.lchild!=None:
                queue.append(p.lchild)
            # 如果这个结点的右孩子不为空则入队列
            if p.rchild!=None:
                queue.append(p.rchild)

    if __name__=="__main__":
        arr=[1,2,3,4,5,6,7]
        root=arraytotree(arr, 0,len(arr)-1)
        print "二叉树层序遍历结果为：",
        printTreeLayer(root)
        print '\n'
        reverseTree(root)
        print "反转后的二叉树层序遍历结果为：",
        printTreeLayer(root)
```

程序的运行结果为：

```
二叉树层序遍历结果为：4 2 6 1 3 5 7
反转后的二叉树层序遍历结果为：4 6 2 7 5 3 1
```

算法性能分析：

由于对给定的二叉树进行了一次遍历，因此，时间复杂度为 O(N)。

3.12 如何在二叉排序树中找出第一个大于中间值的结点

【出自 HW 面试题】

难度系数：★★★★☆　　　　**被考察系数：**★★★☆☆

题目描述：

对于一棵二叉排序树，令 f=(最大值+最小值)/2，设计一个算法，找出距离 f 值最近、大于 f 值的结点。例如，下图所给定的二叉排序树中，最大值为 7，最小值为 1，因此，f=(1+7)/2=4，那么在这棵二叉树中，距离结点 4 最近并且大于 4 的结点为 5。

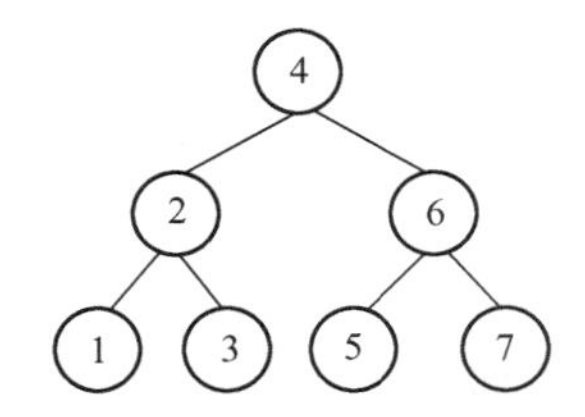

分析与解答：

首先需要找出二叉排序树中的最大值与最小值。由于二叉排序树的特点是：对于任意一个结点，它的左子树上所有结点的值都小于这个结点的值，它的右子树上所有结点的值都大于这个结点的值。因此，在二叉排序树中，最小值一定是最左下的结点，最大值一定是最右下的结点。根据最大值与最小值很容易就可以求出 f 的值。接下来对二叉树进行中序遍历。如果当前结点的值小于 f，那么在这个结点的右子树中接着遍历，否则遍历这个结点的左子树。实现代码如下：

```
class  BiTNode:
    def  __init__(self):
        self.data=None
        self.lchild=None
        self.rchild=None
"""
方法功能：查找值最小的结点
输入参数：root:根结点
返回值：值最小的结点
"""
def  getMinNode(root):
    if  root==None:
        return  root
    while  root.lchild!=None:
        root=root.lchild
    return  root
```

```
    """
    方法功能：查找值最大的结点
    输入参数：root:根结点
    返回值：值最大的结点
    """
    def getMaxNode(root):
        if root==None:
            return root
        while root.rchild!=None:
            root=root.rchild
        return root

    def getNode(root):
        maxNode=getMaxNode(root)
        minNode=getMinNode(root)
        mid=(maxNode.data+minNode.data)/2
        result=None
        while root!=None:
            # 当前结点的值不大于 f，则在右子树上找
            if root.data<=mid:
                root=root.rchild
            #否则在左子树上找
            else:
                result=root
                root=root.lchild
        return result

    if __name__=="__main__":
        arr=[1,2,3,4,5,6,7]
        root=arraytotree(arr,0,len(arr)-1)  # 3.2 节
        print getNode(root).data
```

程序的运行结果为：

```
    5
```

算法性能分析：

这种方法在查找最大结点与最小结点时的时间复杂度为 O(h)，h 为二叉树的高度，对于有 N 个结点的二叉排序树，最大的高度为 O(N)，最小的高度为 $O(\log_2 N)$。同理，在查找满足条件的结点的时候，时间复杂度也是 O(h)。综上所述，这种方法的时间复杂度在最好的情况下是 O(logN)，最坏的情况下为 O(N)。

3.13 如何在二叉树中找出路径最大的和

【出自 HW 面试题】

难度系数：★★★★☆　　　　**被考察系数：**★★★★☆

题目描述：

给定一棵二叉树，求各个路径的最大和，路径可以以任意结点作为起点和终点。比如给

定以下二叉树：

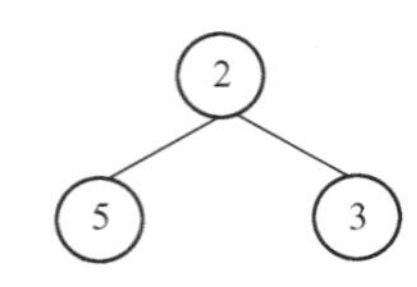

最大和的路径为结点 5→2→3，这条路径的和为 10，因此返回 10。

分析与解答：

本题可以通过对二叉树进行后序遍历来解决，具体思路如下：

对于当前遍历到的结点 root，假设已经求出在遍历 root 结点前最大的路径和为 max：

（1）求出以 root.left 为起始结点，叶子结点为终结点的最大路径和为 maxLeft；

（2）同理求出以 root.right 为起始结点，叶子结点为终结点的最大路径和 maxRight。

包含 root 结点的最长路径可能包含如下三种情况：

（1）leftMax=root.val+maxLeft（左子树最大路径和可能为负）。

（2）rightMax=root.val+maxRight（右子树最大路径和可能为负）。

（3）allMax=root.val+maxLeft+maxRight（左右子树的最大路径和都不为负）。

因此，包含 root 结点的最大路径和为 tmpMax=max(leftMax,rightMax,allMax)。

在求出包含 root 结点的最大路径后，如果 tmpMax>max，那么更新最大路径和为 tmpMax。

实现代码如下：

```
class  TreeNode:
    def  __init__(self,val):
        self.val=val
        self.left=None
        self.right=None

class  IntRef:
    def  __init__(self):
        self.val=None

# 求 a，b，c 的最大值
def  Max(a,b,c):
    maxs = a if  a>b else b
    maxs = maxs if  maxs>c else c
    return  maxs

# 寻找最长路径
def  findMaxPathRecursive(root,maxs):
    if  None == root:
        return  0
    else:
        # 求左子树以 root.left 为起始结点的最大路径和
        sumLeft = findMaxPathRecursive(root.left,maxs)
        # 求右子树以 root.right 为起始结点的最大路径和
        sumRight = findMaxPathRecursive(root.right,maxs)
        # 求以 root 为起始结点，叶子结点为结束结点的最大路径和
```

```
            allMax = root.val + sumLeft + sumRight
            leftMax = root.val + sumLeft
            rightMax = root.val + sumRight
            tmpMax = Max(allMax, leftMax, rightMax)
            if  tmpMax>maxs.val:
                        maxs.val = tmpMax
            subMax = sumLeft if  sumLeft > sumRight else sumRight
            # 返回以 root 为起始结点，叶子结点为结束结点的最大路径和
            return  root.val + subMax

    def  findMaxPath(root):
        maxs=IntRef()
        maxs.val = -2**31
        findMaxPathRecursive(root,maxs)
        return  maxs.val

    if  __name__=="__main__":
        root =TreeNode(2)
        left =TreeNode(3)
        right =TreeNode(5)
        root.left = left
        root.right = right
        print  findMaxPath(root)
```

程序的运行结果为

```
10
```

算法性能分析：

二叉树后序遍历的时间复杂度为 O(N)，因此，这种方法的时间复杂度也为 O(N)。

3.14 如何实现反向 DNS 查找缓存

【出自 BD 面试题】

难度系数：★★★★☆　　　　　　**被考察系数：★★★★☆**

题目描述：

反向 DNS 查找指的是使用 Internet IP 地址查找域名。例如，如果你在浏览器中输入 74.125.200.106，它会自动重定向到 google.com。

如何实现反向 DNS 查找缓存？

分析与解答：

要想实现反向 DNS 查找缓存，主要需要完成如下功能：

（1）将 IP 地址添加到缓存中的 URL 映射。

（2）根据给定 IP 地址查找对应的 URL。

对于本题，常见的一种解决方案是使用字典法（使用字典来存储 IP 地址与 URL 之间的映射关系），由于这种方法相对比较简单，这里就不做详细的介绍了。下面重点介绍另外一种

方法：Trie 树。这种方法的主要优点如下：

（1）使用 Trie 树，在最坏的情况下的时间复杂度为 O(1)，而哈希方法在平均情况下的时间复杂度为 O(1)；

（2）Trie 树可以实现前缀搜索（对于有相同前缀的 IP 地址，可以寻找所有的 URL）。

当然，由于树这种数据结构本身的特性，所以使用树结构的一个最大的缺点就是需要耗费更多的内存，但是对于本题而言，这却不是一个问题，因为 Internet IP 地址只包含有 11 个字母（0 到 9 和.）。所以，本题实现的主要思路为：在 Trie 树中存储 IP 地址，而在最后一个结点中存储对应的域名。实现代码如下：

```
# Trie 树的结点
class    TrieNode:
    def    __init__(self):
        CHAR_COUNT=11
        self.isLeaf=False
        self.url=None
        self.child=[None]*CHAR_COUNT      # TrieNode[CHAR_COUNT] # CHAR_COUNT
        i=0
        while    i<CHAR_COUNT:
            self.child[i]=None
            i +=1

def    getIndexFromChar(c):
    return    10 if c == '.' else (ord(c) - ord('0'))

def    getCharFromIndex(i):
    return    '.'    if    i==10    else    ('0' + str(i))

class    DNSCache:
    def    __init__(self):
        self.CHAR_COUNT=11         # IP 地址最多有 11 个不同的字符
        self.root =TrieNode() # IP 地址最大的长度
    def    insert(self,ip,url):
        # IP 地址的长度
        lens = len(ip)
        pCrawl = self.root
        level=0
        while    level<lens:
            # 根据当前遍历到的 IP 中的字符，找出子结点的索引
            index = getIndexFromChar(ip[level])
            # 如果子结点不存在，则创建一个
            if    pCrawl.child[index] ==None:
                pCrawl.child[index] = TrieNode()
            # 移动到子结点 */
            pCrawl = pCrawl.child[index]
            # 在叶子结点中存储 IP 对应的 URL
            pCrawl.isLeaf = True
            pCrawl.url = url
            level +=1
```

```
    # 通过 IP 地址找到对应的 URL
    def  searchDNSCache(self,ip):
        pCrawl = self.root
        lens = len(ip)
        # 遍历 IP 地址中所有的字符
        level=0
        while   level<lens:
            index = getIndexFromChar(ip[level])
            if  pCrawl.child[index] ==None:
                return  None
            pCrawl = pCrawl.child[index]
            level +=1
        # 返回找到的 URL
        if  pCrawl!=None and pCrawl.isLeaf:
            return  pCrawl.url
        return  None

if  __name__=="__main__":
    ipAdds=["10.57.11.127", "121.57.61.129","66.125.100.103"]
    url =["www.samsung.com", "www.samsung.net","www.google.in"]
    n = len(ipAdds)
    cache=DNSCache()
    for  i  in  range(n):
        cache.insert(ipAdds[i],url[i])
        i +=1
    ip = "121.57.61.129"
    res_url = cache.searchDNSCache(ip)
    if  res_url != None:
        print  "找到了 IP 对应的 URL:\n"+ ip+"--->"+ res_url
    else:
        print  "没有找到对应的 URL\n"
```

程序的运行结果为：

```
找到了 IP 对应的 URL:
121.57.61.129 --> www.samsung.net
```

显然，由于上述算法中涉及的 IP 地址只包含特定的 11 个字符（数字和.），所以，该算法也有一些异常情况不能处理，例如不能处理用户输入的不合理的 IP 地址的情况，有兴趣的读者可以继续朝着这个思路完善后面的算法。

第4章　数　　组

数组是某种类型的数据按照一定的顺序组成的数据的集合。如果将有限个类型相同的变量的集合命名，那么这个称为数组名。组成数组的各个变量称为数组的分量，也称为数组的元素，有时也称为下标变量。用于区分数组的各个元素的数字编号称为下标。

数组是最基本的数据结构，关于数组的面试笔试题在企业的招聘中也是屡见不鲜，求解此类题目，不仅需要扎实的编程基础，更需要清晰的思路与方法。本章列出的众多数组相关面试笔试题，都非常具有代表性，需要读者重点关注。

4.1　如何找出数组中唯一的重复元素

【出自 BD 面试题】

难度系数：★★★☆☆　　　　**被考察系数：**★★★★☆

题目描述：

数字 1～1000 放在含有 1001 个元素的数组中，其中只有唯一的一个元素值重复，其他数字均只出现一次。设计一个算法，将重复元素找出来，要求每个数组元素只能访问一次。如果不使用辅助存储空间，能否设计一个算法实现？

分析与解答：

方法一：空间换时间法

拿到题目，首先需要做的就是分析题目所要达到的目标以及其中的限定条件。从题目的描述中可以发现，本题的目标就是在一个有且仅有一个元素值重复的数组中找出这个唯一的重复元素，而限定条件就是每个数组元素只能访问一次，并且不许使用辅助存储空间。很显然，从前面对 Hash 法的分析中可知，如果题目没有对是否可以使用辅助数组做限制的话，最简单的方法就是使用 Hash 法。而在 Python 中可以使用字典来替代 Hash 法的功能。

当使用字典时，具体过程如下所示：首先定义一个字典，将字典中的元素值（key 值）都初始化为 0，将原数组中的元素逐一映射到该字典的 key 中，当对应的 key 中的 value 值为 0 时，则置该 key 的 value 值为 1，当对应的 key 的 value 值为 1 时，则表明该位置的数在原数组中是重复的，输出即可。

示例代码如下：

```
"""
方法功能：在数组中找唯一重复的元素
输入参数：array:数组对象的引用
 返回值：重复元素的值，如果无重复元素则返回-1
"""
#使用字典
def  findDup(array):
      if  None==array:
            return  -1
```

```
        lens=len(array)
        hashTable=dict()
        i=0
        while  i <lens - 1 :
            hashTable[i]=0
            i +=1
        j=0
        while  j<lens:
            if  hashTable[array[j]-1] == 0:
                hashTable[array[j] - 1]=array[j] - 1
            else:
                return  array[i]
            j +=1
        return  -1

    if  __name__=="__main__":
        array= [1, 3, 4, 2, 5, 3 ]
        print  findDup(array)
```

程序的运行结果为：

```
    3
```

算法性能分析：

上述方法是一种典型的以空间换时间的方法，它的时间复杂度为 O(N)，空间复杂度为 O(N)，很显然，在题目没有明确限制的情况下，上述方法不失为一种好方法，但是，由于题目要求不能用额外的辅助空间，所以，上述方法不可取，是否存在其他满足题意的方法呢？

方法二：累加求和法

计算机技术与数学本身是一家，抛开计算机专业知识不提，上述问题其实可以回归成一个数学问题。数学问题的目标是在一个数字序列中寻找重复的那个数。根据题目意思可以看出，1~1000 个数中除了唯一一个数重复以外，其他各数有且仅有出现一次，由数学性质可知，这 1001 个数包括 1 到 1000 中的每一个数各 1 次，外加 1 到 1000 中某一个数，很显然，1001 个数中有 1000 个数是固定的，唯一一个不固定的数也知道其范围（1~1000 中某一个数），那么最容易想到的方法就是累加求和法。

所谓累加求和法，指的是将数组中的所有 N+1（此处 N 的值取 1000）个元素相加，然后用得到的和减去 1+2+3+……N（此处 N 的值为 1000）的和，得到的差即为重复的元素的值。这一点不难证明。

由于 1001 个数的数据量较大，不方便说明以上算法。为了简化问题，以数组序列(1, 3, 4, 2, 5, 3)为例。该数组长度为 6，除了数字 3 以外，其他 4 个数字没有重复。按照上述方法，首先，计算数组中所有元素的和 sumb，sumb=1+3+4+2+5+3=18，数组中只包含 1～5 的数，计算 1 到 5 一共 5 个数字的和 suma，suma=1+2+3+4+5=15；所以，重复的数字的值为 sumb−suma=3。由于本方法的代码实现较为简单，此处就不提供代码了，有兴趣的读者可以自己实现。

算法性能分析：

上述方法的时间复杂度为 O(N)，空间复杂度为 O(1)。

在使用求和法计算时，需要注意一个问题，即当数据量巨大时，有可能会导致计算结果溢出。以本题为例，1～1000 范围内的 1000 个数累加，其和为（1+1000）*1000/2，即 500500，普通的 int 型变量能够表示出来，所以，本题中不存在此问题。但如果累加的数值巨大时，就很有可能溢出了。

此处是否还可以继续发散一下，如果累加求和法能够成立的话，累乘求积法是不是也是可以成立的呢？只是累加求积法在使用的过程中很有可能会存在数据越界的情况，如果再由此定义一个大数乘法，那就有点得不偿失了。所以，求积的方式理论上是成立的，只是在实际的使用过程中可操作性不强而已，一般更加推荐累加求和法。

方法三：异或法

采用以上累加求和的方法，虽然能够解决本题的问题，但也存在一个潜在的风险，就是当数组中的元素值太大或者数组太长时，计算的和值有可能会出现溢出的情况，进而无法求解出数组中的唯一重复元素。

鉴于求和法存在的局限性，可以采用位运算中异或的方法。根据异或运算的性质可知，当相同元素异或时，其运算结果为 0，当相异元素异或时，其运算结果为非 0，任何数与数字 0 进行异或运算，其运算结果为该数。本题中，正好可以使用到此方法，即将数组里的元素逐一进行异或运算，得到的值再与数字 1、2、3……N 进行异或运算，得到的最终结果即为所求的重复元素。

以数组(1, 3, 4, 2, 5, 3)为例。(1^3^4^2^5^3)^(1^2^3^4^5)=(1^1）^(2^2）^(3^3^3）^(4^4）^(5^5）=0^0^3^0^0=3。

示例代码如下：

```
def   findDup(array):
    if   None==array:
        return   -1
    lens=len(array)
    result = 0
    i=0
    while    i <lens:
        result ^= array[i]
        i +=1
    j=1
    while    j<lens:
        result ^= j
        j +=1
    return    result
```

程序员的运行结果为：

```
3
```

算法性能分析：

上述方法的时间复杂度为 O(N)，也没有申请辅助的存储空间。

方法四：数据映射法

数组取值操作可以看作一个特殊的函数 f:D→R，定义域为下标值 0～1000，值域为 1 到

1000。如果对任意一个数 i，把 f(i)叫做它的后继，i 叫 f(i)的前驱。0 只有后继，没有前驱，其他数字既有后继也有前驱，重复的那个数字有两个前驱，将利用这些特征。

采用此种方法，可以发现一个规律，即从 0 开始画一个箭头指向它的后继，从它的后继继续指向后继的后继，这样，必然会有一个结点指向之前已经出现过的数，即为重复的数。

利用下标与单元中所存储的内容之间的特殊关系，进行遍历访问单元，一旦访问过的单元赋予一个标记（把数组中元素变为它的相反数），利用标记作为发现重复数字的关键。

以数组 array=(1, 3, 4, 3, 5, 2)为例。从下标 0 开始遍历数组，

（1）array[0]的值为 1，说明没有被遍历过，接下来遍历下标为 1 的元素，同时标记已遍历过的元素(变为相反数)：array=(−1, 3, 4, 3, 5, 2);

（2）array[1]的值为 3，说明没被遍历过，接下来遍历下标为 3 的元素，同时标记已遍历过的元素：array=(−1, −3, 4, 3, 5, 2);

（3）array[3]的值为 3，说明没被遍历过，接下来遍历下标为 3 的元素，同时标记已遍历过的元素：

array=(−1, −3, 4, −3, 5, 2);

（4）array[3]的值为−3，说明 3 已经被遍历过了，找到了重复的元素。

示例代码如下：

```
def  findDup(array):
    if  None==array:
        return  -1
    lens=len(array)
    index = 0
    i=0
    while  True:
        # 数组中的元素的值只能小于 len，否则会越界
        if  array[i]>=lens:
            return  -1
        if  array[index]<0:
            break
        # 访问过，通过变相反数的方法进行标记
        array[index] *= -1
        # index 的后继为 array[index]
        index = -1*array[index]
        if  index>=lens:
            print  "数组中有非法数字"
            return  -1
    return  index
```

算法说明：

因为每个数在数组中都有自己应该在的位置，如果一个数是在自己应该在的位置（在本题中就是它的值就是它的下标，即所在的位置），那永远不会对它进行调换，也就是不会访问到它，除非它就是那个多出的数，那与它相同的数访问到它的时候就是结果了；如果一个数的位置是鸠占鹊巢，所在的位置不是它应该待的地方，那它会去找它应该在的位置，在它位置的数也应该去找它应该在的位置，碰到了负数，也就是说已经出现了这个数，所以就得出

了结果。

算法性能分析：

上述方法的时间复杂度为 O(N)，也没有申请辅助的存储空间。

这种方法的缺点是修改了数组中元素的值，当然也可以在找到重复元素之后对数组进行一次遍历，把数组中的元素改为它的绝对值的方法来恢复对数组的修改。

方法五：环形相遇法

该方法就是采用类似于单链表是否存在环的方法进行问题求解。“判断单链表是否存在环”是一个非常经典的问题，同时单链表可以采用数组实现，此时每个元素值作为 next 指针指向下一个元素。本题可以转化为“已知一个单链表中存在环，找出环的入口点”这种想法。具体思路如下：将 array[i] 看作第 i 个元素的索引，即：array[i]-> array[array[i]]-> array[array[array[i]]]-> array[array[array[array[i]]]]->…最终形成一个单链表，由于数组 a 中存在重复元素，则一定存在一个环，且环的入口元素即为重复元素。

该题的关键在于，数组 array 的大小是 n，而元素的范围是[1,n−1]，所以，array[0]不会指向自己，进而不会陷入错误的自循环。如果元素的范围中包含 0，则该题不可直接采用该方法。

以数组序列[1, 3, 4, 2, 5, 3]为例。按照上述规则，这个数组序列对应的单链表如下图所示：

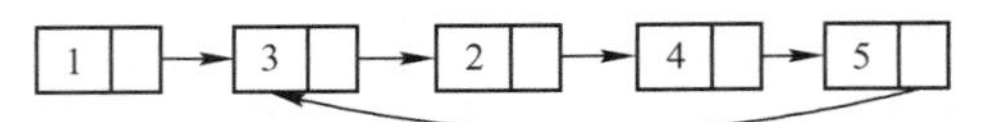

从上图可以看出这个链表有环，且环的入口点为 3，所以，这个数组中重复元素为 3。

在实现的时候可以参考求单链表环的入口点的算法：用两个速度不同的变量 slow 和 fast 来访问，其中，slow 每次前进一步，fast 每次前进两步。在有环结构中，它们总会相遇。接着从数组首元素与相遇点开始分别遍历，每次各走一步，它们必定相遇，且相遇第一点为环的入口点。

示例代码如下：

```
def  findDup(array):
    if  None==array:
        return  -1
    slow = 0
    fast = 0
    while  True:
        fast = array[array[fast]] # fast 一次走两步
        slow = array[slow]   # slow 一次走一步
        if  slow == fast : #  找到相遇点
            break
    fast=0
    while  True:
        fast = array[fast]
        slow = array[slow]
        if  slow == fast: #  找到入口点
            return  slow
```

程序的运行结果为：

```
3
```

算法性能分析：

上述方法的时间复杂度为O(N)，也没有申请辅助的存储空间。

当数组中的元素不合理的时候，上述算法有可能会有数组越界的可能性，因此，为了安全性和健壮性，可以在执行 fast = array[array[fast]]; slow = array[slow];操作的时候分别检查array[slow]与 array[fast]的值是否会越界，如果越界，则说明提供的数据不合法。

引申：对于一个给定的自然数 N，有一个 N + M 个元素的数组，其中存放了小于等于 N 的所有自然数，求重复出现的自然数序列{X}

分析与解答：

对于这个扩展需要，已经标记过的数字在后面一定不会再访问到，除非它是重复的数字，也就是说只要每次将重复数字中的一个改为靠近 N+M 的自然数，让遍历能访问到数组后面的元素，就能将整个数组遍历完。此种方法非常不错，而且它具有可扩展性。

```
def findDup(array,num):
    s=set()
    if None==array:
        return s
    lens=len(array)
    index = array[0]
    num=lens-num
    while True:
        if array[index]<0:
            num -=1
            array[index] = lens - num
            s.add(index)
        if num == 0:
            return s
        array[index] *= -1
        index = array[index] * (-1)

if __name__=="__main__":
    array=[1,2,3,3,3,4,5,5,5,5,6]
    num=6
    s=findDup(array,num)
    for i in s:
        print i,
```

程序的运行结果为：

```
3 5
```

算法性能分析:

上述方法的时间复杂度为O(N)，也没有申请辅助的存储空间。

当数组中的元素不合理的时候，上述方法有可能会有数组越界的可能性，也有可能会进入死循环，为了避免这种情况发生，可以增加适当的安全检查代码。

4.2 如何查找数组中元素的最大值和最小值

【出自 GG 面试题】

难度系数：★★★☆☆ **被考察系数：★★★★☆**

题目描述：

给定数组 a1, a2, a3,…an，要求找出数组中的最大值和最小值。假设数组中的值两两各不相同。

分析与解答：

虽然题目没有时间复杂度与空间复杂度的要求，但是给出的算法的时间复杂度肯定是越低越好。

方法一：蛮力法

查找数组中元素的最大值与最小值并非是一件困难的事情，最容易想到的方法就是蛮力法。具体过程如下：首先定义两个变量 max 与 min，分别记录数组中最大值与最小值，并将其都初始化为数组的首元素的值，然后从数组的第二个元素开始遍历数组元素，如果遇到的数组元素的值比 max 大，则该数组元素的值为当前的最大值，并将该值赋给 max，如果遇到的数组元素的值比 min 小，则该数组元素的值为当前的最小值，并将该值赋给 min。

算法性能分析:

上述方法的时间复杂度为 O(n)，但很显然，以上这种方法称不上是最优算法，因为最差情况下比较的次数达到了 2n−2 次（数组第一个元素首先赋值给 max 与 min，接下来的 n−1 个元素都需要分别跟 max 与 min 比较一次，一次比较次数为 2n−2），最好的情况下比较次数为 n−1。是否可以将比较次数降低呢？回答是肯定的，分治法就是一种更高效的方法。

方法二：分治法

分治法就是将一个规模为 n 的、难以直接解决的大问题，分割为 k 个规模较小的子问题，采取各个击破、分而治之的策略得到各个子问题的解，然后将各个子问题的解进行合并，从而得到原问题的解的一种方法。

本题中，当采用分治法求解时，就是将数组两两一对分组，如果数组元素个数为奇数个，就把最后一个元素单独分为一组，然后分别对每一组中相邻的两个元数进行比较，把二者中值小的数放在数组的左边，值大的数放在数组右边，只需要比较 n/2 次就可以将数组分组完成。然后可以得出结论：最小值一定在每一组的左边部分，最大值一定在每一组的右边部分，接着只需要在每一组的左边部分找最小值，右边部分找最大值，查找分别需要比较 n/2−1 次和 n/2−1 次；因此，总共比较的次数大约为 n/2 * 3= 3n/2−2 次。

实现代码如下：

```
class MaxMin:
    def __new__(self):
        self.max=None
        self.min=None
    def getMax(self): return self.max
```

```
        def   getMin(self):   return   self.min
        def   GetmaxAndmin(self,arr):
            if   arr==None:
                print   "参数不合法"
                return
            i = 0
            lens=len(arr)
            self.max = arr[0]
            self.min = arr[0]
            # 两两分组，把较小的数放到左半部分，较大的数放到右半部分
            i=0
            while   i < (lens-1):
                if   arr[i] >arr[i + 1]:
                    tmp = arr[i]
                    arr[i] = arr[i + 1]
                    arr[i + 1] = tmp
                i +=2
            # 在各个分组的左半部分找最小值
            self.min = arr[0]
            i=2
            while   i<lens:
                if   arr[i] <self.min:
                    self.min = arr[i]
                i +=2
            # 在各个分组的右半部分找最大值
            self.max = arr[1]
            i=3
            while   i < lens:
                if   arr[i] >self.max:
                    self.max = arr[i]
                i +=2
            # 如果数组中元素个数是奇数个，最后一个元素被分为一组，需要特殊处理
            if   lens % 2 ==1:
                if   self.max<arr[lens - 1]:
                    self.max = arr[lens - 1]
                if   self.min > arr[lens-1]:
                    self.min=arr[lens-1]

if   __name__=="__main__":
    array =[7,3,19,40,4,7,1]
    m=MaxMin()
    m.GetmaxAndmin(array)
    print   "max=" + str(m.getMax())
    print   "min=" + str(m.getMin())
```

程序的运行结果为：

```
max=40
min=1
```

方法三：变形的分治法

除了以上所示的分治法以外，还有一种分治法的变形，其具体步骤如下：将数组分成左右两部分，先求出左半部分的最大值和最小值，再求出右半部分的最大值和最小值，然后综合起来，左右两部分的最大值中的较大值即为合并后的数组的最大值，左右两部分的最小值中的较小值即为合并后的数组的最小值，通过此种方法即可求合并后的数组的最大值与最小值。

以上过程是个递归过程，对于划分后的左右两部分，同样重复这个过程，直到划分区间内只剩一个元素或者两个元素为止。

示例代码如下：

```
class   MaxMin:
    # 返回值列表中有两个元素，第一个元素为子数组的最小值，第二个元素为最大值
    def   getMaxMin(self,array,l,r):
        if   array==None:
            print   "参数不合法"
            return
        list=[]
        m = (l + r) / 2 #  求中点
        if   l == r:     #l 与 r 之间只有一个元素
            list.append(array[l])
            list.append(array[l])
            return   list
        if   l + 1 == r:   #l 与 r 之间只有两个元素
            if   array[l] >= array[r]:
                max = array[l]
                min = array[r]
            else:
                max = array[r]
                min = array[l]
            list.append(min)
            list.append(max)
            return   list
        # 递归计算左半部份
        lList=self.getMaxMin(array,l,m)
        # 递归计算右半部份
        rList=self.getMaxMin(array, m + 1, r)
        # 总的最大值
        max =lList[1] if   (lList[1]>rList[1]) else   rList[1]
        # 总的最小值
        min = lList[0] if   (lList[0]<rList[0]) else rList[0]
        list.append(min)
        list.append(max)
        return   list

if   __name__=="__main__":
    array =[7, 3, 19, 40, 4, 7, 1]
    m=MaxMin()
    result=m.getMaxMin(array,0,len(array)-1)
```

```
    print    "max=" + str(result[1])
    print    "min=" + str(result[0])
```

算法性能分析：

这种方法与方法二的思路从本质上讲是相同的，只不过这种方法是使用递归的方式实现的，因此，比较次数为 3n/2－2。

4.3 如何找出旋转数组的最小元素

【出自 YMX 面试题】

难度系数：★★★☆☆　　　　　　　　**被考察系数：**★★★★☆

题目描述：

把一个有序数组最开始的若干个元素搬到数组的末尾，称之为数组的旋转。输入一个排好序的数组的一个旋转，输出旋转数组的最小元素。例如数组[3, 4, 5, 1, 2]为数组[1, 2, 3, 4, 5]的一个旋转，该数组的最小值为 1。

分析与解答：

Python 中可以使用列表来表示有序数组,因此示例中都用列表来表示有序数组。

其实这是一个非常基本和常用的数组操作，它的描述如下：

有一个数组 X[0...n−1]，现在把它分为两个子数组：x1[0...m]和 x2[m+1...n−1]，交换这两个子数组，使数组 x 由 x1x2 变成 x2x1，例如 x=[1，2，3，4，5，6，7，8，9]，x1=[1，2，3，4，5]，x2=[6，7，8，9]，交换后，x=[6，7，8，9，1，2，3，4，5]。

对于本题的解决方案，最容易想到的，也是最简单的方法就是直接遍历法。但是这种方法显然没有用到题目中旋转数组的特性，因此，它的效率比较低下，下面介绍一种比较高效的二分查找法。

通过数组的特性可以发现，数组元素首先是递增的，然后突然下降到最小值，然后再递增。虽然如此，但是还有下面三种特殊情况需要注意：

（1）数组本身是没有发生过旋转的，是一个有序的数组，例如序列[1,2,3,4,5,6]。

（2）数组中元素值全部相等，例如序列[1,1,1,1,1,1]。

（3）数组中元素值大部分都相等，例如序列[1,0,1,1,1,1]。

通过旋转数组的定义可知，经过旋转之后的数组实际上可以划分为两个有序的子数组，前面的子数组的元素值都大于或者等于后面子数组的元素值。可以根据数组元素的这个特点，采用二分查找的思想不断缩小查找范围，最终找出问题的解决方案，具体实现思路如下所示：

按照二分查找的思想，给定数组 arr，首先定义两个变量 low 和 high，分别表示数组的第一个元素和最后一个元素的下标。按照题目中对旋转规则的定义，第一个元素应该是大于或者等于最后一个元素的（当旋转个数为 0，即没有旋转的时候，要单独处理，直接返回数组第一个元素）。接着遍历数组中间的元素 arr[mid]，其中 mid=(high+low)/2。

（1）如果 arr[mid] <arr[mid − 1]，则 arr[mid]一定是最小值；

（2）如果 arr[mid + 1] <arr[mid]，则 arr[mid + 1]一定是最小值；

（3）如果 arr[high] >arr[mid]，则最小值一定在数组左半部分；

（4）如果 arr[mid]>arr[low]，则最小值一定在数组右半部分；

（5）如果 arr[low] == arr[mid] 且 arr[high] == arr[mid]，则此时无法区分最小值是在数组的左半部分还是右半部分（例如：[2,2,2,2,1,2]，[2,1,2,2,2,2,2]）。在这种情况下，只能分别在数组的左右两部分找最小值 minL 与 minR，最后求出 minL 与 minR 的最小值。

示例代码如下：

```
# python 中可以使用列表来表示有序数组，因此示例代码中使用列表来表示有序数组。
def getMin_1(arr,low,high):
    # 如果旋转个数为 0，即没有旋转，单独处理，直接返回数组头元素
    if high<low:
        return arr[0]
    # 只剩下一个元素一定是最小值
    if high == low:
        return arr[low]
    # mid=(low+high)/2，采用下面写法防止溢出
    mid =low + ((high - low) >> 1)
    # 判断是否 arr[mid]为最小值
    if arr[mid] <arr[mid - 1]:
        return arr[mid]
    # 判断是否 arr[mid + 1]为最小值
    elif arr[mid + 1] <arr[mid]:
        return arr[mid + 1]
    # 最小值一定在数组左半部分
    elif arr[high] >arr[mid]:
        return getMin_1(arr, low, mid - 1)
    # 最小值一定在数组右半部分
    elif arr[mid]>arr[low]:
        return getMin_1(arr, mid + 1, high)
    # arr[low] == arr[mid] && arr[high] == arr[mid]
    # 这种情况下无法确定最小值所在的位置，需要在左右两部分分别进行查找
    else:
        return min(getMin_1(arr, low, mid - 1), getMin(arr, mid + 1, high))

def getMin(arr):
    if None==arr:
        print "参数不合法"
        return
    else:
        return getMin_1(arr,0,len(arr)-1)

if __name__=="__main__":
    array1=[5, 6, 1, 2, 3, 4]
    mins=getMin(array1)
    print mins
    array2=[1, 1, 0, 1]
    mins=getMin(array2)
    print mins
```

程序的运行结果为：

```
1
0
```

算法性能分析：

一般而言，二分查找的时间复杂度为 $O(\log_2^N)$，对于这道题而言，大部分情况下时间复杂度为 $O(\log_2^N)$，只有每次都满足第（5）条的时候才需要对数组中所有元素都进行遍历，因此，这种方法在最坏的情况下的时间复杂度为 O(N)。

引申：如何实现旋转数组功能？

分析与解答：

先分别把两个子数组的内容交换，然后把整个数组的内容交换，即可得到问题的解。

以数组 x1[1，2，3，4，5]与数组 x2[6，7，8，9]为例，交换两个数组后，x1=[5，4，3，2，1]，x2=[9，8，7，6]，即 x=[5，4，3，2，1，9，8，7，6]。交换整个数组后，x=[6，7，8，9，1，2，3，4，5]。

示例代码如下：

```python
def  swap(arr,low,high):
    # 交换数组 low 到 high 的内容
    while  low<high:
        tmp = arr[low]
        arr[low] = arr[high]
        arr[high] = tmp
        low +=1
        high -=1

def  rotateArr(arr,div):
    if  None==arr or div<0 or div>=len(arr):
        print  "参数不合法"
        return
    # 不需要旋转
    if  div==0 or div== len(arr)-1:
        return
    # 交换第一个子数组的内容
    swap(arr, 0, div)
    # 交换第二个子数组的内容
    swap(arr, div + 1, len(arr) - 1)
    # 交换整个数组的元素
    swap(arr, 0, len(arr) - 1)

if  __name__=="__main__":
    arr=[1, 2, 3, 4, 5]
    rotateArr(arr, 2)
    i=0
    while  i<len(arr):
        print  arr[i],
        i +=1
```

程序的运行结果为：

```
45123
```

算法性能分析:

由于这种方法需要遍历两次数组，因此，它的时间复杂度为 O(N)。而交换两个变量的值，只需要使用一个辅助储存空间，所以，它的空间复杂度为 O(1)。

4.4 如何找出数组中丢失的数

【出自 WR 面试题】

难度系数：★★★★☆ **被考察系数：★★★☆☆**

题目描述：

给定一个由 n-1 个整数组成的未排序的数组序列，其元素都是 1 到 n 中的不同的整数。请写出一个寻找数组序列中缺失整数的线性时间算法。

分析与解答：

方法一：累加求和

首先分析一下数学性质。假设缺失的数字是 X，那么这 n-1 个数一定是 1～n 之间除了 X 以外的所有数，试想一下，1～n 一共 n 个数的和是可以求出来的，数组中的元素的和也是可以求出来的，二者相减，其值是不是就是缺失的数字 X 的值呢？

为了更好地说明上述方法，举一个简单的例子。假设数组序列为[2, 1, 4, 5]一共 4 个元素，n 的值为 5，要想找出这个缺失的数字，可以首先对 1 到 5 五个数字求和，求和结果为 15（1+2+3+4+5=15），而数组元素的和为 array[0]+array[1]+array[2]+array[3]=2+1+4+5=12，所以，缺失的数字为 15-12=3。

通过上面的例子可以很容易形成以下具体思路：定义两个数 suma 与 sumb，其中，suma 表示的是这 n-1 个数的和，sumb 表示的是这 n 个数的和，很显然，缺失的数字的值即为 sumb-suma 的值。

示例代码如下：

```
def  getNum(arr):
    if  arr==None or len(arr)<=0:
        print  "参数不合理"
        return  -1
    suma = 0
    sumb = 0
    i=0
    while  i <len(arr):
        suma =suma+ arr[i]
        sumb =sumb+i
        i +=1
    sumb=sumb+len(arr)+len(arr)+1
    return  sumb - suma

if  __name__=="__main__":
    arr=[1, 4, 3, 2, 7, 5]
    print  getNum(arr)
```

程序的运行结果为：

```
6
```

算法性能分析：

这种方法的时间复杂度为O(N)。需要注意的是，在求和的过程中，计算结果有溢出的可能性。所以，为了避免这种情况的发生，在进行数学运算时，可以考虑位运算，毕竟位运算性能最好，下面介绍如何用位运算来解决这个问题。

方法二：异或法

在解决这个问题前，首先回顾一下异或运算的性质。简单点说，在进行异或运算时，当参与运算的两个数相同时，异或结果为假，当参与异或运算的两个数不相同时，异或结果为真。

1到n这n个数异或的结果为a=1^2^3^…^n。假设数组中缺失的数为m，那么数组中这n−1个数异或的结果为b=1^2^3^…(m−1)^(m+1)^…^n。由此可知，a^b=(1^1)^(2^2)^…(m−1)^(m−1) ^**m**^ (m+1)^(m+1)^…^(n^n)=m。根据这个公式可以得知本题的主要思路为：定义两个数a与b，其中，a表示的是1到n这n个数的异或运算结果，b表示的是数组中的n−1个数的异或运算结果，缺失的数字的值即为a^b的值。

实现代码如下：

```
def getNum(arr):
    if arr==None or len(arr)<=0:
        print "参数不合理"
        return -1
    a = arr[0]
    b = 1
    lens=len(arr)
    i=1
    while i <lens:
        a = a ^ arr[i]
        i +=1
    i=2
    while i <=lens+1:
        b = b ^ i
        i +=1
    return a^b

if __name__=="__main__":
    arr=[1, 4, 3, 2, 7, 5]
    print getNum(arr)
```

算法性能分析：

这种方法在计算结果a的时候对数组进行了一次遍历，时间复杂度为O(N)，接着在计算b的时候循环执行的次数为N，时间复杂度也为O(N)。因此，这种方法的时间复杂度为O(N)。

4.5 如何找出数组中出现奇数次的数

【出自 BD 面试题】

难度系数：★★★☆☆　　　　被考察系数：★★★★☆

题目描述：

数组中有 N+2 个数，其中，N 个数出现了偶数次，2 个数出现了奇数次（这两个数不相等），请用 O(1)的空间复杂度，找出这两个数。注意：不需要知道具体位置，只需要找出这两个数。

分析与解答：

方法一：字典法

对于本题而言，定义一个字典，把数组元素的值作为 key，遍历整个数组，如果 key 值不存在，则将 value 设为 1，如果 key 值已经存在，则翻转该值（如果为 0，则翻转为 1；如果为 1，则翻转为 0），在完成数组遍历后，字典中 value 为 1 的就是出现奇数次的数。

例如：给定数组=[3, 5, 6, 6, 5, 7, 2, 2];

首先遍历 3，字典中的元素为：{3:1}；

遍历 5，字典中的元素为：{3:1,5:1}；

遍历 6，字典中的元素为：{3:1,5:1,6:1}；

遍历 6，字典中的元素为：{3:1,5:1,6:0}；

遍历 5，字典中的元素为：{3:1,5:0,6:0}；

遍历 7，字典中的元素为：{3:1,5:0,6:0,7:1}；

遍历 2，字典中的元素为：{3:1,5:0,6:0,7:1,2:1}；

遍历 2，字典中的元素为：{3:1,5:0,6:0,7:1,2:0}；

显然，出现 1 次的数组元素为 3 和 7。

实现代码如下：

```
def  get2Num(arr):
    if  arr==None or len(arr)<1:
        print  "参数不合理"
        return
    dic=dict()
    i=0
    while   i <len(arr):
        # dic 中没有这个数字，说明第一次出现，value 赋值为 1
        if  arr[i] not in dic:
            dic[arr[i]]=1
        # 当前遍历的值在 dic 中存在，说明前面出现过，value 赋值为 0
        else:
            dic[arr[i]]=0
        i +=1
    for  k,v  in  dic.items():
        if  v==1:
            print  int(k)
```

```
if  __name__=="__main__":
    arr=[3, 5, 6, 6, 5, 7, 2, 2]
    get2Num(arr)
```

程序输出为：

```
3
7
```

性能分析：

这种方法对数组进行了一次遍历，时间复杂度为 O(n)。但是申请了额外的存储过程来记录数据出现的情况，因此，空间复杂度为 O(n)。

方法二：异或法

根据异或运算的性质不难发现，任何一个数字异或它自己其结果都等于 0。所以，对于本题中的数组元素而言，如果从头到尾依次异或每一个元素，那么异或运算的结果自然也就是那个只出现奇数次的数字，因为出现偶数次的数字会通过异或运算全部消掉。

但是通过异或运算，也仅仅只是消除掉了所有出现偶数次数的数字，最后异或运算的结果肯定是那两个出现了奇数次的数异或运算的结果。假设这两个出现奇数次的数分别为 a 与 b，根据异或运算的性质，将二者异或运算的结果记为 c，由于 a 与 b 不相等，所以，c 的值自然也不会为 0，此时只需知道 c 对应的二进制数中某一个位为 1 的位数 N，例如，十进制数 44 可以由二进制 0010 1100 表示，此时可取 N=2 或者 3，或者 5，然后将 c 与数组中第 N 位为 1 的数进行异或，异或结果就是 a，b 中一个，然后用 c 异或其中一个数，就可以求出另外一个数了。

通过上述方法为什么就能得到问题的解呢？其实很简单，因为 c 中第 N 位为 1 表示 a 或 b 中有一个数的第 N 位也为 1，假设该数为 a，那么，当将 c 与数组中第 N 位为 1 的数进行异或时，也就是将 x 与 a 外加上其他第 N 位为 1 的出现过偶数次的数进行异或，化简即为 x 与 a 异或，结果即为 b。

示例代码如下：

```
def  get2Num(arr):
    if  arr==None or len(arr)<1:
        print  "参数不合理"
        return
    result = 0
    position = 0
    # 计算数组中所有数字异或的结果
    i=0
    while  i<len(arr):
        result = result^arr[i]
        i +=1
    tmpResult = result    #临时保存异或结果
    # 找出异或结果中其中一个位值为 1 的位数(如 1100，位值为 1 位数为 2 和 3)
    i=result
    while  i & 1== 0:
```

```
                position +=1
                i = i >> 1
        i=1
        while   i<len(arr):
                # 异或的结果与所有第 position 位为 1 的数异或，结果一定是出现一次的两个数中其中一个
                if    ((arr[i] >> position) & 1) ==1:
                        result = result^arr[i]
                i +=1
        print   result,
        # 得到另外一个出现一次的数
        print   result^tmpResult

if    __name__=="__main__":
        arr=[3, 5, 6, 6, 5, 7, 2, 2]
        get2Num(arr)
```

程序的运行结果为：

```
3 7
```

算法性能分析：

这种方法首先对数组进行了一次遍历，其时间复杂度为 O(N)，接着找 result 对应二进制数中位值为 1 的位数，时间复杂度为 O(1)，接着又遍历了一次数组，时间复杂度为 O(N)，因此，这种方法整体的时间复杂度为 O(N)。

4.6 如何找出数组中第 k 小的数

【出自 HW 面试题】

难度系数：★★★★☆　　　　**被考察系数：**★★★★☆

题目描述：

给定一个整数数组，如何快速地求出该数组中第 k 小的数。假如数组为[4,0,1,0,2,3]，那么第 3 小的元素是 1。

分析与解答：

由于对一个有序的数组而言，能非常容易地找到数组中第 k 小的数，因此，可以通过对数组进行排序的方法来找出第 k 小的数。同时，由于只要求第 k 小的数，因此，没有必要对数组进行完全排序，只需要对数组进行局部排序就可以了。下面分别介绍这几种不同的实现方法。

方法一：排序法

最简单的方法就是首先对数组进行排序，在排序后的数组中，下标为 k-1 的值就是第 k 小的数。例如：对数组[4,0,1,0,2,3]进行排序后的序列变为[0,0,1,2,3,4]，第 3 小的数就是排序后数组中下标为 2 对应的数：1。由于最高效的排序算法（例如快速排序）的平均时间复杂度为 $O(N\log_2^N)$，因此，此时该方法的平均时间复杂度为 $O(N\log_2^N)$，其中，N 为数组的长度。

方法二：部分排序法

由于只需要找出第 k 小的数，因此，没必要对数组中所有的元素进行排序，可以采用部分排序的方法。具体思路为：通过对选择排序进行改造，第一次遍历从数组中找出最小的数，第二次遍历从剩下的数中找出最小的数（在整个数组中是第二小的数），第 k 次遍历就可以从 N−k+1（N 为数组的长度）个数中找出最小的数（在整个数组中是第 k 小的）。这种方法的时间复杂度为 O(N*k)。当然也可以采用堆排序进行 k 趟排序找出第 k 小的值。

方法三：类快速排序方法

快速排序的基本思想为：将数组 array[low..high]中某一个元素（取第一个元素）作为划分依据，然后把数组划分为三部分：1）array[low...i−1]（所有的元素的值都小于或等于 array[i]）、2）array[i]、3）array[i+1...high]（所有的元素的值都大于 array[i]）。在此基础上可以用下面的方法求出第 k 小的元素：

（1）如果 i−low==k−1，说明 array[i]就是第 k 小的元素，那么直接返回 array[i]；

（2）如果 i−low>k−1，说明第 k 小的元素肯定在 array[low...i−1]中，那么只需要递归地在 array[low...i−1]中找第 k 小的元素即可；

（3）如果 i−low<k−1，说明第 k 小的元素肯定在 array[i+1...high]中，那么只需要递归地在 array[i+1...high]中找第 k−(i−low)−1 小的元素即可。

对于数组(4,0,1,0,2,3)，第一次划分后，划分为下面三部分：

(3,0,1,0,2)，(4)，()

接下来需要在(3,0,1,0,2)中找第 3 小的元素，把(3,0,1,0,2)划分为三部分：

(2,0,1,0)，(3)，()

接下来需要在(2,0,1,0)中找第 3 小的元素，把(2,0,1,0)划分为三部分：

(0,0,1)，(2)，()

接下来需要在(0,0,1)中找第 3 小的元素，把(0,0,1)划分为三部分：

(0)，(0)，(1)

此时 i=1，low=0；(i−1=1)<(k−1=2)，接下来需要在(1)中找第 k−(i−low)−1=1 小的元素即可。显然，(1)中第 1 小的元素就是 1。

实现代码如下：

```
"""
方法功能：在数组 array 中找出第 k 小的值
输入参数：array 为整数数组，low 为数组起始下标，high 为数组右边界的下标，k 为整数
返回值：数组中第 k 小的值
"""
def  findSmallK(array,low,high,k):
    i = low
    j = high
    splitElem = array[i]
    # 把小于等于 splitElem 的数放到数组中 splitElem 的左边，大于 splitElem 的值放到右边
    while  i < j:
        while  i < j  and  array[j] >= splitElem:
            j -=1
        if  i < j:
            array[i] = array[j]
```

```
                i +=1
            while   i < j and array[i] <= splitElem:
                i +=1
            if   i < j:
                array[j] = array[i]
                j -=1
        array[i] = splitElem
        # splitElem 在子数组 array[low~high]中下标的偏移量
        subArrayIndex=i-low
        # splitElem 在 array[low~high]所在的位置恰好为 k-1,那么它就是第 k 小的元素
        if   subArrayIndex==k-1:
            return   array[i]
        # splitElem 在 array[low~high]所在的位置大于 k-1,那么只需在 array[low~i-1]中找第 k 小的元素
        elif   subArrayIndex > k-1:
            return   findSmallK(array, low, i-1, k)
        #  在 array[i+1~high]中找第 k-i+low-1 小的元素
        else:
            return   findSmallK(array, i+1, high, k-(i-low)-1)

if   __name__=="__main__":
    k=3
    array=[4, 0, 1, 0, 2, 3]
    print   "第"+str(k)+"小的值为："+str(findSmallK(array,0,len(array)-1,k))
```

程序的运行结果为：

```
第 3 小的值为：1
```

算法性能分析：

快速排序的平均时间复杂度为 $O(N\log_2^N)$。快速排序需要对划分后的所有子数组继续排序处理，而本方法只需要取划分后的其中一个子数组进行处理即可，因此，平均时间复杂度肯定小于 $O(N\log_2^N)$。由此可以看出，这种方法的效率要高于方法一。但是这种方法也有缺点：它改变了数组中数据原来的顺序。当然可以申请额外的 N（其中，N 为数组的长度）个空间来解决这个问题，但是这样做会增加算法的空间复杂度，所以，通常做法是根据实际情况选取合适的方法。

引申：O(N)时间复杂度内查找数组中前三名

分析与解答：

这道题可以转换为在数组中找出前 k 大的值（例如，k=3）。

如果没有时间复杂度的要求，可以首先对整个数组进行排序，然后根据数组下标就可以非常容易地找出最大的三个数，即前三名。由于这种方法的效率高低取决于排序算法的效率高低，因此，这种方法在最好的情况下时间复杂度都为 $O(N\log_2^N)$。

通过分析发现，最大的三个数比数组中其他的数都大。因此，可以采用类似求最大值的方法来求前三名，具体实现思路为：初始化前三名（r1：第一名，r2：第二名，r3：第三名）为最小的整数。然后开始遍历数组：

（1）如果当前值 tmp 大于 r1：r3=r2，r2=r1，r1=tmp;

（2）如果当前值 tmp 大于 r2 且不等于 r1：r3=r2，r2=tmp；

（3）如果当前值 tmp 大于 r3 且不等于 r2：r3=tmp。

实现代码如下：

```
def  findTop3(arr):
    if  arr==None or len(arr) < 3:
        print  "参数不合法"
        return
    r1 = r2 = r3 = - 2**31
    i=0
    while   i <len(arr):
        if   arr[i] > r1:
            r3 = r2
            r2 = r1
            r1 = arr[i]
        elif   arr[i] > r2 and arr[i] != r1:
            r3 = r2
            r2 = arr[i]
        elif   arr[i] > r3    and arr[i] < r2:
            r3 = arr[i]
        i +=1
    print   "前三名分别为:"+ str(r1) + "," + str(r2) + "," + str(r3)

if   __name__=="__main__":
    arr=[4,7,1,2,3,5,3,6,3,2]
    findTop3(arr)
```

程序的运行结果为：

```
前三名分别为:7,6,5
```

算法性能分析：

这种方法虽然能够在 O(N)的时间复杂度求出前三名，但是当 k 取值很大的时候，比如求前 10 名，这种方法就不是很好了。比较经典的方法就是维护一个大小为 k 的堆来保存最大的 k 个数，具体思路为：维护一个大小为 k 的小顶堆用来存储最大的 k 个数，堆顶保存了堆中最小的数，每次遍历一个数 m，如果 m 比堆顶元素小，那么说明 m 肯定不是最大的 k 个数，因此，不需要调整堆，如果 m 比堆顶元素大，则用这个数替换堆顶元素，替换后重新调整堆为小顶堆。这种方法的时间复杂度为 $O(N*\log_2^k)$。这种方法适用于数据量大的情况。

4.7 如何求数组中两个元素的最小距离

【出自 GG 面试题】

难度系数：★★★☆☆　　　　**被考察系数：**★★★★☆

题目描述：

给定一个数组，数组中含有重复元素，给定两个数字 num1 和 num2，求这两个数字在数组中出现的位置的最小距离。

分析与解答：

对于这类问题，最简单的方法就是对数组进行双重遍历，找出最小距离，但是这种方法效率比较低下。由于在求距离的时候只关心 num1 与 num2 这两个数，因此，只需要对数组进行一次遍历即可，在遍历的过程中分别记录遍历到 num1 或 num2 的位置就可以非常方便地求出最小距离，下面分别详细介绍这两种实现方法。

方法一：蛮力法

主要思路为：对数组进行双重遍历，外层循环遍历查找 num1，只要遍历到 num1，内层循环对数组从头开始遍历找 num2，每当遍历到 num2，就计算它们的距离 dist。当遍历结束后最小的 dist 值就是它们最小的距离。实现代码如下：

```
def    minDistance(arr,num1,num2):
    if   arr==None or len(arr)<=0:
        print   "参数不合理"
        return   2**32
    minDis = 2**32      # num1 与 num2 的最小距离
    dist=0
    i=0
    while    i <len(arr):
        if   arr[i] == num1:
            j=0
            while   j < len(arr):
                if   arr[j] == num2:
                    dist=abs(i-j)   # 当前遍历的 num1 与 num2 的距离
                    if   dist < minDis:
                        minDis=dist
                j +=1
        i +=1
    return   minDis

if   __name__=="__main__":
    arr=[4, 5, 6, 4, 7, 4, 6, 4, 7, 8, 5, 6, 4, 3, 10, 8]
    num1=4
    num2=8
    print   minDistance(arr,num1,num2)
```

程序的运行结果为：

```
2
```

算法性能分析：

这种方法需要对数组进行两次遍历，因此，时间复杂度为 $O(n^2)$。

方法二：动态规划

上述方法的内层循环对 num2 的位置进行了很多次重复的查找。可以采用动态规划的方法把每次遍历的结果都记录下来从而减少遍历次数。具体实现思路为：遍历数组，会遇到以下两种情况：

（1）当遇到 num1 时，记录下 num1 值对应的数组下标的位置 lastPos1，通过求 lastPos1

与上次遍历到 num2 下标的位置的值 lastPos2 的差可以求出最近一次遍历到的 num1 与 num2 的距离。

（2）当遇到 num2 时，同样记录下它在数组中下标的位置 lastPos2，然后通过求 lastPos2 与上次遍历到 num1 的下标值 lastPos1，求出最近一次遍历到的 num1 与 num2 的距离。

假设给定数组为：[4, 5, 6, 4, 7, 4, 6, 4, 7, 8, 5, 6, 4, 3, 10, 8]，num1=4，num2=8。根据以上方法，执行过程如下：

1）在遍历的时候首先会遍历到 4，下标为 lastPos1=0，由于此时还没有遍历到 num2，因此，没必要计算 num1 与 num2 的最小距离；

2）接着往下遍历，又遍历到 num1=4，更新 lastPos1=3；

3）接着往下遍历，又遍历到 num1=4，更新 lastPos1=7；

4）接着往下遍历，又遍历到 num2=8，更新 lastPos2=9；此时由于前面已经遍历到过 num1，因此，可以求出当前 num1 与 num2 的最小距离为| lastPos2- lastPos1|=2；

5）接着往下遍历，又遍历到 num2=8，更新 lastPos2=15；此时由于前面已经遍历到过 num1，因此，可以求出当前 num1 与 num2 的最小距离为| lastPos2- lastPos1|=8；由于 8>2，所以，num1 与 num2 的最小距离为 2。

实现代码如下：

```
def  minDistance(arr,num1,num2):
    if  arr==None or len(arr)<=0:
        print  "参数不合理"
        return  2**32
    lastPos1 = -1 #  上次遍历到 num1 的位置
    lastPos2 = -1  #  上次遍历到 num2 的位置
    minDis = 2**30  # num1 与 num2 的最小距离
    i=0
    while  i<len(arr):
        if  arr[i] == num1:
            lastPos1 = i
            if  lastPos2 >= 0:
                minDis = min(minDis, lastPos1-lastPos2)
        if  arr[i] == num2:
            lastPos2 = i
            if  lastPos1 >= 0:
                minDis = min(minDis, lastPos2-lastPos1)
        i +=1
    return  minDis

if  __name__=="__main__":
    arr=[4, 5, 6, 4, 7, 4, 6, 4, 7, 8, 5, 6, 4, 3, 10, 8]
    num1=4
    num2=8
    print  minDistance(arr,num1,num2)
```

算法性能分析：

这种方法只需要对数组进行一次遍历，因此，时间复杂度为 O(N)。

4.8 如何求解最小三元组距离

【出自 GG 面试题】

难度系数：★★★★☆　　　　被考察系数：★★★★☆

题目描述：

已知三个升序整数数组 a[l]，b[m]和 c[n],请在三个数组中各找一个元素，使得组成的三元组距离最小。三元组距离的定义是：假设 a[i]、b[j]和 c[k]是一个三元组，那么距离为：Distance = max(|a[i]–b[j]|, |a[i]–c[k]|, |b[j]–c[k]|)，请设计一个求最小三元组距离的最优算法。

分析与解答：

最简单的方法就是找出所有可能的组合，从所有的组合中找出最小的距离，但是显然这种方法的效率比较低下。通过分析发现，当 $a_i \leqslant b_i \leqslant c_i$ 时，此时它们的距离肯定为 $D_i=c_i-a_i$。此时就没必要求 b_i-a_i 与 c_i-a_i 的值了，从而可以省去很多没必要的步骤，下面分别详细介绍这两种方法。

方法一：蛮力法

最容易想到的方法就是分别遍历三个数组中的元素，对遍历到的元素分别求出它们的距离，然后从这些值里面查找最小值，实现代码如下：

```
def  maxs(a,b,c):
     maxs = b if   a < b   else   a
     maxs = c if   maxs < c else   maxs
     return   maxs

def  minDistance(a,b,c):
     aLen = len(a)
     bLen = len(b)
     cLen = len(c)
     minDist = maxs(abs(a[0] - b[0]),abs(a[0] - c[0]), abs(b[0] - c[0]))
     dist = 0
     i=0
     while   i < aLen:
          j=0
          while   j < bLen:
               k=0
               while   k < cLen:
                    # 求距离
                    dist = maxs(abs(a[i] - b[j]),abs(a[i] - c[k]),abs(b[j] - c[k]))
                    # 找出最小距离
                    if   minDist > dist:
                         minDist = dist
                    k +=1
               j +=1
          i +=1
     return   minDist

if  __name__=="__main__":
```

```
a=[3, 4, 5, 7, 15]
b=[10, 12, 14, 16, 17]
c= [20, 21, 23, 24, 37, 30]
print   "最小距离为："+ str(minDistance(a, b, c))
```

程序的运行结果为：

```
最小距离为：5
```

算法性能分析：

这种方法的时间复杂度为 O(l*m*n)，显然这种方法没有用到数组升序这一特性，因此，该方法肯定不是最好的方法。

方法二：最小距离法

假设当前遍历到这三个数组中的元素分别为 a_i，b_i，c_i，并且 $a_i \leqslant b_i \leqslant c_i$，此时它们的距离肯定为 $D_i=c_i-a_i$，那么接下来可以分如下三种情况讨论：

（1）如果接下来求 a_i，b_i，c_{i+1} 的距离，由于 $c_{i+1} \geqslant c_i$，此时它们的距离必定为 $D_{i+1}=c_{i+1}-a_i$，显然 $D_{i+1} \geqslant D_i$，因此，D_{i+1} 不可能为最小距离。

（2）如果接下来求 a_i，b_{i+1}，c_i 的距离，由于 $b_{i+1} \geqslant b_i$，如果 $b_{i+1} \leqslant c_i$，此时它们的距离仍然为 $D_{i+1}=c_i-a_i$；如果 $b_{i+1} > c_i$，那么此时它们的距离为 $D_{i+1}= b_{i+1}-a_i$，显然 $D_{i+1} \geqslant D_i$，因此，D_{i+1} 不可能为最小距离。

（3）如果接下来求 a_{i+1}，b_i，c_i 的距离，如果 $a_{i+1}<c_i-|c_i-a_i|$，此时它们的距离 $D_{i+1}=\max(c_i-a_{i+1}, c_i-b_i)$，显然 $D_{i+1}< D_i$，因此，D_{i+1} 有可能是最小距离。

综上所述，在求最小距离的时候只需要考虑第 3 种情况即可。具体实现思路为：从三个数组的第一个元素开始，首先求出它们的距离 minDist，接着找出这三个数中最小数所在的数组，只对这个数组的下标往后移一个位置，接着求三个数组中当前遍历元素的距离，如果比 minDist 小，则把当前距离赋值给 minDist，依此类推，直到遍历完其中一个数组为止。

例如给定数组： a=[3, 4, 5, 7 ,15]; b = [10, 12, 14, 16, 17]; c= [20, 21, 23, 24, 37, 30];

1）首先从三个数组中找出第一个元素 3,10,20，显然它们的距离为 20−3=17；

2）由于 3 最小，因此，数组 a 往后移一个位置，求 4,10,20 的距离为 16，由于 16<17,因此，当前数组的最小距离为 16；

3）同理，对数组 a 后移一个位置，依次类推直到遍历到 15 的时候，当前遍历到三个数组中的值分别为 15,10,20，最小距离为 10；

4）由于 10 最小，因此，数组 b 往后移动一个位置遍历 12，此时三个数组遍历到的数字分别为 15,12,20，距离为 8，当前最小距离是 8；

5）由于 8 最小，数组 b 往后移动一个位置为 14，依然是三个数中最小值，往后移动一个位置为 16，当前的最小距离变为 5，由于 15 是数组 a 的最后一个数字，因此，遍历结束，求得最小距离为 5。

实现代码如下：

```
def   mins(a,b,c):
      mins = a if   a < b   else b
      mins = mins if   mins < c else c
```

```
    return    mins

def    maxs(a,b,c):
    maxs = b if    a < b else a
    maxs =c if    maxs < c else maxs
    return    maxs

def    minDistance(a,b,c):
    aLen = len(a)
    bLen = len(b)
    cLen = len(c)
    curDist = 0
    minsd = 0
    minDist =2 **32
    i=0 # 数组 a 的下标
    j=0 # 数组 b 的下标
    k=0 # 数组 c 的下标
    while    True:
        curDist = maxs(abs(a[i] - b[j]),abs(a[i] - c[k]),abs(b[j] - c[k]))
        if    curDist < minDist:
            minDist = curDist
          # 找出当前遍历到三个数组中的最小值
        minsd = mins(a[i], b[j], c[k])
        if    minsd == a[i]:
            i +=1
            if    i >= aLen:
                    break
        elif    minsd == b[j]:
            j +=1
            if    j >= bLen:
                break
        else:
            k +=1
            if    k >= cLen:
                break
    return    minDist

if    __name__=="__main__":
    a=[3, 4, 5, 7, 15]
    b=[10, 12, 14, 16, 17]
    c= [20, 21, 23, 24, 37, 30]
    print    "最小距离为："+ str(minDistance(a, b, c))
```

算法性能分析：

采用这种算法最多只需要对三个数组分别遍历一遍，因此，时间复杂度为 O(l+m+n)。

方法三：数学运算法

采用数学方法对目标函数变形，有两个关键点，第一个关键点：

$\max\{|x1-x2|,|y1-y2|\} = (|x1+y1-x2-y2|+|x1-y1-(x2-y2)|)/2$ （公式 1）

我们假设 x1=a[i]，x2=b[j]，x3=c[k]，则

Distance = max(|x1–x2|, |x1–x3|, |x2–x3|)= max(max(|x1–x2|, |x1–x3|) , |x2 –x3|)　（公式 2）

根据公式 1，max(|x1 – x2|, |x1 – x3|) = 1/2 (|2x1 – x2– x3| + |x2 – x3|)，带入公式 2，得到

Distance=max(1/2(|2x1–x2–x3|+|x2–x3|),|x2–x3|)=1/2*max(|2x1–x2–x3|,|x2–x3|)+ 1/2*|x2–x3| //把相同部分 1/2*|x2 – x3|分离出来

=1/2 * max(|2x1–(x2+x3)|,|x2–x3|)+1/2*|x2–x3| //把(x2 + x3)看成一个整体，使用公式 1

=1/2 * 1/2 *((|2x1–2x2|+|2x1–2x3|)+1/2*|x2–x3|

=1/2 *|x1–x2|+1/2*|x1–x3|+1/2*|x2–x3|

=1/2 *(|x1–x2|+|x1–x3|+|x2–x3|) //求出等价公式，完毕！

第二个关键点：如何设计算法找到(|x1–x2|+|x1–x3|+|x2–x3|) 的最小值，x1，x2，x3，分别是三个数组中的任意一个数,算法思想与方法二相同，用三个下标分别指向 a,b,c 中最小的数，计算一次它们最大距离的 Distance ，然后再移动三个数中较小的数组的下标，再计算一次，每次移动一个，直到其中一个数组结束为止。

示例代码如下：

```
def  mins(a,b,c):
    mins = a if  a < b else b
    mins = mins if mins < c else c
    return  mins

def  minDistance(a,b,c):
    aLen=len(a)
    bLen=len(b)
    cLen=len(c)
    MinSum = 0 #  最小的绝对值和
    Sum = 0 #  计算三个绝对值的和，与最小值做比较
    MinOFabc = 0 #   a[i] , b[j] ,c[k]的最小值
    cnt = 0 #  循环次数统计，最多是 l + m + n 次  i = 0, j = 0, k = 0 //a,b,c 三个数组的下标索引
    i=j=k=0
    MinSum = (abs(a[i] - b[j]) + abs(a[i] - c[k]) + abs(b[j] - c[k])) / 2
    cnt=0
    while  cnt <= aLen + bLen + cLen:
        Sum = (abs(a[i] - b[j]) + abs(a[i] - c[k]) + abs(b[j] - c[k])) / 2
        MinSum = MinSum if  MinSum < Sum else Sum
        MinOFabc = mins(a[i] ,b[j] ,c[k]) #  找到 a[i] ,b[j] ,c[k]的最小值
        #  判断哪个是最小值，做相应的索引移动
        if  MinOFabc == a[i]:
            i +=1
            if  i>= aLen:
                break # a[i]最小,移动 i
        if  MinOFabc == b[j]:
            j +=1
            if  j >= bLen:
                break  # b[j]最小,移动 j
        if  MinOFabc == c[k]:
            k +=1
            if  k >= cLen:
                break     # c[k]最小,移动 k
```

```
            cnt +=1
        return    MinSum

if    __name__=="__main__":
        a=[3, 4, 5, 7, 15]
        b=[10, 12, 14, 16, 17]
        c= [20, 21, 23, 24, 37, 30]
        print    "最小距离为："+ str(minDistance(a, b, c))
```

程序的运行结果为：

```
最小距离为：5
```

算法性能分析：

与方法二类似，这种方法最多需要执行(l+ m + n)次循环，因此，时间复杂度为 O(l+ m + n)。

4.9 如何求数组中绝对值最小的数

【出自 MT 面试题】

难度系数：★★★☆☆　　　　　　　　　　**被考察系数：**★★★☆☆

题目描述：

有一个升序排列的数组，数组中可能有正数、负数或 0，求数组中元素的绝对值最小的数。例如，数组[−10, −5, −2, 7, 15, 50]，该数组中绝对值最小的数是−2。

分析与解答：

可以对数组进行顺序遍历，对每个遍历到的数求绝对值进行比较就可以很容易地找出数组中绝对值最小的数。本题中，由于数组是升序排列的，那么绝对值最小的数一定在正数与非正数的分界点处，利用这种方法可以省去很多求绝对值的操作。下面分别详细介绍这几种方法。

方法一：顺序比较法

最简单的方法就是从头到尾遍历数组元素，对每个数字求绝对值，然后通过比较就可以找出绝对值最小的数。

以数组[−10, −5, −2, 7, 15, 50]为例，实现方式如下：

（1）首先遍历第一个元素−10，其绝对值为 10，所以，当前最小值为 min=10；

（2）遍历第二个元素−5，其绝对值为 5，由于 5<10，因此，当前最小值 min=5；

（3）遍历第三个元素−2，其绝对值为 2，由于 2<5，因此，当前最小值为 min=2；

（4）遍历第四个元素 7，其绝对值为 7，由于 7>2，因此，当前最小值 min 还是 2；

（5）依此类推，直到遍历完数组为止，就可以找出绝对值最小的数为−2。

示例代码如下：

```
def    findMin(array):
        if    array==None or len(array)<=0:
              print    "输入参数不合理"
              return    0
        mins=2**32
```

```
        i =0
        while   i<len(array):
              if   abs(array[i])<abs(mins):
                    mins=array[i]
              i +=1
        return   mins

if   __name__=="__main__":
      arr= [-10, -5, -2, 7, 15, 50]
      print   "绝对值最小的数为："+str(findMin(arr))
```

程序的运行结果为：

```
绝对值最小的数为：-2
```

算法性能分析:

该方法的平均时间复杂度为 O(N)，空间复杂度为 O(1)。

方法二、二分法

在求绝对值最小的数时可以分为如下三种情况：1）如果数组第一个元素为非负数，那么绝对值最小的数肯定为数组第一个元素；2）如果数组最后一个元素的值为负数，那么绝对值最小的数肯定是数组的最后一个元素；3）如果数组中既有正数又有负数，首先找到正数与负数的分界点，如果分界点恰好为 0，那么 0 就是绝对值最小的数。否则通过比较分界点左右的正数与负数的绝对值来确定最小的数。

那么如何来查找正数与负数的分界点呢？最简单的方法仍然是顺序遍历数组，找出第一个非负数（前提是数组中既有正数又有负数），接着通过比较分界点左右两个数的值来找出绝对值最小的数。这种方法在最坏的情况下时间复杂度为 O(N)。下面主要介绍采用二分法来查找正数与负数的分界点的方法。主要思路为：取数组中间位置的值 a[mid]，并将它与 0 值比较，比较结果分为以下 3 种情况：

（1）如果 a[mid] ==0，那么这个数就是绝对值最小的数；

（2）如果 a[mid]>0，a[mid-1]<0，那么就找到了分界点，通过比较 a[mid]与 a[mid-1]的绝对值就可以找到数组中绝对值最小的数；如果 a[mid-1] ==0，那么 a[mid-1]就是要找的数；否则接着在数组的左半部分查找；

（3）如果 a[mid]<0，a[mid+1]>0，那么通过比较 a[mid]与 a[mid+1]的绝对值即可；如果 a[mid+1] ==0，那么 a[mid+1]就是要查找的数。否则接着在数组的右半部分继续查找。

为了更好地说明以上方法，可以参考以下几个示例进行分析：

（1）如果数组为[1, 2, 3, 4, 5, 6, 7]，由于数组元素全部为正数，而且数组是升序排列，所以，此时绝对值最小的元素为数组的第一个元素 1。

（2）如果数组为[-7, -6, -5, -4, -3, -2, -1]，此时数组长度 length 的值为 7，由于数组元素全部为负数，而且数组是升序排列，所以，此时绝对值最小的元素为数组的第 length-1 个元素，该元素的绝对值为 1。

（3）如果数组为[-7, -6, -5, -3, -1, 2, 4]，此时数组长度 length 为 7，数组中既有正数，也有负数，此时采用二分查找法，判断数组中间元素的符号。中间元素的值为-3，小于 0，所以，判断中间元素后面一个元素的符号，中间元素后面的元素的值为-1 小于 0，因此，绝对值最小的元素一定位于右半部份数组[-1, 2, 4]中，继续在右半部分数组中查找，中间元素为 2 大于 0，2 前面一个元素的值为-1 小于 0，所以，-1 与 2 中绝对值最小的元素即为所求的数组的绝对值最小的元素的值，所以，数组中绝对值最小的元素的值为-1。

实现代码如下：

```
def  findMin(array):
    if  array==None or  len(array)<=0:
        print  "输入参数不合理";
        return  0;
    lens=len(array)
    # 数组中没有负数
    if  array[0]>=0:
        return  array[0];
    # 数组中没有正数
    if  array[lens-1]<=0:
        return  array[lens-1];
    mid = 0;
    begin = 0;
    end = lens - 1;
    absMin = 0;
    # 数组中既有正数又有负数
    while  True:
        mid = begin + (end - begin) / 2;
        # 如果等于 0，那么就是绝对值最小的数
        if  array[mid] == 0:
            return  0;   # 如果大于 0，正负数的分界点在左侧
        elif  array[mid] > 0:
            # 继续在数组的左半部分查找
            if  array[mid - 1] > 0:
                end = mid - 1;
            elif  array[mid - 1] == 0:
                return  0;
            # 找到正负数的分界点
            else:
                break;#   如果小于 0，在数组右半部分查找
        else:
            # 在数组右半部分继续查找
            if  array[mid + 1] < 0:
                begin = mid + 1
            elif  array[mid + 1] == 0:
                return  0;
            # 找到正负数的分界点
            else:
                break;
    # 获取正负数分界点处绝对值最小的值
    if  (array[mid] > 0):
        if  array[mid] < abs(array[mid - 1]):
            absMin = array[mid];
```

```
            else:
                absMin = array[mid - 1];
        else:
            if  abs(array[mid]) < array[mid + 1]:
                absMin = array[mid];
            else:
                absMin = array[mid + 1];
        return  absMin;

if  __name__=="__main__":
    arr= [-10, -5, -2, 7, 15, 50]
    print  "绝对值最小的数为："+str(findMin(arr))
```

算法性能分析：

通过上面的分析可知，由于采取了二分查找的方式，算法的平均时间复杂度得到了大幅降低，为 $O(\log_2^N)$，其中，N 为数组的长度。

4.10 如何求数组连续最大和

【出自 HW 面试题】

难度系数：★★★★☆ **被考察系数：★★★★★**

题目描述：

一个有 n 个元素的数组，这 n 个元素既可以是正数也可以是负数，数组中连续的一个或多个元素可以组成一个连续的子数组，一个数组可能有多个这种连续的子数组，求子数组和的最大值。例如：对于数组[1, -2, 4, 8, -4, 7, -1, -5]而言，其最大和的子数组为[4, 8, -4, 7]，最大值为 15。

分析与解答：

这是一道非常经典的在笔试面试中碰到的算法题，有多种解决方法，下面分别从简单到复杂逐个介绍各种方法。

方法一：蛮力法

最简单也是最容易想到的方法就是找出所有的子数组，然后求出子数组的和，在所有子数组的和中取最大值。实现代码如下：

```
def  maxSubArray(arr):
    if  arr==None or len(arr)<1:
        print  "参数不合法"
        return
    ThisSum=0
    MaxSum=0
    i=0
    while  i<len(arr):
        j=i
        while  j<len(arr):
            ThisSum=0
            k=i
```

```
                while    k<j:
                    ThisSum +=arr[k]
                    k +=1
                if    ThisSum>MaxSum:
                    MaxSum=ThisSum
                j +=1
            i +=1
        return    MaxSum

if    __name__=="__main__":
    arr=[1, -2, 4, 8, -4, 7, -1, -5]
    print    "连续最大和为："+str(maxSubArray(arr))
```

程序的运行结果为：

```
连续最大和为：15
```

算法性能分析:

这种方法的时间复杂度为 $O(n^3)$，显然效率太低，通过对该方法进行分析发现，许多子数组都重复计算了，鉴于此，下面给出一种优化的方法。

方法二：重复利用已经计算的子数组和

由于 Sum[i,j]=Sum[i,j-1]+arr[j]，在计算 Sum[i,j]的时候可以使用前面已计算出的 Sum[i,j-1]而不需要重新计算，采用这种方法可以省去计算 Sum[i,j-1]的时间，因此，可以提高程序的效率。

实现代码如下：

```
def    maxSubArray(arr):
    if    arr==None or len(arr)<1:
        print    "参数不合法"
        return
    maxSum = -2**31
    i=0
    while    i<len(arr):
        sums = 0
        j=i
        while    j<len(arr):
            sums += arr[j]
            if    sums > maxSum:
                maxSum = sums
            j +=1
        i +=1
    return    maxSum

if    __name__=="__main__":
    arr=[1, -2, 4, 8, -4, 7, -1, -5]
    print    "连续最大和为："+str(maxSubArray(arr))
```

算法性能分析：

这种方法使用了双重循环，因此，时间复杂度为 $O(n^2)$。

方法三：动态规划方法

可以采用动态规划的方法来降低算法的时间复杂度。实现思路如下。

首先可以根据数组的最后一个元素 arr[n−1]与最大子数组的关系分为以下三种情况讨论：

（1）最大子数组包含 arr[n−1]，即最大子数组以 arr[n−1]结尾。

（2）arr[n−1]单独构成最大子数组。

（3）最大子数组不包含 arr[n−1]，那么求 arr[1…n−1]的最大子数组可以转换为求 arr[1…n−2]的最大子数组。

通过上述分析可以得出如下结论：假设已经计算出子数组 arr[1…i−2]的最大的子数组和 All[i−2]，同时也计算出 arr[0…i−1]中包含 arr[i−1]的最大的子数组和为 End[i−1]。则可以得出如下关系：All[i−1]=max(End[i−1],arr[i−1],All[i−2])。利用这个公式和动态规划的思想可以得到如下代码：

```
def  maxSubArray(arr):
    if  arr==None or len(arr)<1:
        print  "参数不合法"
        return
    n=len(arr)
    End=[None]*n
    All=[None]*n
    End[n-1] = arr[n-1]
    All[n-1] = arr[n-1]
    End[0] = All[0] = arr[0]
    i=1
    while  i<n:
        End[i] =max(End[i-1]+arr[i],arr[i])
        All[i] =max(End[i],All[i-1])
        i +=1
    return  All[n-1]

if  __name__=="__main__":
    arr=[1, -2, 4, 8, -4, 7, -1, -5]
    print  "连续最大和为："+str(maxSubArray(arr))
```

算法性能分析：

与前面几个方法相比，这种方法的时间复杂度为 O(N)，显然效率更高，但是由于在计算的过程中额外申请了两个数组，因此，该方法的空间复杂度也为 O(N)。

方法四：优化的动态规划方法

方法三中每次其实只用到了 End[i−1]与 All[i−1]，而不是整个数组中的值，因此，可以定义两个变量来保存 End[i−1]与 All[i−1]的值，并且可以反复利用。实现代码如下：

```
def  maxSubArray(arr):
    if  arr==None or len(arr)<1:
        print  "参数不合法"
```

```
        return
    nAll = arr[0]  # 最大子数组和
    nEnd = arr[0]  # 包含最后一个元素的最大子数组和
    i=1
    while  i<len(arr):
        nEnd =max(nEnd+arr[i],arr[i])
        nAll =max(nEnd,nAll)
        i +=1
    return  nAll

if  __name__=="__main__":
    arr=[1, -2, 4, 8, -4, 7, -1, -5]
    print  "连续最大和为："+str(maxSubArray(arr))
```

算法性能分析：

这种方法在保证了时间复杂度为 O(N)的基础上，把算法的空间复杂度也降到了 O(1)。

引申：在知道子数组最大值后，如何才能确定最大子数组的位置

分析与解答：

为了得到最大子数组的位置，首先介绍另外一种计算最大子数组和的方法。在上例的方法三中，通过对公式 End[i] = max(End[i-1]+arr[i],arr[i])的分析可以看出，当 End[i-1]<0 时，End[i]=array[i]，其中 End[i]表示包含 array[i]的子数组和，如果某一个值使得 End[i-1]<0，那么就从 arr[i]重新开始。可以利用这个性质非常容易地确定最大子数组的位置。

实现代码如下：

```
class  Test:
    def  __init__(self ):
        self.begin =0    # 记录最大子数组起始位置
        self.end = 0    # 记录最大子数组结束位置
    def  maxSubArray(self,arr):
        n=len(arr)
        maxSum = -2**31 # 子数组最大值
        nSum = 0 # 包含子数组最后一位的最大值
        nStart=0
        i=0
        while  i<n:
            if  nSum < 0:
                nSum = arr[i]
                nStart=i
            else:
                nSum += arr[i]
            if  nSum > maxSum:
                maxSum = nSum
                self.begin=nStart
                self.end=i
            i +=1
        return  maxSum
    def  getBegin(self): return  self.begin
    def  getEnd(self): return  self.end
```

```
if  __name__=="__main__":
    t =Test()
    arr=[1, -2, 4, 8, -4, 7, -1, -5]
    print  "连续最大和为："+str(t.maxSubArray(arr))
    print  "最大和对应的数组起始与结束坐标分别为：" + str(t.getBegin())+","+str(t.getEnd())
```

程序的运行结果为：

```
连续最大和为：15
最大和对应的数组起始与结束坐标分别为：2,5
```

4.11 如何找出数组中出现 1 次的数

【出自 XM 笔试题】

难度系数：★★★★☆　　　　**被考察系数：**★★★☆☆

题目描述：

一个数组里，除了三个数是唯一出现的，其余的数都出现偶数次，找出这三个数中的任意一个。比如数组序列为[1,2,4,5,6,4,2]，只有 1，5，6 这三个数字是唯一出现的，数字 2 与 4 均出现了偶数次（2 次），只需要输出数字 1，5，6 中的任意一个就行。

分析与解答：

根据题目描述可以得到如下几个有用的信息：

（1）数组中元素个数一定是奇数个；

（2）由于只有三个数字出现过一次，显然这三个数字不相同，因此，这三个数对应的二进制数也不可能完全相同。

由此可知，必定能找到二进制数中的某一个 bit 来区分这三个数（这一个 bit 的取值或者为 0，或者为 1），当通过这一个 bit 的值对数组进行分组的时候，这三个数一定可以被分到两个子数组中，并且其中一个子数组中分配了两个数字，而另一个子数组分配了一个数字，而其他出现两次的数字肯定是成对出现在子数组中的。此时我们只需要重点关注哪个子数组中分配了这三个数中的其中一个，就可以很容易地找出这个数字了。当数组被分成两个子数组时，这一个 bit 的值为 1 的数被分到一个子数组 subArray1，这一个 bit 的值为 0 的数被分到另外一个子数组 subArray0。

（1）如果 subArray1 中元素个数为奇数个，那么对 subArray1 中的所有数字进行异或操作；由于 a^a=0，a^0=a，出现两次的数字通过异或操作得到的结果为 0，然后再与只出现一次的数字执行异或操作，得到的结果就是只出现一次的数字。

（2）如果 subArray0 中元素个数为奇数个，那么对 subArray0 中所有元素进行异或操作得到的结果就是其中一个只出现一次的数字。

为了实现上面的思路，必须先找到能区分这三个数字的 bit 位，根据以上的分析给出本算法的实现思路：

以 32 位平台为例，一个 int 类型的数字占用 32 位空间，从右向左使用每一位对数组进行分组，分组的过程中，计算这个 bit 值为 0 的数字异或的结果 result0，出现的次数 count0；这个 bit 值为 1 的所有数字异或的结果 result1，出现的次数 count1。

如果 count0 是奇数且 result1！=0，那么说明这三个数中的其中一个被分配到这一 bit 为 0 的子数组中了，因此，这个子数组中所有数字异或的值 result0 一定是出现一次的数字。（如果 result1==0，说明这一个 bit 不能用来区分这三个数字，此时这三个数字都被分配到子数组 subArray0 中了，因此，result1！=0 就可以确定这一个 bit 可以被用来区分这三个数字的）。

同理，如果 count1 是奇数且 result0!=0，那么 result1 就是其中一个出现 1 次的数。

以[6,3,4,5,9,4,3]为例，出现 1 次的数字为 6（110）,5（101）,9（1001），从右向左第一位就可以区分这三个数字，用这个 bit 位可以把数字分成两个子数组 subArray0=(6,4,4)和 subArray1=(3,5,9,3)。subArray1 中所有元素异或的值不等于 0，说明出现 1 次的数字一定在 subArray1 中出现了，而 subArray0 中元素个数为奇数个，说明出现 1 次的数字，其中只有一个被分配到 subArray0 中了，所以，subArray0 中所有元素异或的结果一定就是这个出现 1 次的数字 6。实现代码如下：

```
# 判断数字 n 的二进制数从右往左数第 i 位是否为 1
def  isOne(n,i):
    return    (n&(1<<i)) == 1

def  findSingle(arr):
    size=len(arr)
    i=0
    while   i<32:
        result1 = result0 = count1 = count0 = 0
        j=0
        while   j < size:
            if   isOne(arr[j], i):
                result1 ^= arr[j]   # 第 i 位为 1 的值异或操作
                count1 +=1                # 第 i 位为 1 的数字个数
            else:
                result0^= arr[j] #  第 i 位为 0 的值异或操作
                count0 +=1                 # 第 i 位为 0 的值的个数
            j +=1
        i +=1
        """
        bit 值为 1 的子数组元素个数为奇数，且出现 1 次的数字被分配到 bit 值为
        0 的子数组，说明只有一个出现 1 次的数字被分配到 bit 值为 1 的子数组中，
        异或记过就是这个出现一次的数字
        """
        if   count1 % 2 == 1 and result0 !=0:
            return   result1
        # 只有一个出现一次的数字被分配到 bit 值为 0 的子数组中
        if   count0 % 2 ==1 and result1 !=0:
            return   result0
    return   -1

if  __name__=="__main__":
    arr=[6,3,4,5,9,4,3]
    result=findSingle(arr)
```

```
    if  result !=-1:
        print  result
    else:
        print  "没找到"
```

程序的运行结果为：

```
6
```

算法性能分析：

这种方法使用了两层循环，总共循环执行的次数为 32*N(N 为数组的长度)，因此，算法的时间复杂度为 O(N)。

4.12 如何对数组旋转

【出自 MT 笔试题】

难度系数：★★★☆☆ **被考察系数：**★★★☆☆

题目描述：

请实现方法：print_rotate_matrix(intmatrix,int n)，该方法用于将一个 n*n 的二维数组逆时针旋转 45°后打印，例如，下图显示一个 3*3 的二维数组及其旋转后屏幕输出的效果。

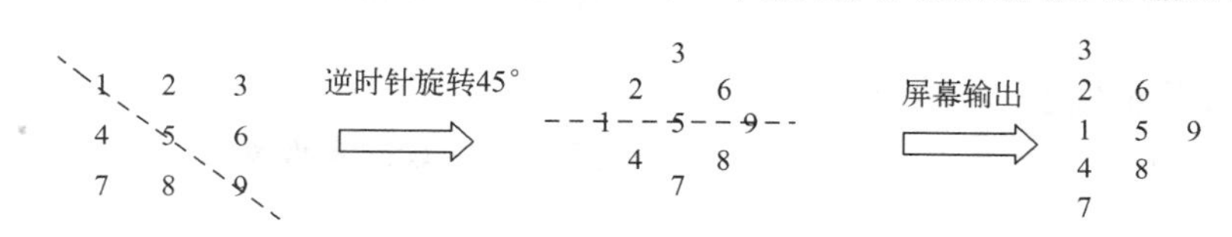

分析与解答：

本题的思路为：从右上角开始对数组中的元素进行输出，实现代码如下：

```
def  rotateArr(arr):
    lens=len(arr)
    # 打印二维数组右上半部分
    i=lens-1
    while  i>0:
        row=0
        col=i
        while  col<lens:
            print  arr[row][col],
            row +=1
            col +=1
        print  '\n'
        i -=1
    # 打印二维数组左下半部分（包括对角线）
    i=0
    while  i<lens:
        row=i
        col=0
        while  row <lens:
```

```
                print  arr[row][col],
                row +=1
                col +=1
            print  '\n'
            i +=1

if  __name__=="__main__":
    arr = [[1,2,3],[4,5,6],[7,8,9]]
    rotateArr(arr)
```

程序的运行结果为：

```
3
2 6
1 5 9
4 8
7
```

算法性能分析：

这种方法对数组中的每个元素都遍历了一次，因此，算法的时间复杂度为 $O(n^2)$。

4.13 如何在不排序的情况下求数组中的中位数

【出自 WR 面试题】

难度系数：★★★★☆　　　　**被考察系数：**★★★★☆

题目描述：

所谓中位数就是一组数据从小到大排列后中间的那个数字。如果数组长度为偶数，那么中位数的值就是中间两个数字相加除以 2，如果数组长度为奇数，那么中位数的值就是中间那个数字。

分析与解答：

根据定义，如果数组是一个已经排序好的数组，那么直接通过索引即可获取到所需的中位数。如果题目允许排序的话，那么本题的关键在于选取一个合适的排序算法对数组进行排序。一般而言，快速排序的平均时间复杂度较低，为 $O(Nlog_2^N)$，所以，如果采用排序方法的话，算法的平均时间复杂度为 $O(Nlog_2^N)$。

可是，题目要求，不许使用排序算法。那么前一种方法显然走不通。此时，可以换一种思路：分治的思想。快速排序算法在每一次局部递归后都保证某个元素左侧的元素的值都比它小，右侧的元素的值都比它大，因此，可以利用这个思路快速地找到第 N 大元素，而与快速排序算法不同的是，这种方法关注的并不是元素的左右两边，而仅仅是某一边。

根据快速排序的方法，可以采用一种类似快速排序的方法，找出这个中位数。具体而言，首先把问题转化为求一列数中第 i 小的数的问题，求中位数就是求一列数的第（length/2+1）小的数的问题（其中 length 表示的是数组序列的长度）。

当使用一次类快速排序算法后，分割元素的下标为 pos：

（1）当 pos>length/2 时，说明中位数在数组左半部分，那么继续在左半部分查找。

（2）当 pos==lengh/2 时，说明找到该中位数，返回 A[pos]即可。

（3）当 pos<length/2 时，说明中位数在数组右半部分，那么继续在数组右半部分查找。

以上默认此数组序列长度为奇数，如果为偶数就是调用上述方法两次找到中间的两个数求平均值。示例代码如下：

```
class Test:
    def __new__(self):
        self.pos=0
    # 以 arr[low]为基准把数组分成两部分
    def partition (self,arr,low,high):
        key = arr[low]
        while low < high:
            while low < high and arr[high] > key:
                high -=1
            arr[low] = arr[high]
            while low < high and arr[low] < key:
                low +=1
            arr[high] = arr[low]
        arr[low] = key
        self.pos = low

    def getMid(self,arr):
        low = 0
        n=len(arr)
        high = n - 1
        mid = (low + high) / 2
        while True:
            # 以 arr[low]为基准把数组分成两部分
            self.partition(arr, low, high)
            if self.pos == mid: # 找到中位数
                break
            elif self.pos>mid: # 继续在右半部分查找
                high = self.pos - 1
            else:              # 继续在左半部分查找
                low = self.pos + 1
        # 如果数组长度是奇数，中位数为中间的元素，否则就是中间两个数的平均值
        return arr[mid] if (n%2) != 0 else (arr[mid] + arr[mid + 1]) / 2

if __name__=="__main__":
    arr=[ 7, 5, 3, 1, 11, 9]
    print Test().getMid(arr)
```

程序的运行结果为：

```
6
```

算法性能分析：

这种方法在平均情况下的时间复杂度为 O(N)。

4.14 如何求集合的所有子集

【出自 TX 笔试题】

难度系数：★★★★☆ **被考察系数：★★★★☆**

题目描述：

有一个集合，求其全部子集（包含集合自身）。给定一个集合 s，它包含两个元素<a,b>，则其全部的子集为<a,ab,b>。

分析与解答：

根据数学性质分析，不难得知，子集个数 Sn 与原集合元素个数 n 之间的关系满足如下等式：Sn=2^n−1。

方法一：位图法

具体步骤如下所示。

（1）构造一个和集合一样大小的数组 A，分别与集合中的某个元素对应，数组 A 中的元素只有两种状态："1"和"0"，分别代表每次子集输出中集合中对应元素是否要输出，这样数组 A 可以看作是原集合的一个标记位图。

（2）数组 A 模拟整数"加 1"的操作，每执行"加 1"操作之后，就将原集合中所有与数组 A 中值为"1"的相对应的元素输出。

设原集合为<a,b,c,d>，数组 A 的某次"加 1"后的状态为[1,0,1,1]，则本次输出的子集为<a,c,d>。使用非递归的思想，如果有一个数组，大小为 n，那么就使用 n 位的二进制，如果对应的位为 1，那么就输出这个位，如果对应的位为 0，那么就不输出这个位。

例如集合{a, b, c}的所有子集可表示如下：

集　合	二进制表示
{}(空集)	0 0 0
{a}	0 0 1
{b}	0 1 0
{c}	1 0 0
{a, b}	0 1 1
{a, c}	1 0 1
{b, c}	1 1 0
{a, b, c}	1 1 1

算法的重点是模拟数组加 1 的操作。数组可以一直加 1，直到数组内所有元素都是 1。实现代码如下：

```
def  getAllSubset(array,mask,c):
    length=len(array)
    if  length == c:
        print  "{",
        i=0
        while  i<length:
```

```
                if  mask[i] ==1:
                    print  array[i],
                i +=1
            print  "}"
        else:
            mask[c] = 1
            getAllSubset(array, mask, c + 1)
            mask[c] = 0
            getAllSubset(array, mask, c + 1)

if  __name__=="__main__":
    array = ['a', 'b', 'c']
    mask =[0,0,0]
    getAllSubset(array, mask, 0)
```

程序的运行结果为：

```
{ a b c }
{ a b }
{ a c }
{ a }
{ b c }
{ b }
{ c }
{ }
```

该方法的缺点在于如果数组中有重复数时，这种方法将会得到重复的子集。

算法性能分析：

这种方法的时间复杂度为 $O(N*2^N)$，空间复杂度 O(N)。

方法二、迭代法

采用迭代算法的具体过程如下：

假设原始集合 s=<a,b,c,d>，子集结果为 r：

第一次迭代：

r=<a>

第二次迭代：

r=<a ab b>

第三次迭代：

r=<a ab b ac abc bc c>

第四次迭代：

r=<a ab b ac abc bc c ad abd bd acd abcd bcd cd d>

每次迭代，都是上一次迭代的结果+上次迭代结果中每个元素都加上当前迭代的元素+当前迭代的元素。

实现代码如下：

```
def  getAllSubset(str):
    if  str==None or len(str)<1:
```

```
            print  "参数不合理"
            return  None
        arr=[]
        arr.append(str[0:1])
        i=1
        while  i<len(str):
            lens=len(arr)
            j=0
            while  j<lens:
                arr.append(arr[j]+str[i])
                j +=1
            arr.append(str[i:i+1])
            i +=1
        return  arr

if  __name__=="__main__":
    result=getAllSubset("abc")
    i=0
    while  i<len(result):
        print  result[i]
        i +=1
```

程序的运行结果为：

```
a
ab
b
ac
abc
bc
c
```

根据上述过程可知，第 k 次迭代的迭代次数为：2^k-1。需要注意的是，$n \geqslant k \geqslant 1$，迭代 n 次，总的遍历次数为：$2^{n+1}-(2+n), n \geqslant 1$，所以，本方法的时间复杂度为 $O(2^n)$。

由于在该算法中，下一次迭代过程都需要上一次迭代的结果，而最后一次迭代之后就没有下一次了。因此，假设原始集合有 n 个元素，则在迭代过程中，总共需要保存的子集个数为 $2^{n-1}-1$，$n \geqslant 1$。但需要注意的是，这里只考虑了子集的个数，每个子集元素的长度都被视为 1。

其实，比较上述两种方法，不难发现，第一种方法可以看作是用时间换空间，而第二种方法可以看作是用空间换时间。

4.15 如何对数组进行循环移位

【出自 TX 面试题】

难度系数：★★★☆☆　　**被考察系数：**★★★☆☆

题目描述：

把一个含有 N 个元素的数组循环右移 K(K 是正数)位，要求时间复杂度为 O(N)，且只允许使用两个附加变量。

分析与解答：

由于有空间复杂度的要求，因此，只能在原数组中就地进行右移。

方法一：蛮力法

蛮力法也是最简单的方法，题目中需要将数组元素循环右移 K 位，只需要每次将数组中的元素右移一位，循环 K 次即可。例如，假设原数组为 abcd1234，那么，按照此种方式，具体移动过程如下所示：abcd1234→4abcd123→34abcd12→234abcd1→1234abcd。

此种方法也很容易写出代码。示例代码如下：

```
def  rightShift(arr,k):
    if  arr == None:
        print  "参数不合法"
        return
    lens = len(arr)
    while  k !=0:
        tmp = arr[lens - 1]
        i =lens-1
        while  i>0:
            arr[i] = arr[i - 1]
            i -=1
        arr[0] = tmp
        k -=1

if  __name__=="__main__":
    k = 4
    arr= [1, 2, 3, 4, 5, 6, 7, 8]
    rightShift(arr, k)
    i=0
    while  i<len(arr):
        print  arr[i],
        i +=1
```

程序的运行结果为：

```
5 6 7 8 1 2 3 4
```

以上方法虽然可以实现数组的循环右移，但是由于每移动一次，其时间复杂度就为 O(N)，所以，移动 K 次，其总的时间复杂度为 O(K*N)，0<K<N，与题目要求的 O(N)不符合，需要继续往下探索。

对于上述代码,需要考虑到，K 不一定小于 N，有可能等于 N，也有可能大于 N。当 K>N 时，右移 K-N 之后的数组序列跟右移 K 位的结果一样，所以，当 K>N 时，右移 K 位与右移 K'（其中 K'= K % N）位等价，根据以上分析，相对完备的代码如下：

```
def  rightShift(arr,k):
    if  arr == None:
        print  "参数不合法"
        return
```

```
        lens = len(arr)
        k %= lens
        while   k!= 0:
            t = arr[lens - 1];
            i=lens-1
            while   i>0:
                arr[i] = arr[i - 1]
                i -=1
            arr[0] = t
            k -=1

if  __name__=="__main__":
        k = 4;
        arr= [1, 2, 3, 4, 5, 6, 7, 8]
        rightShift(arr, k)
        i=0
        while   i<len(arr):
            print   arr[i],
            i +=1
```

算法性能分析：

上例中，算法的时间复杂度为 $O(N^2)$，与 K 值无关，但时间复杂度仍然太高，是否还有其他更好的方法呢？

仔细分析上面的方法，不难发现，上述方法的移动采取的是一步一步移动的方式，可是问题是，题目中已经告知了需要移动的位数为 K，为什么不能一步到位呢？

方法二、空间换时间法

通常情况下，以空间换时间往往能够降低时间复杂度，本题也不例外。

首先定义一个辅助数组 T，把数组 A 的第 N−K+1 到 N 位数组中的元素存储到辅助数组 T 中，然后再把数组 A 中的第 1 到 N−K 位数组元素存储到辅助数组 T 中，然后将数组 T 中的元素复制回数组 A，这样就完成了数组的循环右移，此时的时间复杂度 O(N)。

虽然时间复杂度满足要求，但是空间复杂度却提高了，由于需要创建一个新的数组，所以，此时的空间复杂度 O(N)，鉴于此，还可以对此方法继续优化。

方法三：翻转法

把数组看成由两段组成的，记为 XY。左旋转相当于要把数组 XY 变成 YX。先在数组上定义一种翻转的操作，就是翻转数组中数字的先后顺序。把 X 翻转后记为 X^T。显然有 $(X^T)^T=X$。

首先对 X 和 Y 两段分别进行翻转操作，这样就能得到 X^TY^T。接着再对 X^TY^T 进行翻转操作，得到 $(X^TY^T)^T=(Y^T)^T(X^T)^T=YX$。正好是期待的结果。

回到原来的题目。要做的仅仅是把数组分成两段，再定义一个翻转子数组的函数，按照前面的步骤翻转三次就行了。时间复杂度和空间复杂度都合乎要求。

对于数组序列 A=[123456]，如何实现对其循环右移 2 位的功能呢？将数组 A 分成两个部分：A[0～N−K−1] 和 A[N−K～N−1]，将这两个部分分别翻转，然后放在一起再翻转（反序）。具体是这样的：

（1）翻转 1234：123456 ---> 432156

（2）翻转 56：432156 ---> 432165

（3）翻转 432165：432165 ---> 561234

示例代码如下：

```
def   reverse(arr,start,end):
      while   start<end:
            temp = arr[start]
            arr[start] = arr[end]
            arr[end] = temp
            start +=1
            end -=1

def   rightShift(arr,k):
      if   arr == None:
            print   "参数不合法"
            return
      lens = len(arr)
      k %= lens
      reverse(arr, 0, lens - k - 1)
      reverse(arr, lens - k, lens - 1)
      reverse(arr, 0, lens - 1)

if   __name__=="__main__":
      k = 4
      arr= [1, 2, 3, 4, 5, 6, 7, 8]
      rightShift(arr, k)
      i=0
      while   i<len(arr):
            print   arr[i],
            i +=1
```

算法性能分析：

此时的时间复杂度为 O(N)。主要是完成翻转（逆序）操作，并且只用了一个辅助空间。

引申：上述问题中 K 不一定为正整数，有可能为负整数。当 K 为负整数的时候，右移 K 位，可以理解为左移（-K）位，所以，此时可以将其转换为能够求解的情况。

4.16 如何在有规律的二维数组中进行高效的数据查找

【出自 TX 面试题】

难度系数：★★★★☆　　　　**被考察系数：★★★★☆**

题目描述：

在一个二维数组中，每一行都按照从左到右递增的顺序排序，每一列都按照从上到下递增的顺序排序。请实现一个函数，输入这样的一个二维数组和一个整数，判断数组中是否含有该整数。

例如下面的二维数组就是符合这种约束条件的。如果在这个数组中查找数字 7，由于数组中含有该数字，则返回 True；如果在这个数组中查找数字 5，由于数组中不含有该数字，则返回 False。

1	2	8	9
2	4	9	12
4	7	10	13
6	8	11	15

分析与解答：

最简单的方法就是对二维数组进行顺序遍历，然后判断待查找元素是否在数组中，这种方法的时间复杂度为 O(M*N)，其中，M，N 分别为二维数组的行数和列数。

虽然上述方法能够解决问题，但这种方法显然没有用到二维数组中数组元素有序的特点，因此，该方法肯定不是最好的方法。

此时需要转换一种思路进行思考，一般情况下，当数组中元素有序的时候，二分查找是一个很好的方法，对于本题而言，同样适用二分查找，实现思路如下：

给定数组 array（行数：rows，列数：columns，待查找元素：data），首先，遍历数组右上角的元素（i=0，j=columns-1），如果 array[i][j] == data，则在二维数组中找到了 data，直接返回；如果 array[i][j]> data，则说明这一列其他的数字也一定大于 data，因此，没有必要在这一列继续查找了，通过 j-操作排除这一列。同理，如果 array[i][j]<data，则说明这一行中其他数字也一定比 data 小，因此，没有必要再遍历这一行了，可以通过 i+操作排除这一行。依次类推，直到遍历完数组结束。

实现代码如下：

```
def  findWithBinary(array,data):
    if  array==None:
        return  False
    # 从二维数组右上角元素开始遍历
    i = 0
    rows=len(array)
    columns = len(array[0])
    j = columns - 1
    while  i< rows and j >= 0:
        # 在数组中找到 data，返回
        if  array[i][j] == data:
            return  True
        # 当前遍历到数组中的值大于 data，data 肯定不在这一列中
        elif  array[i][j] > data:
            j -=1
        # 当前遍历到数组中的值小于 data，data 肯定不在这一行中
        else:
            i +=1
    return  False

if  __name__=="__main__":
```

```
array=[[0, 1, 2, 3, 4 ],
        [10, 11, 12, 13, 14],
        [20, 21, 22, 23, 24],
        [30, 31, 32, 33, 34],
        [40, 41, 42, 43, 44]]
print  findWithBinary(array, 17)
print  findWithBinary(array, 14)
```

程序的运行结果为：

```
false
true
```

算法性能分析：

这种方法主要从二维数组的右上角遍历到左下角，因此，算法的时间复杂度为 O(M+N)，此外，这种方法没有申请额外的存储空间。

4.17 如何寻找最多的覆盖点

【出自 BD 笔试题】

难度系数：★★★☆☆　　　　**被考察系数：**★★★★☆

题目描述：

坐标轴上从左到右依次的点为 a[0]、a[1]、a[2]…a[n−1]，设一根木棒的长度为 L，求 L 最多能覆盖坐标轴的几个点？

分析与解答：

本题求满足 a[j]−a[i] <= L && a[j+1]−a[i] > L 这两个条件的 j 与 i 中间的所有点个数中的最大值，即 j−i+1 最大，这样题目就简单多了，方法也很简单：直接从左到右扫描，使用两个索引 i 和 j，i 从位置 0 开始，j 从位置 1 开始，如果 a[j] − a[i]≤L，则 j+前进，并记录中间经过的点的个数，如果 a[j] − a[i] > L，则 j−回退，覆盖点个数−1，回到刚好满足条件的时候，将满足条件的最大值与前面找出的最大值比较，记录下当前的最大值，然后执行 i+、j+，直到求出最大的点个数。

有两点需要注意，如下所示：

（1）这里可能不存在 i 和 j 使得 a[j] − a[i]刚好等于 L 的情况发生，所以，判断条件不能为 a[j] − a[i] == L。

（2）可能存在不同的覆盖点但覆盖的长度相同的情况发生，此时只选取第一次覆盖的点。

实现代码如下：

```
def  maxCover(a,L):
    count = 2
    maxCount = 1   # 最长覆盖的点数
    start = 0   # 覆盖坐标的起始位置
    n = len(a)
    i = 0
    j = 1
```

```
        while   i < n and j < n:
            while   (j < n) and (a[j] - a[i] <= L):
                j +=1
                count +=1
            j -=1
            count -=1
            if   count>maxCount:
                start = i
                maxCount = count
            i +=1
            j +=1
        print   "覆盖的坐标点: ",
        i=start
        while   i < start + maxCount:
            print   a[i],
            i +=1
        print   '\n'
        return   maxCount

    if   __name__=="__main__":
        a= [1, 3, 7, 8, 10, 11, 12, 13, 15, 16, 17, 19, 25]
        print   "最长覆盖点数:"+ str(maxCover(a, 8))
```

程序的运行结果为：

```
覆盖的坐标点: 7 8 10 11 12 13 15
最长覆盖点数:7
```

算法性能分析：

这种方法的时间复杂度为 O(N)，其中，N 为数组的长度。

4.18 如何判断请求能否在给定的存储条件下完成

【出自 BD 笔试题】

难度系数：★★★☆☆　　　　**被考察系数：**★★★★☆

题目描述：

给定一台有 m 个存储空间的机器，有 n 个请求需要在这台机器上运行，第 i 个请求计算时需要占 R[i]空间，计算结果需要占 O[i]个空间（O[i] < R[i]）。请设计一个算法，判断这 n 个请求能否全部完成？若能，给出这 n 个请求的安排顺序。

分析与解答：

这道题的主要思路为：首先对请求按照 R[i]−O[i]由大到小进行排序，然后按照由大到小的顺序进行处理，如果按照这个顺序能处理完，则这 n 个请求能被处理完，否则处理不完。那么请求 i 能完成的条件是什么呢？在处理请求 i 的时候前面所有的请求都已经处理完成，那么它们所占的存储空间为 O(0)+ O(1)+…+ O(i−1)，那么剩余的存储空间 left 为 left=m−(O(0)+ O(1)+…+ O(i−1))，要使请求 i 能被处理，则必须满足 left>=R[i]，只要剩余的存储空间能存放的下 R[i]，那么在请求处理完成后就可以删除请求从而把处理的结果放到存储空间中，由于 O[i] < R[i]，此时必定有空间存放 O[i]。

至于为什么用 R[i]-O[i]由大到小的顺序来处理，请看下面的分析：

假设第一步处理 R[i]-O[i]最大的值。使用归纳法（假设每一步都取剩余请求中 R[i]-O[i]最大的值进行处理），假设 n=k 时能处理完成，那么当 n=k+1 时，由于前 k 个请求是按照 R[i]-O[i]从大到小排序的，在处理第 k+1 个请求时，此时需要的空间为 A=O[1]+...+O[i]+...+ O[k]+ R[k+1]，只有 A<=m 的时候才能处理第 k+1 个请求。假设我们把第 k+1 个请求和前面的某个请求 i 换换位置，即不按照 R[i]-O[i]由大到小的顺序来处理，在这种情况下，第 k+1 个请求已经被处理完成，接着要处理第 i 的请求，此时需要的空间为 B= O[1]+...+O[i-1]+ O[k+1]+O[i+1]+...+R[i]，如果 B>A，则说明按顺序处理成功的可能性更大（越往后处理剩余的空间越小，请求需要的空间越小越好）；如果 B<A，则说明不按顺序更好。根据 R[i]-O[i]有序的特点可知：R[i]-O[i]>=R[k+1]-O[k+1]，即 O[k+1]+R[i]>=O[i]+R[k+1]，所以，B>=A，因此，可以得出结论：方案 B 不会比方案 A 更好。即方案 A 是最好的方案，也就是说按照 R[i]-O[i]从大到小排序处理请求，成功的可能性最大。如果按照这个序列都无法完成请求序列，那么任何顺序都无法实现全部完成，实现代码如下：

```
def swap(arr,i,j):
    tmp = arr[i]
    arr[i] = arr[j]
    arr[j] = tmp

# 按照 R[i]-O[i]由大到小进行排序
def bubbleSort(R,O):
    lens = len(R)
    i=0
    while i<lens-1:
        j=lens-1
        while j>i:
            if R[j] - O[j] > R[j - 1] - O[j - 1]:
                swap(R,j,j - 1)
                swap(O,j,j - 1)
            j -=1
        i +=1

def schedule(R,O,M):
    bubbleSort(R,O)
    left = M  # 剩余可用的空间数
    lens = len(R)
    i=0
    while i<lens:
        if left<R[i]: # 剩余的空间无法继续处理第 i 个请求
            return False
        else:  # 剩余的空间能继续处理第 i 个请求，处理完成后将占用 O[i]个空间
            left -= O[i]
        i +=1
    return True
```

```
if  __name__=="__main__":
    R=[10, 15, 23, 20, 6, 9, 7, 16]
    O=[2, 7, 8, 4, 5, 8, 6, 8]
    N = 8
    M = 50
    scheduleResult = schedule(R, O, M)
    if  scheduleResult:
        print  "按照如下请求序列可以完成："
        i=0
        while  i<N:
            print  str(R[i])+","+str(O[i])+"  ",
            i +=1
    else:
        print  "无法完成调度"
```

程序的运行结果为：

```
按照如下请求序列可以完成：
20,4  23,8  10,2  15,7  16,8  6,5  9,8  7,6
```

算法性能分析：

这种方法的时间复杂度为 $O(N^2)$。

4.19 如何按要求构造新的数组

【出自 BD 笔试题】

难度系数：★★★☆☆　　　　**被考察系数：**★★★★☆

题目描述：

给定一个数组 a[N]，希望构造一个新的数组 b[N]，其中，b[i]=a[0]*a[1]*...*a[N−1]/a[i]。在构造数组的过程中，有如下几点要求：

（a）不允许使用除法；

（b）要求 O(1)空间复杂度和 O(N)时间复杂度；

（c）除遍历计数器与 a[N]、b[N]外，不可以使用新的变量（包括栈临时变量、堆空间和全局静态变量等）；

（d）请用程序实现并简单描述。

分析与解答：

如果没有时间复杂度与空间复杂度的要求，算法将非常简单，首先遍历一遍数组 a，计算数组 a 中所有元素的乘积，并保存到一个临时变量 tmp 中，然后再遍历一遍数组 a 并给数组赋值：b[i]=tmp/a[i]，但是这种方法使用了一个临时变量，因此，不满足题目的要求，下面介绍另外一种方法。

在计算 b[i]的时候，只要将数组 a 中除了 a[i]以外的所有值相乘即可。这种方法的主要思路为：首先遍历一遍数组 a，在遍历的过程中对数组 b 进行赋值：b[i]= a[i−1]*b[i−1]，这样经过一次遍历后，数组 b 的值为 b[i]=a[0]*a[1]*…*a[i−1]。此时只需要将数组中的值 b[i]再乘以

a[i+1]*a[i+2]*…a[N−1]，实现方法为逆向遍历数组 a，把数组后半段值的乘积记录到 b[0]中，通过 b[i]与 b[0]的乘积就可以得到满足题目要求的 b[i]，具体而言，执行 b[i] = b[i] *b[0]（首先执行的目的是为了保证在执行下面一个计算的时候，b[0]中不包含与 b[i]的乘积），接着记录数组后半段的乘积到 b[0]中：b[0] *= b[0] * a[i]。

实现代码如下：

```
def  calculate(a,b):
    b[0] = 1
    N = len(a)
    i=1
    while  i<N:
        b[i] = b[i - 1] * a[i - 1]   # 正向计算乘积
        i +=1
    b[0] = a[N - 1]
    i=N-2
    while  i>=1:
        b[i] *= b[0]
        b[0] *= a[i]       # 逆向计算乘积
        i -=1

if  __name__=="__main__":
    a=[1, 2, 3, 4, 5, 6, 7, 8, 9, 10]
    b =[None]*len(a)
    calculate(a, b)
    i=0
    while  i<len(b):
        print  b[i],
        i +=1
```

程序的运行结果为：

```
3628800 1814400 1209600 907200 725760 604800 518400 453600 403200 362880
```

4.20 如何获取最好的矩阵链相乘方法

【出自 XM 面试题】

难度系数：★★★★☆　　　　被考察系数：★★★★☆

题目描述：

给定一个矩阵序列，找到最有效的方式将这些矩阵相乘在一起。给定表示矩阵链的数组 p，使得第 i 个矩阵 A i 的维数为 p [i-1]×p [i]。编写一个函数 MatrixChainOrder()，该函数应该返回乘法运算所需的最小乘法数。

输入：p = (40，20，30，10，30)

输出：26000

有 4 个大小为 40×20，20×30，30×10 和 10×30 的矩阵。假设这四个矩阵为 A、B、C 和 D，该函数的执行方法可以使执行乘法运算的次数最少。

分析与解答：

该问题实际上并不是执行乘法，而只是决定以哪个顺序执行乘法。由于矩阵乘法是关联的，所以我们有很多选择来进行矩阵链的乘法运算。换句话说，无论我们采用哪种方法来执行乘法，结果将是一样的。例如，如果我们有四个矩阵 A、B、C 和 D，可以有如下几种执行乘法的方法：

（ABC）D =（AB）（CD）= A（BCD）= ....

虽然这些方法的计算结果相同。但是，不同的方法需要执行乘法的次数是不相同的，因此效率也是不相同的。例如，假设 A 是 10×30 矩阵，B 是 30×5 矩阵，C 是 5×60 矩阵。那么，（AB）C 的执行乘法运算的次数为（10×30×5）+（10×5×60）= 1500 + 3000 = 4500 次。

A（BC）的执行乘法运算的次数为（30×5×60）+（10×30×60）= 9000 + 18000 = 27000 次。

显然，第一种方法需要执行更少的乘法运算，因此效率更高。

对于本题中示例而言，执行乘法运算的次数最少的方法如下：

（A（BC））D 的执行乘法运算的次数为 20 * 30 * 10 + 40 * 20 * 10 + 40 * 10 * 30。

方法一：递归法

最简单的方法就是在所有可能的位置放置括号，计算每个放置的成本并返回最小值。在大小为 n 的矩阵链中，我们可以以 n-1 种方式放置第一组括号。例如，如果给定的链是 4 个矩阵。（A）（BCD），（AB）（CD）和（ABC）（D）中，有三种方式放置第一组括号。每个括号内的矩阵链可以被看作较小的子问题。因此，可以使用递归方便地求解。递归的实现代码如下：

```
def  MatrixChainOrder (p,i,j):
    if  i == j:
        return  0
    mins = 2**32
    """
通过把括号放在第一个不同的地方来获取最小的代价
每个括号内可以递归地使用相同的方法来计算
    """
    k=i
    while  k<j:
        count = MatrixChainOrder (p, i, k) + \
        MatrixChainOrder (p, k+1, j) + \
        p[i-1]*p[k]*p[j]
        if  count < mins:
            mins = count
        k +=1
    return  mins

if  __name__=="__main__":
    arr=[1, 5, 2, 4, 6]
    n = len(arr)
    print  "最少的乘法次数为  "+str(MatrixChainOrder(arr, 1, n-1))
```

程序的运行结果为：

```
最少的乘法次数为 42
```

这种方法的时间复杂度是指数级的。可以注意到，这种算法会对一些子问题进行重复的计算。例如在计算（A）（BCD）这种方案的时候会计算 C*D 的代价，而在计算（AB）（CD）这种方案的时候又会重复计算 C*D 的代价。显然子问题是有重叠的，对于这种问题，通常可以用动态规划的方法来降低时间复杂度。

方法二：动态规划

典型的动态规划的方法是使用自下而上的方式来构造临时数组来保存子问题的中间结果，从而可以避免大量重复的计算。实现代码如下：

```
def  MatrixChainOrder (p,n):
    cost =[([None]*n)  for  i  in  range(n)]
    i=1
    while  i<n:
        cost[i][i] = 0
        i +=1
    cLen=2
    while  cLen<n:
        i=1
        while  i<n-cLen+1:
            j = i+cLen-1
            cost[i][j] = 2**31
            k=i
            while  k<=j-1:
                q = cost[i][k] + cost[k+1][j] + p[i-1]*p[k]*p[j]
                if  (q < cost[i][j]):
                    cost[i][j] = q
                k +=1
            i +=1
        cLen +=1
    return  cost[1][n-1]

if  __name__=="__main__":
    arr= [1, 5, 2, 4, 6]
    n = len(arr)
    print  "最少的乘法次数为 "+str(MatrixChainOrder (arr, n))
```

算法性能分析：

这种方法的时间复杂度为 $O(n^3)$，空间复杂度为 $O(n^2)$。

4.21 如何求解迷宫问题

【出自 YNX 笔试题】

难度系数：★★★★☆　　　　**被考察系数：**★★★★☆

题目描述：

给定一个大小为 N×N 的迷宫，一只老鼠需要从迷宫的左上角（对应矩阵的[0][0]）走到迷宫的右下角（对应矩阵的[N-1][N-1]），老鼠只能向两方向移动：向右或向下。在迷宫中，0 表示没有路（是死胡同），1 表示有路。例如：给定下面的迷宫：

1	0	0	0
1	**1**	0	1
0	**1**	0	0
1	**1**	**1**	**1**

图中标粗的路径就是一条合理的路径。请给出算法来找到这么一条合理路径。

分析与解答：

最容易想到的方法就是尝试所有可能的路径，找出可达的一条路。显然这种方法效率非常低下，这里重点介绍一种效率更高的回溯法。主要思路为：当碰到死胡同的时候，回溯到前一步，然后从前一步出发继续寻找可达的路径。算法的主要框架为：

```
申请一个结果矩阵来标记移动的路径
if   到达了目的地
打印解决方案矩阵
else
（1）在结果矩阵中标记当前为 1（1 表示移动的路径）。
（2）向右前进一步，然后递归地检查，走完这一步后，判断是否存在到终点的可达的路线。
（3）如果步骤（2）中的移动方法导致没有通往终点的路径，那么选择向下移动一步，然后检查使用这种移动方法后，是否存在到终点的可达的路线。
（4）如果上面的移动方法都会导致没有可达的路径，那么标记当前单元格在结果矩阵中为 0，返回 false，并回溯到前一步中。
```

根据以上框架很容易进行代码实现。示例代码如下：

```
class    Maze:
    def    __init__(self):
        self.N= 4
    # 打印从起点到终点的路线
    def    printSolution(self,sol):
        i=0
        while    i<self.N:
            j=0
            while    j < self.N:
                print    sol[i][j],
                j +=1
            print    '\n'
            i +=1
    # 判断 x 和 y 是否是一个合理的单元
    def    isSafe(self,maze,x,y):
        return    x >= 0 and x < self.N and y >= 0 and \
                y < self.N and maze[x][y] == 1
    """
    使用回溯的方法找到一条从左上角到右下角的路径
    maze 表示迷宫, x、y 表示起点，sol 存储结果
    """
```

```
    def getPath(self,maze,x,y,sol):
        # 到达目的地
        if x == self.N - 1 and y == self.N - 1:
            sol[x][y] = 1
            return True
        # 判断 maze[x][y]是否是一个可走的单元
        if self.isSafe(maze, x, y):
            # 标记当前单元为 1
            sol[x][y] = 1
            # 向右走一步
            if self.getPath(maze, x + 1, y, sol):
                return True
            # 向下走一步
            if self.getPath(maze, x, y + 1, sol):
                return True
            # 标记当前单元为 0 用来表示这条路不可行，然后回溯
            sol[x][y] = 0
            return False
        return False

if __name__=="__main__":
    rat =Maze()
    maze=[[1, 0, 0, 0],
          [1, 1, 0, 1],
          [0, 1, 0, 0],
          [1, 1, 1, 1]]
    sol=[[0, 0, 0, 0],
         [0, 0, 0, 0],
         [0, 0, 0, 0],
         [0, 0, 0, 0]]
    if not rat.getPath(maze, 0, 0, sol):
        print "不存在可达的路径"
    else:
        rat.printSolution(sol)
```

程序的运行结果为：

```
1  0  0  0
1  1  0  0
0  1  0  0
0  1  1  1
```

4.22 如何从三个有序数组中找出它们的公共元素

【出自 YMX 笔试题】

难度系数：★★★★☆　　　　被考察系数：★★★☆☆

题目描述：

给定以非递减顺序排序的三个数组，找出这三个数组中的所有公共元素。例如，给出下

面三个数组：ar1= [2, 5, 12, 20, 45, 85]，ar2= [16, 19, 20, 85, 200]，ar3= [3, 4, 15, 20, 39, 72, 85, 190]。那么这三个数组的公共元素为[20，85]。

分析与解答：

最容易想到的方法是首先找出两个数组的交集，然后再把这个交集存储在一个临时数组中，最后再找出这个临时数组与第三个数组的交集。这种方法的时间复杂度为 O(N1 + N2 + N3)，其中 N1、N2 和 N3 分别为三个数组的大小。这种方法不仅需要额外的存储空间，而且还需要额外的两次循环遍历。下面介绍另外一种只需要一次循环遍历、而且不需要额外存储空间的方法，主要思路为:

假设当前遍历的三个数组的元素分别为 ar1[i]、ar2[j]、ar3[k]，则存在以下几种可能性：

（1）如果 ar1[i]、ar2[j]和 ar3[k]相等，则说明当前遍历的元素是三个数组的公共元素，可以直接打印出来，然后通过执行 i+，j+，k+，使三个数组同时向后移动，此时继续遍历各数组后面的元素。

（2）如果 ar1[i]<ar2[j]，则执行 i+来继续遍历 ar1 中后面的元素，因为 ar1[i]不可能是三个数组公共的元素。

（3）如果 ar2[j]<ar3[k]，同理可以通过 j+来继续遍历 ar2 后面的元素。

（4）如果前面的条件都不满足，说明 ar1[i]>ar2[j]而且 ar2[j]>ar3[k]，此时可以通过 k+来继续遍历 ar3 后面的元素。

实现代码如下：

```
def   findCommon(ar1,ar2,ar3):
    i = 0
    j = 0
    k = 0
    n1=len(ar1)
    n2=len(ar2)
    n3=len(ar3)
    # 遍历三个数组
    while    i < n1 and j < n2 and k < n3:
        # 找到了公共元素
        if   ar1[i] == ar2[j] and ar2[j] == ar3[k]:
            print   ar1[i],
            i +=1
            j +=1
            k +=1
        # ar[i]不可能是公共元素
        elif   ar1[i] < ar2[j]:
            i +=1
        # ar2[j]不可能是公共元素
        elif   ar2[j] < ar3[k]:
            j +=1
        # ar3[k]不可能是公共元素
        else:
            k +=1

if   __name__=="__main__":
```

```
ar1=[2, 5, 12, 20, 45, 85]
ar2=[16, 19, 20, 85, 200]
ar3=[3, 4, 15, 20, 39, 72, 85, 190]
findCommon(ar1, ar2, ar3)
```

程序的运行结果为：

```
20 85
```

算法性能分析：

这种方法的时间复杂度为 O(N1 + N2 + N3)。

4.23 如何求两个有序集合的交集

【出自 WY 笔试题】

难度系数：★★★★☆　　　　**被考察系数：**★★★★☆

题目描述：

有两个有序的集合，集合中的每个元素都是一段范围，求其交集，例如集合{[4,8],[9,13]}和{[6,12]}的交集为{[6,8],[9,12]}。

分析与解答：

方法一：蛮力法

最简单的方法就是遍历两个集合，针对集合中的每个元素判断是否有交集，如果有，则求出它们的交集，实现代码如下：

```
class   MySet:
        def   __init__(self,mins,maxs):
              self.mins=mins
              self.maxs= maxs
        def   getMin(self) :
              return   self.mins
        def   setMin(self,mins):
              self.mins=mins
        def   getMax(self):
              return   self.maxs
        def   setMax(self,maxs):
              self.maxs = maxs

def   getIntersection(s1,s2):
      if   s1.getMin()<s2.getMin():
            if   s1.getMax()<s2.getMin():
                  return   None
            elif   s1.getMax()<=s2.getMax():
                  return   MySet(s2.getMin(),s1.getMax())
            else:
                           return   MySet(s2.getMin(),s2.getMax())
      elif   s1.getMin()<=s2.getMax():
            if   s1.getMax()<=s2.getMax():
```

```
                return  MySet(s1.getMin(),s1.getMax())
            else:
                return  MySet(s1.getMin(),s2.getMax())
        else:
            return  None

def  getIntersection2(l1,l2):
    result=[]
    i=0
    while  i<len(l1):
        j=0
        while  j<len(l2):
            s=getIntersection(l1[i],l2[j])
            if  s!=None:
                result.append(s)
            j +=1
        i +=1
    return  result

if  __name__=="__main__":
    l1=[]
    l2=[]
    l1.append(MySet(4,8))
    l1.append(MySet(9,13))
    l2.append(MySet(6,12))
    result=getIntersection2(l1,l2)
    i=0
    while  i<len(result):
        print  "["+str(result[i].getMin())+","+str(result[i].getMax()) + "] "
        i +=1
```

代码运行结果为：

```
[6,8]
[9,12]
```

算法性能分析：

这种方法的时间复杂度为 $O(n^2)$。

方法二：特征法

上述这种方法显然没有用到集合有序的特点，因此，它不是最佳的方法。假设两个集合为 s1，s2。当前比较的集合为 s1[i]和 s2[j]，其中，i 与 j 分别表示的是集合 s1 与 s2 的下标。可以分为如下几种情况：

1）s1 集合的下界小于 s2 的上界，如下图所示：

s1[i]　————

s2[j]　　　　　————

在这种情况下，s1[i]和 s2[j]显然没有交集，那么接下来只有 s1[i+1]与 s2[j]才有可能会有交集。

2）s1 的上界介于 s2 的下界与上界之间，如下图所示：

s1[i]　　————

s2[j]　　　　————

在这种情况下，s1[i]和 s2[j]有交集（s2[j]的下界和 s1[i]的上界），那么接下来只有 s1[i+1]与 s2[j]才有可能会有交集。

3）s1 包含 s2，如下图所示：

s1[i]　　————————

s2[j]　　　　————

在这种情况下，s1[i]和 s2[j]有交集（交集为 s2[j]），那么接下来只有 s1[i]与 s2[j+1]才有可能会有交集。

4）s2 包含 s1，如下图所示：

s1[i]　　　————

s2[j]　　——————

在这种情况下，s1[i]和 s2[j]有交集（交集为 s1[i]），那么接下来只有 s1[i+1]与 s2[j]才有可能会有交集。

5）s1 的下界介于 s2 的下界与上界之间，如下图所示：

s1[i]　　　———————

s2[j]　　——————

在这种情况下，s1[i]和 s2[j]有交集（交集为 s1[i]的下界和 s2[j]的上界），那么接下来只有 s1[i]与 s2[j+1]才有可能会有交集。

6）s2 的上界小于 s1 的下界，如下图所示：

s1[i]　　　　　　———

s2[j]　　————

在这种情况下，s1[i]和 s2[j]显然没有交集，那么接下来只有 s1[i]与 s2[j+1]才有可能会有交集。

根据以上分析给出实现代码如下：

```
class  MySet:
    def  __init__(self,mins,maxs):
        self.mins=mins
        self.maxs= maxs
    def  getMin(self) :
        return   self.mins
    def  setMin(self,mins):
        self.mins=mins
```

```
        def  getMax(self):
            return  self.maxs
        def  setMax(self,maxs):
            self.maxs = maxs

def  getIntersection(l1,l2):
    result=[]
    i=0
    j=0
    while  i<len(l1) and j<len(l2):
        s1=l1[i]
        s2=l2[j]
        if  s1.getMin()<s2.getMin():
            if  s1.getMax()<s2.getMin():
                i +=1
            elif  s1.getMax()<=s2.getMax():
                result.append(MySet(s2.getMin(),s1.getMax()))
                i +=1
            else:
                result.append(MySet(s2.getMin(),s2.getMax()))
                j +=1
        elif  s1.getMin()<=s2.getMax():
            if  s1.getMax()<=s2.getMax():
                result.append(MySet(s1.getMin(),s1.getMax()))
                i +=1
            else:
                result.append(MySet(s1.getMin(),s2.getMax()))
                j +=1
        else:
            j +=1
    return  result

if  __name__=="__main__":
    l1=[]
    l2=[]
    l1.append(MySet(4,8))
    l1.append(MySet(9,13))
    l2.append(MySet(6,12))
    result=getIntersection(l1,l2)
    i=0
    while  i<len(result):
        print  "["+str(result[i].getMin())+","+str(result[i].getMax()) + "] "
        i +=1
```

算法性能分析：

这种方法的时间复杂度为 O(N1+N2)，其中 N1、N2 分别为两个集合的大小。

4.24 如何对有大量重复的数字的数组排序

【出自 TX 面试题】

难度系数：★★★★☆　　　　**被考察系数：**★★★★☆

题目描述：

给定一个数组，已知这个数组中有大量的重复的数字，如何对这个数组进行高效地排序？

分析与解答：

如果使用常规的排序方法，虽然最好的排序算法的时间复杂度为 $O(N\log_2^N)$，但是使用常规排序算法显然没有用到数组中有大量重复数字这个特性。如何能使用这个特性呢？下面介绍两种更加高效的算法。

方法一：AVL 树

这种方法的主要思路为：根据数组中的数构建一个 AVL 树，这里需要对 AVL 树做适当的扩展，在结点中增加一个额外的数据域来记录这个数字出现的次数，在 AVL 树构建完成后，可以对 AVL 树进行中序遍历，根据每个结点对应数字出现的次数，把遍历结果放回到数组中就完成了排序，实现代码如下：

```
# AVL 树的结点
class Node:
    def __init__(self,data):
        self.data=data
        self.left=self.right=None
        self.height=self.count=1

class Sort:
    # 中序遍历 AVL 树，把遍历结果放入到数组中
    def inorder(self,arr,root,index):
        if root!=None:
            # 中序遍历左子树
            index=self.inorder(arr, root.left, index)
            # 把 root 结点对应的数字根据出现的次数放入到数组中
            i=0
            while i<root.count:
                arr[index] = root.data
                index +=1
                i +=1
            # 中序遍历右子树
            index=self.inorder(arr, root.right, index)
        return index
    # 得到树的高度
    def getHeight(self,node):
        if node==None:
            return 0
        else:
            return node.height
    # 把以 y 为根的子树向右旋转
```

```
    def  rightRotate(self,y):
        x = y.left
        T2 = x.right
        # 旋转
        x.right = y
        y.left = T2
        y.height =max(self.getHeight(y.left), self.getHeight(y.right))+1
        x.height =max(self.getHeight(x.left),self.getHeight(x.right))+1
        # 返回新的根结点
        return  x
    # 把以 x 为根的子树向右旋转
    def  leftRotate(self,x):
        y = x.right
        T2 = y.left
        y.left = x
        x.right = T2
        x.height =max(self.getHeight(x.left), self.getHeight(x.right))+1
        y.height =max(self.getHeight(y.left), self.getHeight(y.right))+1
        # Return  new root
        return  y
    # 获取树的平衡因子
    def  getBalance(self,N):
        if  (N == None):
            return  0
        return  self.getHeight(N.left) - self.getHeight(N.right)
    """
如果 data 在 AVL 树中不存在，则把 data 插入到 AVL 树中，
否则把这个结点对应的 count 加 1 即可
    """
    def  insert(self,root,data):
        if  root == None:
            return  (Node(data))
        # data 在树中存在，把对应的结点的 count 加 1
        if  data == root.data:
            root.count +=1
            return  root
        # 在左子树中继续查找 data 是否存在
        if  data < root.data:
            root.left  = self.insert(root.left, data)
        # 在右子树中继续查找 data 是否存在
        else:
            root.right = self.insert(root.right, data)
        # 插入新的结点后更新 root 结点的高度
        root.height = max(self.getHeight(root.left), self.getHeight(root.right)) + 1
        # 获取树的平衡因子
        balance = self.getBalance(root)
        # 如果树不平衡，根据数据结构中学过的四种情况进行调整
        # LL 型
        if  balance > 1 and data < root.left.data:
            return  self.rightRotate(root)
```

```
            # RR 型
            elif  balance < -1 and data > root.right.data:
                return  self.leftRotate(root)
            # LR 型
            elif  balance > 1 and data > root.left.data:
                root.left =self.leftRotate(root.left)
                return  self.rightRotate(root)
            # RL 型
            elif  balance < -1 and data < root.right.data:
                root.right = self.rightRotate(root.right)
                return  self.leftRotate(root)
            # 返回树的根结点
            return  root
        # 使用 AVL 树实现排序
        def  sort(self,arr):
            root = None  # 根结点
            n=len(arr)
            i=0
            while  i<n:
                root = self.insert(root, arr[i])
                i +=1
            index = 0
            self.inorder(arr, root, index)

if  __name__=="__main__":
    arr =[15, 12, 15, 2, 2, 12, 2, 3, 12, 100, 3, 3]
    s=Sort()
    s.sort(arr)
    i=0
    while  i<len(arr):
        print  arr[i],
        i +=1
```

代码运行结果为：

```
2 2 2 3 3 3 12 12 12 15 15 100
```

算法性能分析：

这种方法的时间复杂度为 $O(NLog_2^M)$，其中，N 为数组的大小，M 为数组中不同数字的个数，空间复杂度为 O(N)。

方法二：哈希法

这种方法的主要思路为创建一个哈希表，然后遍历数组，把数组中的数字放入哈希表中，在遍历的过程中，如果这个数在哈希表中存在，则直接把哈希表中这个 key 对应的 value 加 1；如果这个数在哈希表中不存在，则直接把这个数添加到哈希表中，并且初始化这个 key 对应的 value 为 1。实现代码如下：

```
def  sort(arr):
```

```
        data_count=dict()
        n=len(arr)
        # 把数组中的数放入 map 中
        i=0
        while   i<n:
            if   str(arr[i]) in data_count:
                data_count[str(arr[i])]= data_count.get(str(arr[i]))+1
            else:
                data_count[str(arr[i])]=1
            i +=1
        index=0
        for   key,value   in   data_count.items():
            i=value
            while   i>0:
                arr[index]=key
                index +=1
                i -=1

if   __name__=="__main__":
    arr =[15, 12, 15, 2, 2, 12, 2, 3, 12, 100, 3, 3]
    sort(arr)
    i=0
    while   i<len(arr):
        print   arr[i],
        i +=1
```

算法性能分析：

这种方法的时间复杂度为 $O(N + M\ Log_2^M)$，空间复杂度为 O(M)。

4.25 如何对任务进行调度

【出自 MT 面试题】

难度系数：★★★★☆　　　　　**被考察系数：**★★★★☆

题目描述：

假设有一个中央调度机，有 n 个相同的任务需要调度到 m 台服务器上去执行，由于每台服务器的配置不一样，因此，服务器执行一个任务所花费的时间也不同。现在假设第 i 个服务器执行一个任务所花费的时间也不同。现在假设第 i 个服务器执行一个任务需要的时间为 t[i]。例如：有 2 个执行机 a 与 b，执行一个任务分别需要 7min，10min，有 6 个任务待调度。如果平分这 6 个任务，即 a 与 b 各 3 个任务，则最短需要 30min 执行完所有。如果 a 分 4 个任务，b 分 2 个任务，则最短 28min 执行完。请设计调度算法，使得所有任务完成所需要的时间最短。输入 m 台服务器，每台机器处理一个任务的时间为 t[i]，完成 n 个任务，输出 n 个任务在 m 台服务器的分布:estimate_process_time(t,m,n)。

分析与解答：

本题可以采用贪心法来解决，具体实现思路如下：

申请一个数组来记录每台机器的执行时间，初始化为 0，在调度任务的时候，对于每个任务，在选取机器的时候采用如下的贪心策略：对于每台机器，计算机器已经分配任务的执行时间+这个任务需要的时间，选用最短时间的机器进行处理。实现代码如下：

```
"""
param t      每个服务器处理的时间
param n      任务的个数
return       各个服务器执行完任务所需的时间
"""
def  calculate_process_time(t,n):
    if  t==None or n<=0:
        return  None
    m=len(t)
    proTime=[0]*m
    i=0
    while  i<n:
        minTime = proTime[0] + t[0]   # 把任务给第 j 个机器上后这个机器的执行时间
        minIndex = 0                  # 把任务给第 minIndex 个机器上
        j=1
        while  j<m:
            # 分配到第 j 台机器上后执行时间更短
            if  minTime > proTime[j] + t[j]:
                minTime = proTime[j] + t[j]
                minIndex = j
            j +=1
        proTime[minIndex] += t[minIndex]
        i +=1
    return  proTime

if  __name__=="__main__":
    t=[7,10]
    n =6
    proTime= calculate_process_time(t,n)
    if  proTime==None:
        print  "分配失败"
    else:
        totalTime=proTime[0]
        i=0
        while  i < len(proTime):
            print  "第" + str((i + 1)) + "台服务器有" + str(proTime[i] / t[i])    + "个任务,执行总时
间为：" + str(proTime[i])
            if  proTime[i]>totalTime:
                totalTime=proTime[i]
            i +=1
        print  "执行完所有任务所需的时间为" + str(totalTime)
```

程序的运行结果为：

```
第 1 台服务器有 4 个任务,执行总时间为：28
第 2 台服务器有 2 个任务,执行总时间为：20
执行完所有任务所需的时间为 28
```

算法性能分析：

这种方法使用了双重循环，因此，时间复杂度为 O(mn)。

4.26 如何对磁盘分区

【出自 XM 面题】

难度系数：★★★★☆　　　　　**被考察系数：**★★★★☆

题目描述：

有 N 个磁盘，每个磁盘大小为 D[i]（i=0...N−1），现在要在这 N 个磁盘上"顺序分配"M 个分区，每个分区大小为 P[j]（j=0....M−1），顺序分配的意思是：分配一个分区 P[j]时，如果当前磁盘剩余空间足够，则在当前磁盘分配；如果不够，则尝试下一个磁盘，直到找到一个磁盘 D[i+k]可以容纳该分区，分配下一个分区 P[j+1]时，则从当前磁盘 D[i+k]的剩余空间开始分配，不在使用 D[i+k]之前磁盘末分配的空间，如果这 M 个分区不能在这 N 个磁盘完全分配，则认为分配失败，请实现函数，is_allocable 判断给定 N 个磁盘（数组 D）和 M 个分区（数组 P），是否会出现分配失败的情况？举例：磁盘为[120,120,120]，分区为[60,60,80,20,80]可分配，如果为[60,80,80,20,80]，则分配失败。

分析与解答：

本题的主要思路如下：对所有的分区进行遍历，同时用一个变量 dIndex 记录上次分配磁盘的下标，初始化为 0；对于每个分区，从上次分配的磁盘开始继续分配，如果没有足够的空间，则顺序找其他的磁盘，直到找到合适的磁盘为止，进行分配；如果找不到合适的磁盘，则分配失败，实现代码如下：

```
def  is_allocable(d,p):
    dIndex=0  # 磁盘分区下标
    i=0
    while  i<len(p):
        # 找到符合条件的磁盘
        while  dIndex<len(d) and p[i]> d[dIndex]:
            dIndex +=1
        # 没有可用的磁盘
        if  dIndex>=len(d):
                return  False
        # 给分区分配磁盘
        d[dIndex]-=p[i]
        i +=1
    return  True

if  __name__=="__main__":
    d =[120, 120, 120]      # 磁盘
    p =[60, 60, 80, 20, 80] # 分区
```

```
    if  is_allocable(d, p):
        print  "分配成功"
    else:
        print  "分配失败"
```

程序的运行结果为：

```
分配成功
```

算法性能分析：

这种方法使用了双重循环，因此，时间复杂度为 O(MN)。

第5章 字 符 串

字符串是由数字、字母、下划线组成的一串字符，是最常用的数据结构之一，几乎所有的程序员面试笔试中没有不考字符串的。相对而言，由于字符串是一种较为简单的数据结构，凡是有一点编程基础的人都会对此比较熟悉，所以自然而然它也容易引起面试官的反复发问。其实，通过考察字符串的一些细节，能够看出求职者的编程习惯，进而反映出求职者在操作系统、软件工程、边界内存处理等方面的知识掌握能力，而这些能力往往也是企业是否录用求职者的重要参考因素。

5.1 如何求一个字符串的所有排列

【出自 WR 面试题】

难度系数：★★★★☆　　**被考察系数：**★★★★☆

题目描述：

设计一个程序，当输入一个字符串时，要求输出这个字符串的所有排列。例如输入字符串 abc，要求输出由字符 a、b、c 所能排列出来的所有字符串：abc,acb,bac,bca,cba,cab。

分析与解答：

这道题主要考察对递归的理解，可以采用递归的方法来实现。当然也可以使用非递归的方法来实现，但是与递归法相比，非递归法难度增加了很多。下面分别介绍这两种方法。

方法一：递归法

下面以字符串 abc 为例介绍对字符串进行全排列的方法。具体步骤如下：

（1）首先固定第一个字符 a，然后对后面的两个字符 b 与 c 进行全排列；

（2）交换第一个字符与其后面的字符，即交换 a 与 b，然后固定第一个字符 b，接着对后面的两个字符 a 与 c 进行全排列；

（3）由于第（2）步交换了 a 和 b 破坏了字符串原来的顺序，因此，需要再次交换 a 和 b 使其恢复到原来的顺序，然后交换第一个字符与第三个字符（交换 a 和 c），接着固定第一个字符 c，对后面的两个字符 a 与 b 求全排列。

在对字符串求全排列的时候就可以采用递归的方式来求解，实现方法如下图所示：

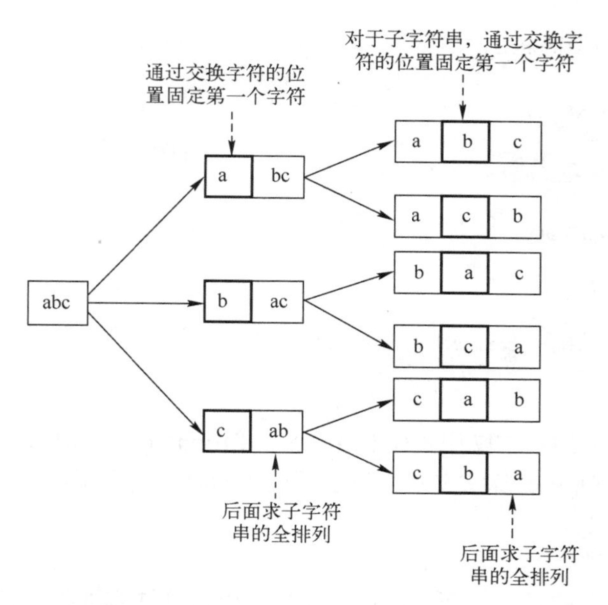

在使用递归方法求解的时候，需要注意以下两个问题：（1）逐渐缩小问题的规模，并且可以用同样的方法来求解子问题；（2）递归一定要有结束条件，否则会导致程序陷入死循环。本题目递归方法实现代码如下：

```
# 交换字符数组下标为 i 和 j 对应的字符
def  swap(str,i,j):
    tmp=str[i]
    str[i]=str[j]
    str[j]=tmp

"""
方法功能：对字符串中的字符进行全排列
输入参数：str 为待排序的字符串，start 为待排序的子字符串的首字符下标
"""
def  Permutation(str,start):
    if  str==None or start<0:
        return
    # 完成全排列后输出当前排列的字符串
    if  start==len(str)-1  :
        print  ''.join(str),
    else:
        i=start
        while  i<len(str):
            # 交换 start 与 i 所在位置的字符
            swap(str,start,i)
            # 固定第一个字符，对剩余的字符进行全排列
            Permutation(str, start+1)
            # 还原 start 与 i 所在位置的字符
            swap(str,start,i)
            i +=1
```

```
def  Permutation_transe(s):
     str=list(s)
     Permutation(str,0)

if  __name__=="__main__":
     s = "abc"
     Permutation_transe(s)
```

程序的运行结果为：

```
abc   acb   bac   bca   cba   cab
```

算法性能分析：

假设这种方法需要的基本操作数为 f(n)，那么 f(n)=n*f(n−1)=n*(n−1)*f(n−2)…=n!。所以，算法的时间复杂度为 O(n!)。算法在对字符进行交换的时候用到了常量个指针变量，因此，算法的空间复杂度为 O(1)。

方法二：非递归法

递归法比较符合人的思维，因此，算法的思路以及算法实现都比较容易。下面介绍另外一种非递归的方法。算法的主要思想为：从当前字符串出发找出下一个排列（下一个排列为大于当前字符串的最小字符串）。

通过引入一个例子来介绍非递归算法的基本思想：假设要对字符串“12345”进行排序。第一个排列一定是“12345”，依此获取下一个排列：“12345”->“12354”->“12435”->“12453”->“12534”->“12543”->“13245”->…。从“12543”->“13245”可以看出找下一个排列的主要思路为：（1）从右到左找到两个相邻递增（从左向右看是递增的）的字符串，例如“12543”，从右到左找出第一个相邻递增的子串为“25”；记录这个小的字符的下标为 pmin；（2）找出 pmin 后面的比它大的最小的字符进行交换，在本例中‘2’后面的子串中比它大的最小的字符为‘3’，因此，交换‘2’和‘3’得到字符串“13542”；（3）为了保证下一个排列为大于当前字符串的最小字符串，在第（2）步中完成交换后需要对 pmin 后的子串重新组合，使其值最小，只需对 pmin 后面的字符进行逆序即可（因为此时 pmin 后面的子字符串中的字符必定是按照降序排列，逆序后字符就按照升序排列了），逆序后就能保证当前的组合是新的最小的字符串。在这个例子中，上一步得到的字符串为“13542”，pmin 指向字符‘3’，对其后面的子串“542”逆序后得到字符串“13245”；（4）当找不到相邻递增的子串时，说明找到了所有的组合。

需要注意的是，这种方法适用于字符串中的字符是按照升序排列的情况。因此，非递归方法的主要思路为：（1）首先对字符串进行排序（按字符进行升序排列）；（2）依次获取当前字符串的下一个组合直到找不到相邻递增的子串为止。实现代码如下：

```
# 交换字符数组下标为 i 和 j 对应的字符
def  swap(str,i,j):
     tmp=str[i]
     str[i]=str[j]
     str[j]=tmp

"""
```

```
方法功能：翻转字符串
输入参数：begin 与 end 分别为字符串的第一个字符与最后一个字符的下标
"""

def  Reverse(str,begin,end):
    i=begin
    j=end
    while  i<j:
        swap(str,i,j)
        i +=1
        j -=1

"""
方法功能：根据当前字符串的获取下一个组合
输入参数：str：字符数组
返回值：还有下一个组合返回 True，否则返回 False
"""
def  getNextPermutation(str):
    end = len(str) - 1 # 字符串最后一个字符的下标
    cur = end   # 用来从后向前遍历字符串
    suc = 0 # cur 的后继
    tmp = 0
    while  cur != 0:
        # 从后向前开始遍历字符串
        suc = cur
        cur -=1
        if  str[cur] < str[suc]:
            # 相邻递增的字符，cur 指向较小的字符
            # 找出 cur 后面最小的字符 tmp
            tmp = end
            while  str[tmp] < str[cur]:
                tmp -=1
            # 交换 cur 与 tmp
            swap(str,cur ,tmp)
            # 把 cur 后面的子字符串进行翻转
            Reverse(str,suc , end)
            return  True
    return  False

"""
方法功能：获取字符串中字符的所有组合
输入参数：str:字符数组
"""
def  Permutation (s):
    if  s==None or len(s)<1:
        print  "参数不合法"
        return
    str=list(s)
    str.sort() # 升序排列字符数组
    print  str
```

```
        print  ''.join(str),
        while  getNextPermutation(str):
            print  ''.join(str),

if  __name__=="__main__":
    s = "abc"
    Permutation(s)
```

程序的运行结果为：

```
abc  acb  bac  bca  cab  cba
```

算法性能分析：

首先对字符串进行排序的时间复杂度为 $O(n^2)$，接着求字符串的全排列，由于长度为 n 的字符串全排列个数为 n!，因此 Permutation 函数中的循环执行的次数为 n!，循环内部调用函数 getNextPermutation，getNextPermutation 内部用到了双重循环，因此它的时间复杂度为 $O(n^2)$。所以求全排列算法的时间复杂度为 $O(n!*n^2)$。

引申：如何去掉重复的排列

分析与解答：

当字符串中没有重复的字符的时候，它的所有组合对应的字符串也就没有重复的情况，但是当字符串中有重复的字符的时候，例如“baa”，此时如果按照上面介绍的算法求全排列会有重复的字符串。

由于全排列的主要思路为：从第一个字符起每个字符分别与它后面的字符进行交换：例如对于“baa”，交换第一个与第二个字符后得到“aba”，再考虑交换第一个与第三个字符后得到“aab”，由于第二个字符与第三个字符相等，因此，会导致这两种交换方式对应的全排列是重复的（在固定第一个字符的情况下它们对应的全排列都为“aab”和“aba”）。从上面的分析可以看出去掉重复排列的主要思路为：从第一个字符起每个字符分别与它后面非重复出现的字符进行交换。在递归方法的基础上只需要增加一个判断字符是否重复的函数即可，实现代码如下：

```
# 方法功能：交换字符数组下标为 i 和 j 对应的字符
def  swap(str,i,j):
    tmp=str[i]
    str[i]=str[j]
    str[j]=tmp

"""
函数功能：判断[begin,end)区间中是否有字符与*end 相等
输入参数：begin 和 end 为指向字符的指针
返回值：  true:如果有相等的字符，否则返回 false
"""
def  isDuplicate(str,begin,end):
    i=begin
    while  i<end:
        if  str[i] == str[end]:
            return  False
```

```
            i +=1
        return  True

    """
    函数功能：对字符串中的字符进行全排列
    输入参数：str 为待排序的字符串，start 为待排序的子字符串的首字符下标
    """
    def  Permutation(str,start):
        if  str==None or start<0:
            return
        # 完成全排列后输出当前排列的字符串
        if  start==len(str)-1:
            print  ''.join(str),
        else:
            i=start
            while  i<len(str):
                if  not isDuplicate(str , start,i):
                    i +=1
                    continue
                swap(str,start,i)              # 交换 start 与 i 所在位置的字符
                # 固定第一个字符，对剩余的字符进行全排列
                Permutation(str, start+1)
                # 还原 start 与 i 所在位置的字符
                swap(str,start,i)
                i +=1

def  Permutation_transe(s):
    str=list(s)
    Permutation(str,0)

if  __name__=="__main__":
    s = "aba"
    Permutation_transe(s)
```

程序的运行结果为：

```
aba   aab   baa
```

5.2 如何求两个字符串的最长公共子串

【出自 WR 面试题】

难度系数：★★★★☆　　　　　　　　**被考察系数：★★★☆☆**

题目描述：

找出两个字符串的最长公共子串，例如字符串“abc**cad**e”与字符串“dg**cad**de”的最长公共子串为“cad”。

分析与解答：

对于这道题而言，最容易想到的方法就是采用蛮力法，假设字符串 s1 与 s2 的长度分别

为 len1 和 len2（假设 len1>=len2），首先可以找出 s2 的所有可能的子串，然后判断这些子串是否也是 s1 的子串，通过这种方法可以非常容易地找出两个字符串的最长子串。当然，这种方法的效率是非常低下的，主要原因为：s2 中的大部分字符需要与 s1 进行很多次的比较。那么是否有更好的方法来减少比较的次数呢？下面介绍两种通过减少比较次数从而降低时间复杂度的方法。

方法一：动态规划法

通过把中间的比较结果记录下来，从而可以避免字符的重复比较。主要思路如下：

首先定义二元函数 f(i，j)：表示分别以 s1[i]，s2[j]结尾的公共子串的长度，显然，f(0，j) = 0(j⩾0)，f(i，0) = 0 (i⩾0)，那么，对于 f(i+1，j+1) 而言，则有如下两种取值：

（1）f(i+1，j+1) =0，当 str1[i+1] != str2[j+1]时；

（2）f(i+1，j+1) = f(i，j) + 1，当 str1[i+1] == str2[j+1] 时；

根据这个公式可以计算出 f(i，j)（0⩽i⩽len(s1)，0⩽j⩽len(s2)）所有的值，从而可以找出最长的子串，如下图所示。

		d	g	c	a	d	d	e
	0	0	0	0	0	0	0	c
a	0	0	0	0	1	0	0	0
b	0	0	0	0	0	0	0	0
c	0	0	0	1	0	0	0	0
c	0	0	0	1	0	0	0	0
a	0	0	0	0	2	0	0	0
d (maxI=6)	0	1	0	0	0	3 (max)	1	0
e	0	0	0	0	0	0	0	2

通过上图所示的计算结果可以求出最长公共子串的长度 max 与最长子串结尾字符在字符数组中的位置 maxI，由这两个值就可以唯一确定一个最长公共子串为“**cad**”。这个子串在数组中的起始下标为：maxI −max=3，子串长度为 max=3。实现代码如下：

```
"""
方法功能：获取两个字符串的最长公共字串
输入参数：str1 和 str2 为指向字符的指针
"""
def  getMaxSubStr(str1,str2):
     len1 =len(str1)
     len2 =len(str2)
     sb=''
     maxs = 0 # maxs 用来记录最长公共字串的长度
     maxI = 0   # 用来记录最长公共字串最后一个字符的位置
     # 申请新的空间来记录公共字串长度信息
     M =[([None]*(len1 + 1))   for   i   in   range(len2 + 1)]
     i=0
     while   i<len1+1:
```

```
            M[i][0] = 0
            i +=1
        j=0
        while   j<len2+1:
            M[0][j] = 0
            j +=1
        # 通过利用递归公式填写新建的二维数组（公共字串的长度信息）
        i=1
        while   i<len1 + 1:
            j=1
            while   j<len2+1:
                if   list(str1)[i - 1] == list(str2)[j - 1]:
                    M[i][j] = M[i - 1][j - 1] + 1
                    if   M[i][j] > maxs:
                        maxs = M[i][j]
                        maxI = i
                else:
                    M[i][j] = 0
                j +=1
            i +=1
        # 找出公共字串
        i=maxI- maxs
        while   i<maxI:
            sb=sb + list(str1)[i]
            i +=1
        return   sb

if   __name__=="__main__":
    str1 = "abccade"
    str2 = "dgcadde"
    print   getMaxSubStr(str1, str2)
```

程序的运行结果为：

```
cad
```

算法性能分析：

由于这种方法使用了二重循环分别遍历两个字符数组，因此时间复杂度为 O(m*n)（其中，m 和 n 分别为两个字符串的长度）。此外，由于这种方法申请了一个 m*n 的二维数组，因此，算法的空间复杂度也为 O(m*n)。很显然，这种方法的主要缺点为申请了 m*n 个额外的存储空间。

方法二：滑动比较法

如下图所示，这种方法的主要思路为：保持 s1 的位置不变，然后移动 s2，接着比较它们重叠的字符串的公共子串（记录最大的公共子串的长度 maxLen 以及最长公共子串在 s1 中结束的位置 maxLenEnd1），在移动的过程中，如果当前重叠子串的长度大于 maxLen，那么更新 maxLen 为当前重叠子串的长度。最后通过 maxLen 和 maxLenEnd1 就可以找出它们最长的公共子串。实现方法如下图所示：

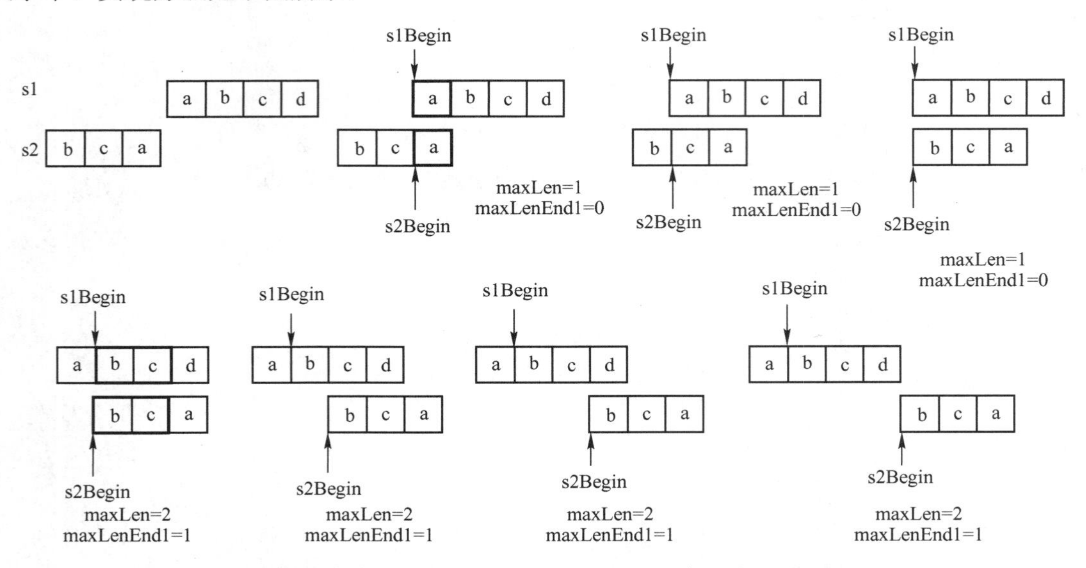

如上图所示，这两个字符串的最长公共子串为“bc”，实现代码如下：

```
def  getMaxSubStr(s1,s2):
    len1 =len(s1)
    len2 =len(s2)
    maxLen = 0
    tmpMaxLen = 0
    maxLenEnd1 = 0
    sb =''
    i=0
    while   i < len1 + len2:
        s1begin = s2begin = 0
        tmpMaxLen = 0
        if   i < len1:
            s1begin = len1 - i
        else:
            s2begin = i - len1
        j=0
        while   (s1begin + j < len1) and (s2begin + j < len2):
            if   list(s1)[s1begin + j] == list(s2)[s2begin + j]:
                tmpMaxLen +=1
            else:
                if   (tmpMaxLen > maxLen):
                    maxLen = tmpMaxLen
                    maxLenEnd1 = s1begin + j
                else:
                    tmpMaxLen = 0
            j +=1
        if   tmpMaxLen > maxLen:
            maxLen = tmpMaxLen
            maxLenEnd1 = s1begin + j
```

```
            i +=1
        i = maxLenEnd1 - maxLen
        while   i < maxLenEnd1:
            sb=sb+list(s1)[i]
            i +=1
        return   sb

if   __name__=="__main__":
    str1 = "abccade"
    str2 = "dgcadde"
    print   getMaxSubStr(str1, str2)
```

算法性能分析：

这种方法用双重循环来实现，外层循环的次数为 m+n（其中，m 和 n 分别为两个字符串的长度），内层循环最多执行 n 次，算法的时间复杂度为 O((m+n)*n)。此外，这种方法只使用了几个临时变量，因此算法的空间复杂度为 O(1)。

5.3 如何对字符串进行反转

【出自 WR 面试题】

难度系数：★★★☆☆　　　　**被考察系数：**★★★☆☆

题目描述：

实现字符串的反转，要求不使用任何系统方法，且时间复杂度最小。

分析与解答：

字符串的反转主要通过字符的交换来实现，需要首先把字符串转换为字符数组，然后定义两个索引分别指向数组的首尾，再交换两个索引位置的值，同时把两个索引的值向中间移动，直到两个索引相遇为止，则完成了字符串的反转。根据字符交换方法的不同，可以采用如下两种实现方法。

方法一：临时变量法

最常用的交换两个变量的方法为：定义一个中间变量来交换两个值，主要思路为：假如要交换 a 与 b，通过定义一个中间变量 temp 来实现变量的交换：temp=a; a=b; b=a。实现代码如下：

```
def   reverseStr(str):
    ch=list(str)
    lens=len(ch)
    i=0
    j=lens-1
    while   i<j:
        tmp=ch[i]
        ch[i]=ch[j]
        ch[j]=tmp
        i +=1
        j -=1
    return   ''.join(ch)
```

```
if  __name__=="__main__":
    str="abcdefg"
    print  "字符串"+str+"翻转后为：",
    print  reverseStr(str)
```

程序的运行结果为：

```
字符串 abcdefg 翻转后为：gfedcba
```

算法性能分析：

这种方法只需要对字符数组变量遍历一次，因此时间复杂度为 O(N) (N 为字符串的长度)。

方法二：直接交换法

在交换两个变量的时候，另外一种常用的方法为异或的方法，这种方法主要基于如下的特性：a^a = 0、a^0 = a 以及异或操作满足交换律与结合律。假设要交换两个变量 a 与 b，则可以采用如下方法实现：

```
a=a^b;
b=a^b;    //b=a^b=(a^b)^b =a^(b^b)=a^0=a
a=a^b;    //a=a^b=(a^b)^a=(b^a)^a=b^(a^a)=b^0=b
```

实现代码如下：

```
def  reverseStr(strs):
    ch=list(strs)
    lens=len(ch)
    i=0
    j=lens-1
    while  i<j:
        #Python 中不能直接对字符串进行异或操作，所以借助 ord 和 chr 函数。
        ch[i]=chr(ord(ch[i])^ord(ch[j]))
        ch[j]=chr(ord(ch[i])^ord(ch[j]))
        ch[i]=chr(ord(ch[i])^ord(ch[j]))
        i +=1
        j -=1
    return  ''.join(ch)
```

算法性能分析：

这种方法只需要对字符数组遍历一次，因此时间复杂度为 O(N) (N 为字符串的长度)。与方法一相比，这种方法在实现字符交换的时候不需要额外的变量。

引申：如何实现单词反转

题目描述：把一个句子中的单词进行反转，例如："how are you"，进行反转后为"you are how"。

分析与解答：

主要思路为：对字符串进行两次反转操作，第一次对整个字符串中的字符进行反转，反转结果为："uoy era woh"，通过这一次的反转已经实现了单词顺序的反转，只不过每个单词中字符的顺序反了，接下来只需要对每个单词进行字符反转即可得到想要的结果："you are how”。实现代码如下：

```
"""
方法功能：实现字符串反转
输入参数：ch:字符数组 front 与 end:待交换子字符串的首尾下标
"""
def  reverseStr(ch,front,end):
    while  front<end:
        ch[front]=chr(ord(ch[front])^ord(ch[end]))
        ch[end]=chr(ord(ch[front])^ord(ch[end]))
        ch[front]=chr(ord(ch[front])^ord(ch[end]))
        front +=1
        end -=1

# 反转字符串中的单词
def  swapWords(str):
    # 对整个字符串进行字符反转操作
    lens=len(str)
    ch=list(str)
    reverseStr(ch, 0, lens - 1)
    begin = 0
    # 对每个单词进行字符反转操作
    i=1
    while  i<lens:
        if  ch[i] == ' ':
            reverseStr(ch, begin, i - 1)
            begin = i + 1
        i +=1
    reverseStr (ch, begin, lens - 1)
    return  ''.join(ch)

if  __name__=="__main__":
    str="how are you"
    print  "字符串"+str+"翻转后为：",
    print  swapWords(str)
```

程序的运行结果为：

```
字符串 how are you 翻转后为：you are how
```

算法性能分析：

这种方法对字符串进行了两次遍历，因此时间复杂度为 O(N)。

5.4 如何判断两个字符串是否为换位字符串

【出自 TX 面试题】

难度系数：★★★★☆　　**被考察系数：**★★★★☆

题目描述：

换位字符串是指组成字符串的字符相同，但位置不同。例如：由于字符串“aaaabbc”与字符串“abcbaaa”就是由相同的字符所组成的，因此它们是换位字符。

分析与解答：

在算法设计中，经常会采用空间换时间的方法以降低时间复杂度，即通过增加额外的存储空间来达到优化算法性能的目的。就本题而言，假设字符串中只使用 ASCII 字符，由于 ASCII 字符共有 256 个（对应的编码为 0～255），在实现的时候可以通过申请大小为 256 的数组来记录各个字符出现的个数，并将其初始化为 0，然后遍历第一个字符串，将字符对应的 ASCII 码值作为数组下标，把对应数组的元素加 1，然后遍历第二个字符串，把数组中对应的元素值减 1。如果最后数组中各个元素的值都为 0，那么说明这两个字符串是由相同的字符所组成的；否则，这两个字符串是由不同的字符所组成的。实现代码如下：

```
"""
方法功能：判断两个字符串是否为换位字符串
输入参数：s1 与 s2 为两个字符串
返回值：如果是返回 true，否则返回 false
"""
def  compare(s1,s2):
    result=True
    bCount=[None]*256
    i=0
    while  i<256:
        bCount[i]=0
        i +=1
    i=0
    while  i<len(s1):
        bCount[ord(list(s1)[i])-ord('0')] +=1
        i +=1
    i=0
    while  i<len(s2):
        bCount[ord(list(s2)[i])-ord('0')] -=1
        i +=1
    i=0
    while  i<256:
        if  bCount[i] !=0:
            result=False
            break;
        i +=1
    return  result;

if  __name__=="__main__":
    str1="aaaabbc";
    str2="abcbaaa";
    print  str1+"和"+str2,
    if  compare(str1,str2):
        print  "是换位字符"
    else:
        print  "不是换位字符"
```

程序的运行结果为：

```
aaaabbc 和 abcbaaa 是换位字符
```

算法性能分析：

这种方法的时间复杂度为O(N)。

5.5 如何判断两个字符串的包含关系

【出自google面试题】

难度系数：★★★★☆　　　　**被考察系数：**★★★★☆

题目描述：

给定由字母组成的字符串s1和s2，其中，s2中字母的个数少于s1，如何判断s1是否包含s2？即出现在s2中的字符在s1中都存在。例如s1=“abcdef”，s2=“acf”，那么s1就包含s2；如果s1=“abcdef”，s2=“acg”，那么s1就不包含s2，因为s2中有“g”，但是s1中没有“g”。

分析与解答：

方法一：直接法

最直接的方法就是对于s2中的每个字符，通过遍历字符串s1查看是否包含该字符。实现代码如下：

```
def  isContain(str1,str2):
    len1 = len(str1)
    len2 = len(str2)
    # 字符串 ch1 比 ch2 短
    if  len1 < len2:
        i=0
        while  i<len1:
            j=0
            while  j<len2:
                if  list(str1)[i] == list(str2)[j]:
                    break
                j +=1
            if  (j >= len2):
                return  False
            i +=1
    else:
        # 字符串 ch1 比 ch2 长
        i=0
        while  i < len2:
            j=0
            while  j < len1:
                if  (list(str1)[j] == list(str2)[i]):
                    break
                j +=1
            if  j >= len1:
                    return  False
            i +=1
```

```
        return  True

if  __name__=="__main__":
    str1 = "abcdef"
    str2 = "acf"
    isContain = isContain(str1, str2)
    print  str1 + "与" + str2,
    if  (isContain):
        print  "有包含关系"
    else:
        print  "没有包含关系"
```

程序的运行结果为：

```
abcdef 与 acf 有包含关系
```

算法性能分析：

这种方法的时间复杂度为 O(m*n)，其中，m 与 n 分别表示两个字符串的长度。

方法二：空间换时间法

首先，定义一个 flag 数组来记录较短的字符串中字符出现的情况，如果出现，那么标记为 1，否则标记为 0，同时记录 flag 数组中 1 的个数 count；接着遍历较长的字符串，对于字符 a，若原来 flag[a] == 1 ，则修改 flag[a] = 0，并将 count 减 1；若 flag[a] == 0，则不做处理。最后判断 count 的值，如果 count==0，那么说明这两个字符有包含关系。实现代码如下：

```
def  isContain(s1,s2):
    k = 0 #  字母对应数组的下标
    #  用来记录 52 个字母的出现情况
    flag =[None]*52
    i=0
    while  i<52:
        flag[i] = 0
        i +=1
    count = 0    #  记录段字符串中不同字符出现的个数
    len1 = len(s1)
    len2 =len(s2)
    # shortStr, longStr  分别用来记录较短和较长的字符串
    # maxLen, minLen    分别用来记录较长和较短字符的长度
    if  len1 < len2:
        shortStr = s1
        minLen = len1
        longStr = s2
        maxLen = len2
    else:
        shortStr = s2
        minLen = len2
        longStr = s1
        maxLen = len1
    #  遍历短字符串
    i=0
```

```
        while  i<minLen:
            # 把字符转换成数组对应的下标（大写字母 0～25，小写字母 26～51）
            if  ord(list(shortStr)[i]) >= ord('A') and ord(list(shortStr)[i]) <= ord('Z'):
                k = ord(list(shortStr)[i])- ord('A')
            else:
                k = ord(list(shortStr)[i] )- ord('a') + 26
            if  flag[k] == 0:
                flag[k] = 1
                count +=1
            i +=1
        # 遍历长字符串
        j=0
        while  j<maxLen:
            if  ord(list(longStr)[j]) >= ord('A') and ord(list(longStr)[j]) <= ord('Z'):
                k = ord(list(longStr)[j]) - ord('A')
            else:
                k = ord(list(longStr)[j]) - ord('a') + 26
            if  flag[k] == 1:
                flag[k] = 0
                count -=1
                if  count == 0:
                    return  True
            j +=1
        return  False

    if  __name__=="__main__":
        str1 = "abcdef"
        str2 = "acf"
        isContain = isContain(str1, str2)
        print  str1 + "与" + str2,
        if  isContain:
            print  "有包含关系"
        else:
            print  "没有包含关系"
```

算法性能分析：

这种方法只需要对两个数组分别遍历一遍，因此，时间复杂度为 O(m+n)（其中 m、n 分别为两个字符串的长度），与方法一比，本方法的效率有了明显的提升，但是其缺点是申请了 52 个额外的存储空间。

5.6 如何对由大小写字母组成的字符数组排序

【出自 google 面试题】

难度系数：★★★☆☆　　　　**被考察系数：**★★★☆☆

题目描述：

有一个由大小写字母组成的字符串，请对它进行重新组合，使得其中的所有小写字母排在大写字母的前面（大写字母或小写字母之间不要求保持原来次序）。

分析与解答：

本题目可以使用类似快速排序的方法处理，可以用两个索引分别指向字符串的首和尾，首索引正向遍历字符串，找到第一个大写字母，尾索引逆向遍历字符串，找到第一个小写字母，交换两个索引位置的字符，然后将两个索引沿着相应的方向继续向前移动，重复上述步骤，直到首索引大于或等于尾索引为止。具体实现如下：

```
# 对字符数组排序，使得小写字母在前，大写字母在后
def  ReverseArray(ch):
    lens=len(ch)
    begin = 0
    end = lens -1
    while  begin < end:
        # 正向遍历找到下一个大写字母
        while  ch[begin]>='a' and  ch[end]<='z' and end > begin:
            begin +=1
        # 逆向遍历找到下一个小写字母
        while  ch[end]>='A' and ch[end]<='Z' and end > begin:
            end -=1
        temp = ch[begin]
        ch[begin] = ch[end]
        ch[end] = temp

if  __name__=="__main__":
    ch=list("AbcDef")
    ReverseArray(ch)
    i=0
    while  i<len(ch):
        print  ch[i],
        i +=1
```

程序的运行结果为：

```
fbceDA
```

算法性能分析：

这种方法对字符串只进行了一次遍历，因此，算法的时间复杂度为 O(N)，其中，N 是字符串的长度。

5.7 如何消除字符串的内嵌括号

【出自 BD 面试题】

难度系数：★★★★☆　　　　**被考察系数：**★★★★☆

题目描述：

给定一个如下格式的字符串：(1,(2,3),(4,(5,6),7))，括号内的元素可以是数字，也可以是另一个括号，实现一个算法消除嵌套的括号，例如把上面的表达式变成 (1,2,3,4,5,6,7)，如果表达式有误，那么报错。

分析与解答：

从问题描述可以看出，这道题要求实现两个功能：一个是判断表达式是否正确，另一个是消除表达式中嵌套的括号。对于判定表达式是否正确这个问题，可以从如下几个方面来入手：首先，表达式中只有数字、逗号和括号这几种字符，如果有其他的字符出现，那么是非法表达式。其次，判断括号是否匹配，如果碰到‘(’，那么把括号的计数器的值加上1；如果碰到‘)’，那么判断此时计数器的值，如果计数器的值大于1，那么把计数器的值减去1，否则为非法表达式，当遍历完表达式后，括号计数器的值为0，则说明括号是配对出现的，否则括号不配对，表达式为非法表达式。对于消除括号这个问题，可以通过申请一个额外的存储空间，在遍历原字符串的时候把除了括号以外的字符保存到新申请的额外的存储空间中，这样就可以去掉嵌套的括号了。需要特别注意的是，字符串首尾的括号还需要保存。实现代码如下：

```
# 方法功能：去掉字符串中嵌套的括号
def  removeNestedPare(strs):
    if   strs==None:
        return  strs
    Parentheses_num = 0 # 用来记录不匹配的“（”出现的次数
    if  list(strs)[0] !='(' or list(strs)[-1] !=')':
        return  None
    sb='('
    # 字符串首尾的括号可以单独处理
    i=1
    while  i<len(strs)-1:
        ch = list(strs)[i]
        if  ch == '(':
            Parentheses_num +=1
        elif  ch == ')':
            Parentheses_num -=1
        else:
            sb=sb+(list(strs)[i])
        i +=1
    # 判断括号是否匹配
    if  Parentheses_num !=0:
        print  "由于括号不匹配，因此不做任何操作"
        return  None
    # 处理字符串结尾的")"
    sb=sb+')'
    return  sb

if  __name__=="__main__":
    strs="(1,(2,3),(4,(5,6),7))"
    print  strs+"去除嵌套括号后为："+removeNestedPare(strs)
```

程序的运行结果为：

```
(1,(2,3),(4,(5,6),7))去除嵌套括号后为：(1,2,3,4,5,6,7)
```

算法性能分析：

这种方法对字符串进行了一次遍历，因此时间复杂度为 O(N)（其中，N 为字符串的长度）。此外，这种方法申请了额外的 N+1 个存储空间，因此空间复杂度也为 O(N)。

5.8 如何判断字符串是否是整数

【出自 HW 笔试题】

难度系数：★★★☆☆　　　　　　　　**被考察系数：**★★★☆☆

题目描述

写一个方法，检查字符串是否是整数，如果是整数，那么返回其整数值。

分析与解答：

整数分为负数与非负数，负数只有一种表示方法，而非负数可以有两种表示方法。例如：-123，123，+123。因此在判断字符串是否为整数的时候，需要把这几个问题都考虑到。下面主要介绍两种方法。

方法一：递归法

对于整数而言，例如 123，可以看成 12*10+3，而 12 又可以看成 1*10+2。而-123 可以看成（-12）*10-3，-12 可以被看成（-1）*10-2。根据这个特点可以采用递归的方法来求解，可以首先根据字符串的第一个字符确定整数的正负，接着对字符串从右往左遍历，假设字符串为“c1c2c3…cn”，如果 cn 不是整数，那么这个字符串不能表示成整数；如果这个数是非负数(c1!=‘-’)，那么这个整数的值为“c1c2c3…cn-1”对应的整数值乘以 10 加上 cn 对应的整数值，如果这个数是负数(c1==‘-’)，那么这个整数的值为 c1c2c3…cn-1 对应的整数值乘以 10 减去 cn 对应的整数值。而求解子字符串“c1c2c3…sc-1”对应的整数的时候，可以用相同的方法来求解，因此可以采用递归的方法来求解。对于“+123”，可以首先去掉“+”，然后处理方法与“123”相同。由此可以得到递归表达式为：

c1==‘-’? toint(“c1c2c3…cn-1”) * 10 - (cn - '0') : toint(“c1c2c3…cn-1”) * 10 +(cn - '0')。

递归的结束条件为：当字符串长度为 1 时，直接返回字符对应的整数的值。实现代码如下：

```
class Test:
    def __init__(self):
        self.flag=None
    def getFlag(self): return self.flag
    # 判断 c 是否是数字，如果是返回 True，否则返回 False
    def isNumber(self,c):
        return c>='0'and c<='9'
    """
    判断 str 是否是数字，如果是返回数字，且设置 flag=True，否则设置 flag=False
    输入参数：str 为字符数组，length 为数组长度，flag 表示 str 是否是数字
    """
    def strtoint(self,strs,length):
        if length > 1:
            if not self.isNumber(list(strs)[length - 1]):
                # 不是数字
```

```
                    print   "不是数字"
                    self.flag=False
                    return   -1
                if   list(strs)[0] == '-':
                    return   self.strtoint(strs,length-1) * 10 - (ord(list(strs)[length - 1]) - ord('0'))
                else :
                    return   self.strtoint(strs,length-1) * 10 + ord(list(strs)[length - 1]) - ord('0')
            else:
                if   list(strs)[0] =='-':
                    return   0
                else:
                    if   not self.isNumber(list(strs)[0]):
                        print   "不是数字"
                        self.flag=False
                        return   -1
                    return   ord(list(strs)[0]) - ord('0')
        def   strToint(self,s):
            self.flag=True
            if   s==None or len(s)<=0 or (list(s)[0] =='-' and len(s) ==1):
                print   "不是数字"
                self.flag=False
                return   -1
            if   list(s)[0] =='+':
                return   self.strtoint(s[1:len(s)],len(s)-1)
            else:
                return   self.strtoint(s,len(s))

    if   __name__=="__main__":
        t=Test()
        s = "-543"
        print   t.strToint(s)
        s = "543"
        print   t.strToint(s)
        s = "+543"
        print   t.strToint(s)
        s = "++43"
        result=t.strToint(s)
        if   t.getFlag() :
            print   result
```

程序的运行结果为：

```
-543
543
543
不是数字
```

算法性能分析：

由于这种方法对字符串进行了一次遍历，因此，时间复杂度为 O(N)（其中，N 是字符串的长度）。

方法二：非递归法

首先通过第一个字符的值确定整数的正负性，然后去掉符号位，把后面的字符串当做正数来处理，处理完成后再根据正负性返回正确的结果。实现方法为从左到右遍历字符串计算整数的值，以“123”为例，遍历到‘1’的时候结果为 1，遍历到‘2’的时候结果为 1*10+2=12，遍历到‘3’的时候结果为 12*10+3=123。其本质思路与方法一类似，根据这个思路实现代码如下：

```
class  Test:
    def  __init__(self):
        self.flag=None
    def  getFlag(self): return  self.flag
    # 判断 c 是否是数字，如果是返回 True，否则返回 False
    def  isNumber(self,c):
        return  c>='0'and c<='9'
    def  strToint(self,strs):
        if  strs==None:
            self.flag=False
            print  "不是数字"
            return  -1
        self.flag=True
        res = 0
        i = 0
        minus = False #  是否是负数
        if  list(strs)[i] == '-': #  结果是负数
            minus = True
            i +=1
        if  list(strs)[i] == '+': #  正数
            i +=1
        while  i<len(strs):
            if  self.isNumber(list(strs)[i]):
                res = res * 10 + ord(list(strs)[i]) - ord('0')
            else:
                self.flag=False
                print  "不是数字"
                return  -1
            i +=1
        return  -res if  minus else res

if  __name__=="__main__":
    t=Test()
    s = "-543"
    print  t.strToint(s)
    s = "543"
    print  t.strToint(s)
    s = "+543"
    print  t.strToint(s)
    s = "++43"
    result=t.strToint(s)
    if  t.getFlag():
        print  result
```

算法性能分析：

由于这种方法对字符串进行了一次遍历，因此算法的时间复杂度为 O(N)（其中 N 是指字符串的长度）。但是由于方法一采用了递归法，而递归法需要大量的函数调用，也就有大量的压栈与弹栈操作（函数调用都是通过压栈与弹栈操作来完成的）。因此，虽然这两个方法有相同的时间复杂度，但是方法二的运行速度会比方法一更快，效率更高。

5.9 如何实现字符串的匹配

【出自 WR 面试题】

难度系数：★★★★☆　　　　**被考察系数：**★★★★☆

题目描述：

给定主字符串 S 与模式字符串 P，判断 P 是否是 S 的子串，如果是，那么找出 P 在 S 中第一次出现的下标。

分析与解答：

对于字符串的匹配，最直接的方法就是逐个比较字符串中的字符，这种方法比较容易实现，但是效率也比较低下。对于这种字符串匹配的问题，除了最常见的直接比较法外，经典的 KMP 算法也是不二选择，它能够显著提高运行效率，下面分别介绍这两种方法。

方法一：直接计算法

假定主串 S= "$S_0 S_1 S_2 \cdots S_m$"，模式串 P = "$P_0 P_1 P_2 \cdots P_n$"。实现方法为：比较从主串 S 中以 S_i（$0 \leqslant i < m$）为首的字符串和模式串 P，判断 P 是否为 S 的前缀，如果是，那么 P 在 S 中第一次出现的位置则为 i，否则接着比较从 S_{i+1} 开始的子串与模式串 P，这种方法的时间复杂度为 O(m*n)。此外如果 i>m−n，那么在主串中以 S_i 为首的子串的长度必定小于模式串 P 的长度，因此，在这种情况下就没有必要再做比较了。实现代码如下：

```
"""
方法功能：判断 p 是否为 s 的子串，如果是，那么返回 p 在 s 中第一次出现的下标，否则返回-1
输入参数：s 和 p 分别为主串和模式串
"""
def  match(s,p):
    # 检查参数的合理性
    if  s==None or  p==None:
        print  "参数不合理"
        return  -1
    slen=len(s)
    plen=len(p)
    # p 肯定不是 s 的子串
    if  slen<plen:
        return  -1
    i = 0
    j = 0
    while  i < slen and j < plen:
        if  list(s)[i] == list(p)[j]:
            # 如果相同，那么继续比较后面的字符
            i +=1
```

```
                j +=1
            else:
                # 后退回去重新比较
                i = i - j + 1
                j = 0
                if(i>slen-plen):
                    return  -1
        if  j >= plen:  # 匹配成功
            return  i - plen
        return  -1

if  __name__=="__main__":
    s = "xyzabcd"
    p = "abc"
    print  match(s, p)
```

程序的运行结果为：

```
3
```

算法性能分析：

这种方法在最差的情况下需要对模式串 P 遍历 m−n 次（m，n 分别为主串和模式串的长度），因此，算法的时间复杂度为 O(n(m−n))。

方法二：KMP 算法

在方法一中，如果“$P_0 P_1 P_2 \cdots P_{j-1}$” == “$S_{i-j} \cdots S_{i-1}$”，那么模式串的前 j 个字符已经和主串中 i−j 到 i−1 的字符进行了比较，此时如果 P_j!= S_i，那么模式串需要回退到 0，主串需要回退到 i−j+1 的位置重新开始下一次比较。而在 KMP 算法中，如果 P_j!= S_i，那么不需要回退，即 i 保持不动，j 也不用清零，而是向右滑动模式串，用 P_k 和 S_i 继续匹配。这种方法的核心就是确定 k 的大小，显然，k 的值越大越好。

如果 P_j!= S_i，可以继续用 P_k 和 S_i 进行比较，那么必须满足：

（1）“$P_0 P_1 P_2 \cdots P_{k-1}$” == “$S_{i-k} \cdots S_{i-1}$”

已经匹配的结果应满足下面的关系：

（2）“$P_{j-k} \cdots P_{j-1}$” == “$S_{i-k} \cdots S_{i-1}$”

由以上这两个公式可以得出如下结论：

“$P_0 P_1 P_2 \cdots P_{k-1}$” = “$P_{j-k} \cdots P_{j-1}$”

因此，当模式串满足“$P_0 P_1 P_2 \cdots P_{k-1}$” == “$P_{j-k} \cdots P_{j-1}$”时，如果主串第 i 个字符与模式串第 j 个字符匹配失败，那么只需要接着比较主串第 i 个字符与模式串第 k 个字符。

为了在任何字符匹配失败的时候都能找到对应 k 的值，这里给出 next 数组的定义，next[i]=m 表示的意思为：“$P_0 P_1 \cdots P_{m-1}$” = “$P_{i-m} \cdots P_{i-2} P_{i-1}$”。计算方法如下：

（1）next[j]=−1　（当 j==0 时）

（2）next[j]=max　（Max{k|1<k<j 且“$P_0 \cdots P_k$” == “$P_{j-k-1} \cdots P_{j-1}$”）

（3）next[j]=0　（其他情况）

实现代码如下：

```
    """
```

```
方法功能：求字符串的 next 数组
输入参数：p 为字符串，nexts 为 p 的 next 数组
"""
def  getNext(p,nexts):
    i=0
    j=-1
    nexts[0]=-1
    while  i<len(p):
        if  j==-1 or list(p)[i] ==list(p)[j]:
            i +=1
            j +=1
            nexts[i]=j
        else:
            j=nexts[j]

def  match(s,p,nexts):
    # 检查参数的合理性，s 的长度一定不会小于 p 的长度
    if  s==None or p==None:
        print  "参数不合理"
        return  -1
    slen=len(s)
    plen=len(p)
    # p 肯定不是 s 的子串
    if  slen<plen:
        return  -1
    i = 0
    j = 0
    while  i < slen and j < plen:
        print  "i="+str(i)+","+"j="+str(j)
        if  j==-1 or list(s)[i] == list(p)[j]:
            # 如果相同，那么继续比较后面的字符
            i +=1
            j +=1
        else:
            # 主串 i 不需要回溯，从 next 数组中找出需要比较的模式串的位置 j
            j=nexts[j]
    if  j >= plen: # 匹配成功
        return  i-plen
    return  -1

if  __name__=="__main__":
    s = "abababaabcbab"
    p = "abaabc"
    lens=len(p)
    nexts=[0]*(lens+1)
    getNext(p,nexts)
    print  "nexts 数组为："+str(nexts[0]),
    i=1
    while  i<lens-1:
        print  ","+str(nexts[i]),
```

```
        i +=1
    print   '\n'
    print   "匹配结果为："+str(match(s,p,nexts))
```

程序的运行结果为：

```
next 数组为：-1,0,0,1,1
i=0,j=0
i=1,j=1
i=2,j=2
i=3,j=3
i=3,j=1
i=4,j=2
i=5,j=3
i=5,j=1
i=6,j=2
i=7,j=3
i=8,j=4
i=9,j=5
匹配结果为：4
```

从运行结果可以看出，模式串 P="abaabc"的 next 数组为[-1,0,0,1,1]，next[3]=1，说明 P[0]==P[2]。当 i=3，j=3 的时候 S[i]!=P[j]，此时主串 S 不需要回溯，跟模式串位置 j=next[j]=next[3]=1 的字符继续进行比较。因为此时 S[i-1]一定与 P[0]相等，所以，就没有必要再比较了。

算法性能分析：

这种方法在求 next 数组的时候循环执行的次数为 n（n 为模式串的长度），在模式串与主串匹配的过程中循环执行的次数为 m（m 为主串的长度）。因此，算法的时间复杂度为 O(m+n)。但是由于算法申请了额外的 n 个存储空间来存储 next 数组，因此，算法的空间复杂度为 O(n)。

5.10 如何求字符串里的最长回文子串

【出自 BD 笔试题】

难度系数：★★★★☆　　　　**被考察系数：**★★★★☆

题目描述：

回文字符串是指一个字符串从左到右与从右到左遍历得到的序列是相同的。例如“abcba”就是回文字符串，而“abcab”则不是回文字符串。

分析与解答：

最容易想到的方法为遍历字符串所有可能的子串（蛮力法），判断其是否为回文字符串，然后找出最长的回文子串。但是当字符串很长的时候，这种方法的效率是非常低下的，因此这种方法不可取。下面介绍几种相对高效的方法。

方法一：动态规划法

在采用蛮力法找回文子串的时候有很多字符的比较是重复的，因此可以把前面比较的中间结果记录下来供后面使用。这就是动态规划的基本思想。那么如何根据前面查找的结果判断后续的子串是否为回文字符串呢？下面给出判断的公式，即动态规划的状态转移公式：

给定字符串“$S_0 S_1 S_2 \cdots S_n$”，假设 P(i, j)=1 表示“$S_i S_{i+1} \cdots S_j$”是回文字符串；P(i, j)=0 则表示“$S_i S_{i+1} \cdots S_j$”不是回文字符串。那么：

P(i, i)= 1

如果 $S_i == S_{i+1}$：那么 P(i, i+1)=1，否则 P(i, i+1)=0。

如果 $S_i == S_j$：那么 P(i, j)=P(i+1, j−1)。

根据这几个公式，实现代码如下：

```
class  Test:
    def  __new__(self):
        self.startIndex=None
        self.lens=None
    def  getStartIndex(self): return  self.startIndex
    def  getLen(self): return  self.lens
    """
    方法功能：找出字符串中最长的回文子串
    输入参数：str 为字符串，startIndex 与 len 为找到的回文字符串的起始位置与长度
    """
    def  getLongestPalindrome(self,strs):
        if  strs==None:
            return
        n = len(strs) # 字符串长度
        if  n<1:
            return
        self.startIndex = 0
        self.lens = 1
        # 申请额外的存储空间记录查找的历史信息
        historyRecord=[([None]*n)  for  i  in  range (n)]
        i=0
        while  i<n:
            j=0
            while  j<n:
                historyRecord[i][j]=0
                j +=1
            i +=1
        # 初始化长度为 1 的回文字符串信息
        i=0
        while  i<n:
            historyRecord[i][i] = 1
            i +=1
        # 初始化长度为 2 的回文字符串信息
        i =0
        while  i<n-1:
            if  list(strs)[i] == list(strs)[i+1]:
                historyRecord[i][i+1] = 1
                self.startIndex = i
                self.lens = 2
            i +=1
        # 查找从长度为 3 开始的回文字符串
```

```
            pLen = 3
            while   pLen <= n:
                i=0
                while   i < n-pLen+1:
                    j = i+pLen-1
                    if   list(strs)[i] == list(strs)[j] and historyRecord[i+1][j-1] ==1:
                        historyRecord[i][j] = 1
                        self.startIndex = i
                        self.lens = pLen
                    i +=1
                pLen +=1

if   __name__=="__main__":
    strs="abcdefgfedxyz"
    t=Test()
    t.getLongestPalindrome(strs)
    if   t.getStartIndex()!=-1 and t.getLen()!=-1:
        print   "最长的回文字串为：",
        i=t.getStartIndex()
        while   i<t.getStartIndex()+t.getLen():
            print   list(strs)[i],
            i +=1
    else:
        print   "查找失败"
```

程序的运行结果为：

```
最长的回文子串为：defgfed
```

算法性能分析：

这种方法的时间复杂度为 $O(n^2)$，空间复杂度也为 $O(n^2)$。

此外，还有另外一种动态规划的方法来实现最长回文字符串的查找。主要思路为：对于给定的字符串 str1，求出对其进行逆序的字符串 str2，然后 str1 与 str2 的最长公共子串就是 str1 的最长回文子串。

方法二：中心扩展法

判断一个字符串是否为回文字符串最简单的方法为：从字符串最中间的字符开始向两边扩展，通过比较左右两边字符是否相等就可以确定这个字符串是否为回文字符串。这种方法对于字符串长度为奇数和偶数的情况需要分别对待。例如：对于字符串“aba”，就可以从最中间的位置 b 开始向两边扩展；但是对于字符串“baab”，就需要从中间的两个字母开始分别向左右两边扩展。

基于回文字符串的这个特点，可以设计这样一个方法来找回文字符串：对于字符串中的每个字符 C_i，向两边扩展，找出以这个字符为中心的回文子串的长度。由于上面介绍的回文字符串长度的奇偶性，这里需要分两种情况：（1）以 C_i 为中心向两边扩展；（2）以 C_i 和 C_{i+1} 为中心向两边扩展。实现代码如下：

```
class   Test:
    def   __init__(self):
```

```
            self.startIndex=None
            self.lens=None
        def  getStartIndex(self): return  self.startIndex
        def  getLen(self): return  self.lens
        # 对字符串 str，以 c1 和 c2 为中心向两侧扩展寻找回文子串
        def  expandBothSide(self,strs,c1,c2):
            n = len(strs)
            while  c1 >= 0 and c2 < n and list(strs)[c1] == list(strs)[c2]:
                c1 -=1
                c2 +=1
            tmpStartIndex=c1+1
            tmpLen=c2-c1-1
            if  tmpLen > self.lens:
                self.lens = tmpLen
                self.startIndex=tmpStartIndex
        # 方法功能：找出字符串最长的回文子串
        def  getLongestPalindrome(self,strs):
            if  strs==None:
                return
            n = len(strs)
            if(n<1):
                return
            i=0
            while  i<n-1:
                # 找回文字符串长度为奇数的情况（从第 i 个字符向两边扩展）
                self.expandBothSide(strs,i,i)
                # 找回文字符串长度为偶数的情况（从第 i 和 i+1 两个字符向两边扩展）
                self.expandBothSide(strs,i,i+1)
                i +=1

if  __name__=="__main__":
    strs="abcdefgfedxyz"
    t=Test()
    t.getLongestPalindrome(strs)
    if  t.getStartIndex()!=-1 and t.getLen()!=-1:
        print  "最长的回文字串为：",
        i=t.getStartIndex()
        while  i<t.getStartIndex()+t.getLen():
            print  list(strs)[i],
            i +=1
    else:
        print  "查找失败"
```

算法性能分析：

这种方法的时间复杂度为 $O(n^2)$，空间复杂度为 $O(1)$。

方法三：Manacher 算法

方法二需要根据字符串的长度分偶数与奇数两种不同情况单独处理，Manacher 算法可以通过向相邻字符中插入一个分隔符，把回文字符串的长度都变为奇数，从而可以对这两种情况统一处理。例如：对字符串“aba”插入分隔符后变为“*a*b*a*”，回文字符串的长度还是

奇数。对字符串“aa”插入分隔符后变为“*a*a*”，回文字符串长度也是奇数。因此，采用这种方法后可以对这两种情况统一进行处理。

Manacher 算法的主要思路为：首先在字符串中相邻的字符中插入分割字符，字符串的首尾也插入分割字符（字符串中不存在的字符，本例以字符*为例作为分割字符）。接着用另外的一个辅助数组 P 来记录以每个字符为中心对应的回文字符串的信息。P[i]记录了以字符串第 i 个字符为中心的回文字符串的半径（包含这个字符），以 P[i]为中心的回文字符串的长度为 2*P[i]−1。P[i]−1 就是这个回文字符串在原来字符串中的长度。例如：“*a*b*a*”对应的辅助数组 P 为：[1，2，1，4，1，2，1]，最大值为 P[3]=4，那么原回文字符串的长度则为 4−1=3。

那么如何来计算 P[i]的值呢?如下图所示可以分为四种情况来讨论：

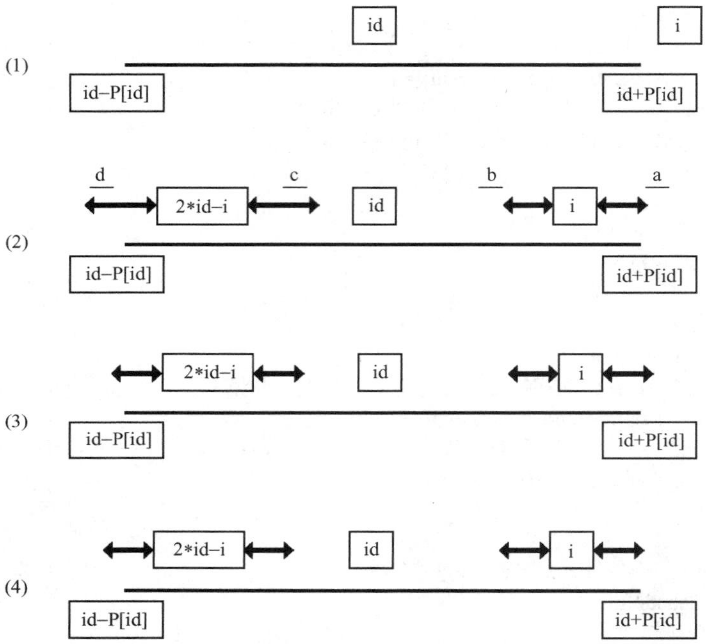

假设在计算 P[i]的时候，在已经求出的 P[id]（id<i）中，找出使得 id+P[id]的值为最大的 id，即找出这些回文字符串的尾字符下标最大的回文字符的中心的下标 id。

（1）i 没有落到 P[id]对应的回文字符串中（如上图(1)）。此时因为没有参考的值，所以只能把字符串第 i 个字符作为中心，向两边扩展来求 P[i]的值。

（2）i 落到了 P[id]对应的回文字符串中。此时可以把 id 当做对称点，找出 i 对称的位置 2*id−i，如果 P[2*id−i]对应的回文字符的左半部分有一部分落在 P[id]内，另外一部分落在 P[id]外（如上图(2)），那么 P[i]= id+P[id]−i，也就是 P[i]的值等于 P[id]与 P[2*id−i]重叠部分的长度。需要注意的是，P[i]不可能比 id+P[id]−i 更大，证明过程如下：假设 P[i]> id+P[id]−i，以 i 为中心的回文字符串可以延长 a，b 两部分（延长的长度足够小，使得 P[i]< P[2*id−i]），如上图（2）所示：根据回文字符串的特性可以得出：a=b，找出 a 与 b 以 id 为对称点的子串 d，c。由于 d 和 c 落在了 P[2*id−i]内，因此，c=d，又因为 b 和 c 落在了 P[id]内，因此，b=c，所以，可以得到 a=d，这与已经求出的 P[id]矛盾，因此，P[id]的值不可能更大。

（3）i 落到了 P[id]对应的回文字符串中，把 id 当做对称点，找出 i 对称的位置 2*id−i，如果 P[2*id−i]对应的回文字符的左半部分与 P[id]对应的回文字符的左半部分完全重叠，那么 P[i]的最小值为 P[2*id−i]，在此基础上继续向两边扩展，求出 P[i]的值。

（4）i 落到了 P[id]对应的回文字符串中，把 id 当做对称点，找出 i 对称的位置 2*id−i，如果 P[2*id−i]对应的回文字符的左半部分完全落在了 P[id]对应的回文字符的左半部分，那么 P[i]=P[2*id−i]。

根据以上四种情况可以得出结论：P[i] >= MIN(P[2 * id − i], P[id]+id−i)。在计算的时候可以先求出 P[i] = MIN(P[2 * id − i], P[id]+id−i)，然后在此基础上向两边继续扩展寻找最长的回文子串，根据这个思路的实现代码如下：

```
class  Test:
    def  __init__(self):
        self.center=None
        self.palindromeLen=None
    def  getCenter(self):return  self.center
    def  getLen(self): return  self.palindromeLen
    def  mins(self,a,b):
        return  b if  a>b else a
    """
    方法功能：找出字符串最长的回文子串
    输入参数：str 为字符串，center 为回文字符的中心字符，len 表示回文字符串长度
    如果长度为偶数，那么表示中间偏左边的那个字符的位置
    """
    def  Manacher(self,strs):
        lens=len(strs)  # 字符串长度
        newLen=2*lens+1
        s=[None]*newLen # 插入分隔符后的字符串
        p=[None]*newLen
        id=0          # id 表示以第 id 个字符为中心的回文字符串最右端的下标值最大
        i=0
        while  i < newLen:
            # 构造填充字符串
            s[i] = '*'
            p[i] = 0
            i +=1
        i=0
        while  i<lens:
            s[(i + 1) *2] = list(strs)
            i +=1
        self.center=-1
        self.palindromeLen = -1
        # 求解 p 数组
        i=1
        while  i<newLen:
            if  id+p[id] > i: # 图中（1），（2），(3)三种情况
                p[i] = self.mins(id+p[id]-i, p[2*id - i])
            else:      # 对应图中第（4）种情况
                p[i] = 1
            # 然后接着向左右两边扩展求最长的回文子串
```

```
            while   i + p[i]<newLen and i - p[i]>0 and s[i - p[i]] == s[i + p[i]]:
                p[i] +=1
            # 当前求出的回文字符串最右端的下标更大
            if   i + p[i] > id+p[id]:
                id = i
            # 当前求出的回文字符串更长
            if   p[i] - 1 > self.palindromeLen:
                self.center=(i+1)/2-1
                self.palindromeLen = p[i] - 1      # 更新最长回文子串的长度
            i +=1

if   __name__=="__main__":
    strs="abcbax"
    t=Test()
    t.Manacher(strs)
    center=t.getCenter()
    palindromeLen=t.getLen()
    if   center!=-1 and palindromeLen!=-1:
        print   "最长的回文子串为：",
        # 回文字符串长度为奇数
        if   palindromeLen % 2 ==1:
            i=center-palindromeLen/2
            while   i<=center+palindromeLen/2:
                print   list(strs)[i],
                i +=1
        # 回文字符串长度为偶数
        else:
            i=center-palindromeLen/2
            while   i<center+palindromeLen/2:
                print   list(strs)[i],
                i +=1
    else:
        print   "查找失败"
```

程序的运行结果为：

```
最长的回文子串为：abcba
```

算法性能分析：

这种方法的时间复杂度和空间复杂度都为 O(N)。

5.11 如何按照给定的字母序列对字符数组排序

【出自 QNEW 笔试题】

难度系数：★★★★☆　　　　**被考察系数：**★★★☆☆

题目描述：

已知字母序列[d，g，e，c，f，　b，o，a]，请实现一个方法，要求对输入的一组字符串 input=[“bed”，“dog”，“dear”，“eye”]按照字母顺序排序并打印。本例的输出顺序为：dear, dog, eye, bed。

分析与解答：

这道题本质上还是考察对字符串排序的理解，唯一不同的是，改变了比较字符串大小的规则，因此这道题的关键是如何利用给定的规则比较两个字符串的大小，只要实现了两个字符串的比较，那么利用任何一种排序方法都可以。下面重点介绍字符串比较的方法。

本题的主要思路为：为给定的字母序列建立一个可以进行大小比较的序列，在这里我们采用 map 数据结构来实现 map 的键为给定的字母序列，其值为从 0 开始依次递增的整数，对于没在字母序列中的字母，对应的值统一按-1 来处理。这样在比较字符串中的字符时，不是直接比较字符的大小，而是比较字符在 map 中对应的整数值的大小。以“bed”、“dog”为例，[d, g, e, c, f, b, o, a]构建的 map 为 char_to_int[‘d’]=0，char_to_int[‘g’]=1，char_to_int[‘e’]=2，char_to_int[‘c’]=3，char_to_int[‘f’]=4，char_to_int[‘b’]=5，char_to_int[‘o’]=6，char_to_int [‘a’]=7。在比较“bed”与“dog”的时候，由于 char_to_int[‘b’]=5，char_to_int[‘d’]=0，显然 5>0，因此，‘b’ > ‘d’，所以，“bed” > “dog”。

下面以插入排序为例，给出实现代码：

```
# 根据 char_to_int 规定的字符的大小关系比较两个字符的大小
def  compare(str1,str2,char_to_int):
    len1 = len(str1)
    len2 = len(str2)
    i = 0
    j = 0
    while   i < len1 and j < len2:
        # 如果字符不在给定的序列中，那么把值赋为-1
        if  list(str1)[i] not in char_to_int.keys():
            char_to_int[list(str1)[i]]=-1
        if  list(str2)[j] not in char_to_int.keys():
            char_to_int[list(str2)[j]]=-1
        # 比较各个字符的大小
        if  char_to_int[list(str1)[i]]<char_to_int[list(str2)[j]]:
            return   -1
        elif  char_to_int[list(str1)[i]] > char_to_int[list(str2)[j]]:
            return   1
        else:
            i +=1
            j +=1
    if   i == len1 and j == len2:
        return   0
    elif   i == len1:
        return   -1
    else:
        return   1

def  insertSort(s,char_to_int):
    # 对字符串数组进行排序
    lens = len(s)
    i=1
    while   i<lens:
```

```
            temp = s[i]
            j=i-1
            while   j >= 0:
                # 用给定的规则比较字符串的大小
                if   compare(temp,s[j],char_to_int) ==-1:
                    s[j+1] = s[j]
                else:
                    break
                j -=1
            s[j+1] = temp
            i +=1

if   __name__=="__main__":
    s =["bed", "dog", "dear", "eye"]
    sequence = "dgecfboa"
    lens = len(sequence)
    # 用来存储字母序列与其对应的值的键值对
    char_to_int =dict()
    # 根据给定字符序列构造字典
    i=0
    while   i<lens:
        char_to_int[list(sequence)[i]]=i
        i +=1
    insertSort(s,char_to_int)
    i=0
    while   i<len(s):
        print   s[i],
        i +=1
```

程序的运行结果为：

```
dear dog eye bed
```

算法性能分析：

这种方法的时间复杂度为 $O(N^3)$（其中 N 为字符串的长度）。因为 insertSort 函数中使用了双重遍历，而这个函数中调用了 compare 函数，所以这个函数内部也有一层循环。

5.12 如何判断一个字符串是否包含重复字符

【出自 google 面试题】

难度系数：★★★☆☆ **被考察系数：★★★☆☆**

题目描述：

判断一个字符串是否包含重复字符。例如："good" 就包含重复字符 'o'，而 "abc" 就不包含重复字符。

分析与解答：

方法一：蛮力法

最简单的方法就是把这个字符串看作一个字符数组，对该数组使用双重循环进行遍历，即对每个字符，都将其与其后面所有的字符进行比较，如果能找到相同的字符，那么说明字符串包含重复的字符。

实现代码如下：

```
# 判断字符串中是否有相同的字符
def isDup(strs):
    lens=len(strs)
    i=0
    while i<lens:
        j=i+1
        while j<lens:
            if list(strs)[j] ==list(strs)[i]:
                return True
            j +=1
        i +=1
    return False

if __name__=="__main__":
    strs="GOOD"
    result=isDup(strs)
    if result:
        print strs+"中有重复字符"
    else:
        print strs+"中没有重复字符"
```

程序的运行结果为：

```
GOOD 中有重复字符
```

算法性能分析：

由于这种方法使用了双重循环对字符数组进行了遍历，因此，算法的时间复杂度为 $O(N^2)$（其中，N 是指字符串的长度）。

方法二：空间换时间

在算法中经常会采用空间换时间的方法。对于这个问题，也可以采取这种方法。其主要思路如下：由于常见的字符只有 256 个，假设这道题涉及的字符串中不同的字符个数最多为 256 个，那么可以申请一个大小为 256 的 int 类型数组来记录每个字符出现的次数，初始化都为 0，把这个字符的编码作为数组的下标，在遍历字符数组的时候，如果这个字符在数组中对应的值为 0，那么把它置为 1，如果为 1，那么说明这个字符在前面已经出现过了，因此，字符串包含重复的字符。采用这种方法只需要对字符数组进行一次遍历即可，因此，时间复杂度为 O(N)，但是需要额外申请 256 个单位的空间。由于申请的数组用来记录一个字符是否出现，只需要 1bit 也能实现这个功能，因此，作为更好的一种方案，可以只申请大小为 8 的 int 类型的数组，由于每个 int 类型占 32bit，所以，大小为 8 的数组总共为 256bit，用 1bit 来表示一个字符是否已经出现过可以达到同样的目的，实现代码如下：

```
def isDup(strs):
    lens=len(strs)
```

```
    flags=[None]*8   # 只需要 8 个 32 位的 int，8*32=256 位
    i=0
    while   i<8:
        flags[i]=0
        i +=1
    i=0
    while   i<lens:
        index=ord(list(strs)[i])/32
        shift=ord(list(strs)[i])%32
        if   (flags[index] & (1<<shift))!=0:
            return   True
        flags[index] |=(1<<shift)
    return   False

if   __name__=="__main__":
    strs="GOOD"
    result=isDup(strs)
    if   result:
        print   strs+"中有重复字符"
    else:
        print   strs+"中没有重复字符"
```

程序的运行结果为：

```
GOOD 中有重复字符
```

算法性能分析：

由于这种方法对字符串进行了一次遍历，因此算法的时间复杂度为 O(N)（其中，N 是指字符串的长度）。此外，这种方法申请了 8 个额外的存储空间。

5.13 如何找到由其他单词组成的最长单词

【出自 MG 移动面试题】

难度系数：★★★★☆　　　　**被考察系数：★★★☆☆**

题目描述：

给定一个字符串数组，找出数组中最长的字符串，使其能由数组中其他的字符串组成。例如给定字符串数组[“test”，“tester”，“testertest”，“testing”，“apple”，“seattle”，“banana”，“batting”，“ngcat”，“batti”，“bat”，“testingtester”，“testbattingcat”]。满足题目要求的字符串为“testbattingcat”，因为这个字符串可以由数组中的字符串“test”，“batti”和“ngcat”组成。

分析与解答：

既然题目要求找最长的字符串，那么可以采用贪心法，首先对字符串由大到小进行排序，从最长的字符串开始查找，如果能由其他字符串组成，那么就是满足题目要求的字符串。接下来就需要考虑如何判断一个字符串能否由数组中其他的字符串组成，主要的思路为：找出字符串的所有可能的前缀，判断这个前缀是否在字符数组中，如果在，那么用相同的方法递归地判断除去前缀后的子串是否能由数组中其他的子串组成。

以题目中给的例子为例，首先对数组进行排序，排序后的结果为：[“testbattingcat”，“testingtester”，“testertest”，“testing”，“seattle”，“batting”，“tester”，“banana”，“apple”，“ngcat”，“batti”，“test”，“bat”]。首先取“testbattingcat”进行判断，具体步骤如下：

（1）分别取它的前缀“t”，“te”，“tes”都不在字符数组中，“test”在字符数组中。

（2）接着用相同的方法递归地判断剩余的子串“battingcat”，同理，“b”，“ba”都不在字符数组中，“bat”在字符数组中。

（3）然后判断“tingcat”，通过判断发现“tingcat”不能由字符数组中其他字符组成。因此，回到上一个递归调用的子串接着取字符串的前缀进行判断。

（4）回到上一个递归调用，待判断的字符串为“battingcat”，当前比较到的前缀为“bat”，接着取其他可能的前缀“batt”，“battt”都不在字符数组中，“battti”在字符数组中。接着判断剩余子串“ngcat”。

（5）通过比较发现“ngcat”在字符数组中。因此，能由其他字符组成的最长字符串为“testbattingcat”。

实现代码如下：

```
class  LongestWord:
    #方法功能：判断字符串 strs 是否在字符串数组中
    def  find(self,strArray,strs):
        i=0
        while  i<len(strArray):
            if  strs==strArray[i]:
                return  True
            i +=1
        return  False
    """
    方法功能：判断字符串 word 是否能由数组 strArray 中的其他单词组成
    参数：word 为待判断的后缀子串，length 待判断字符串的长度
    """
    def  isContain(self,strArray,word,length):
        lens = len(word)
        # 递归的结束条件，当字符串长度为 0 时，说明字符串已经遍历完了
        if  lens == 0:
            return  True
        # 循环取字符串的所有前缀
        i=1
        while  i<=lens:
            # 取到的子串为自己
            if  i == length:
                return  False
            strs = word[0:i]
            if  self.find(strArray, strs):
                # 查找完字符串的前缀后，递归判断后面的子串能否由其他单词组成
                if  self.isContain(strArray, word[i:], length):
                    return  True
            i +=1
        return  False
```

```
    # 方法功能：找出能由数组中其他字符串组成的最长字符串
    def  getLogestStr(self,strArray):
        # 对字符串由大到小排序
        strArray=sorted(strArray,key=len,reverse=True)
        print  strArray
        # 贪心地从最长的字符串开始判断
        i=0
        while  i<len(strArray):
            if  self.isContain(strArray, strArray[i], len(strArray[i])):
                return  strArray[i]
            i +=1
        # 如果没找到，那么返回空串
        return  None

if  __name__=="__main__":
    strArray=["test", "tester", "testertest", "testing", "apple", "seattle", "banana", "batting",
        "ngcat", "batti", "bat", "testingtester", "testbattingcat" ]
    lw =LongestWord()
    logestStr = lw.getLogestStr(strArray)
    if  logestStr != None:
        print  "最长的字符串为：" + logestStr
    else:
        print  "不存在这样的字符串"
```

程序的运行结果为：

```
最长的字符串为：testbattingcat
```

算法性能分析：

排序的时间复杂度为 O(nlogn)，假设单词的长度为 m，那么有 m 种前缀，判断一个单词是否在数组中的时间复杂度为 O(mn)，由于总共有 n 个字符串，因此，判断所需的时间复杂度为 $O(m*n^2)$。因此，总的时间复杂度为 $O(nlogn+ m*n^2)$。当 n 比较大的时候，时间复杂度为 $O(n^2)$。

5.14 如何统计字符串中连续的重复字符个数

【出自 BD 笔试题】

难度系数：★★★★☆　　　　**被考察系数：**★★★☆☆

题目描述：

用递归的方法实现一个求字符串中连续出现相同字符的最大值，例如字符串“aaabbcc”中连续出现字符‘a’的最大值为 3，字符串“abbc”中连续出现字符‘b’的最大值为 2。

分析与解答：

如果不要求采用递归的方法，那么算法的实现就非常简单，只需要在遍历字符串的时候定义两个额外的变量 curMaxLen 与 maxLen，分别记录与当前遍历的字符重复的连续字符的个数和遍历到目前为止找到的最长的连续重复字符的个数。在遍历的时候，如果相邻的字符相等，那么执行 curMaxLen+1；否则，更新最长连续重复字符的个数，即 maxLen=max(curMaxLen, maxLen)，由于碰到了新的字符，因此 curMaxLen=1。

题目要求用递归的方法来实现，通过对非递归方法进行分析可以知道，在遍历字符串的时候，curMaxLen 与 maxLen 是最重要的两个变量，那么在进行递归调用的时候，通过传入两个额外的参数（curMaxLen 与 maxLen）就可以采用与非递归方法类似的方法来实现，实现代码如下：

```
def  getMaxDupChar(s,startIndex,curMaxLen,maxLen):
    # 字符串遍历结束，返回最长连续重复字符串的长度
    if  startIndex == len(s) - 1:
        return  max(curMaxLen, maxLen)
    # 如果两个连续的字符相等，那么在递归调用的时候把当前最长串的长度加 1
    if  list(s)[startIndex] == list(s)[startIndex + 1]:
        return  getMaxDupChar(s, startIndex + 1, curMaxLen + 1, maxLen)
    # 两个连续的子串不相等，求出最长串 max(curMaxLen, maxLen),
    # 当前连续重复字符串的长度变为 1
    else:
        return  getMaxDupChar(s, startIndex + 1, 1,max(curMaxLen, maxLen))

if  __name__=="__main__":
    print  "abbc 的最长连续重复子串长度为：" + str(getMaxDupChar("abbc", 0, 1, 1))
    print  "aaabbcc 的最长连续重复子串长度为：" + str(getMaxDupChar("aaabbcc", 0, 1, 1))
```

程序的运行结果为：

```
abbc 的最长连续重复子串长度为：2
aaabbcc 的最长连续重复子串长度为：3
```

算法性能分析：

由于这种方法对字符串进行了一次遍历，因此，算法的时间复杂度为 O(N)。这种方法也没有申请额外的存储空间。

5.15 如何求最长递增子序列的长度

【出自 WR 面试题】

难度系数：★★★★☆　　　　**被考察系数：**★★★★☆

题目描述：

假设 L=<a1,a2,…,an>是 n 个不同的实数的序列，L 的递增子序列是这样一个子序列 Lin=<ak1,ak2,…,akm>，其中，k1<k2<…<km 且 ak1<ak2<…<akm。求最大的 m 值。

方法一：最长公共子串法

对序列 L=<a1,a2,…,an>按递增进行排序得到序列 LO=<b1,b2,…,bn>。显然，L 与 LO 的最长公共子序列就是 L 的最长递增子序列。因此，可以使用求公共子序列的方法来求解。

方法二：动态规划法

由于以第 i 个元素为结尾的最长递增子序列只与以第 i-1 个元素为结尾的最长递增子序列

有关，因此，本题可以采用动态规划的方法来解决。下面首先介绍动态规划方法中的核心内容递归表达式的求解。

以第 i 个元素为结尾的最长递增子序列的取值有两种可能：

（1）1，第 i 个元素单独作为一个子串（L[i]<=L[i-1]）；

（2）以第 i-1 个元素为结尾的最长递增子序列加 1（L[i]>L[i-1]）。

由此可以得到如下的递归表达式：假设 maxLen[i]表示以第 i 个元素为结尾的最长递增子序列，那么

（1）maxLen [i]=max[1， maxLen [j]+1]，j<i and L[j]<L[i]

（2）maxLen[0]=1

根据这个递归表达式可以非常容易地写出实现的代码：

```
# 函数功能：求字符串 L 的最长递增子串的长度
def  getMaxAscendingLen(strs):
    lens = len(strs)
    maxLen =[None] * lens
    maxLen[0] = 1
    maxAscendingLen = 1
    i=1
    while  i<lens:
        maxLen[i]=1 # maxLen[i]的最小值为 1；
        j=0
        while  j<i:
            if  list(strs)[j] < list(strs)[i] and maxLen[j] > maxLen[i]-1:
                maxLen[i]=maxLen[j]+1
                maxAscendingLen=maxLen[i]
            j +=1
        i +=1
    return  maxAscendingLen

if  __name__=="__main__":
    s = "xbcdza"
print  "最长递增子序列的长度为："+ str(getMaxAscendingLen(s))
```

程序的运行结果为：

```
xbcdza 最长递增子序列的长度为：4
```

算法性能分析：

由于这种方法用双重循环来实现，因此，这种方法的时间复杂度为 $O(N^2)$，此外由于这种方法还使用了 N 个额外的存储空间，因此，空间复杂度为 O(N)。

5.16 求一个串中出现的第一个最长重复子串

【出自 TX 笔试题】

难度系数：★★★★☆　　　　**被考查系数：**★★★★☆

题目描述：

给定一个字符串，找出这个字符串中最长的重复子串，比如给定字符串“banana”，子字符串“ana”出现 2 次，因此最长的重复子串为“ana”。

分析与解答：

由于题目要求最长重复子串，显然可以先求出所有的子串，然后通过比较各子串是否相等从而求出最长公共子串，具体的思路为：首先找出长度为 n−1 的所有子串，判断是否有相等的子串，如果有相等的子串，那么就找到了最长的公共子串；否则找出长度为 n−2 的子串继续判断是否有相等的子串，依次类推直到找到相同的子串或遍历到长度为 1 的子串为止。这种方法的思路比较简单，但是算法复杂度较高。下面介绍一种效率更高的算法：后缀数组法。

后缀数组是一个字符串的所有后缀的排序数组。后缀是指从某个位置 i 开始到整个串末尾结束的一个子串。字符串 r 从第 i 个字符开始的后缀表示为 Suffix(i)，也就是 Suffix(i)=r[i..len(r)]。例如：字符串“banana”的所有后缀如下：

```
0 banana                              5 a
1 anana      对所有后缀排序           3 ana
2 nana       ---------------->        1 anana
3 ana                                 0 banana
4 na                                  4 na
5 a                                   2 nana
```

所以“banana”的后缀数组为:[5, 3, 1, 0, 4, 2] 。由此可以把找字符串的重复子串的问题转换为从后缀排序数组中通过对比相邻的两个子串的公共串的长度。在上例中 3:ana 与 1:anana 的最长公共子串为 ana。这也就是这个字符串的最长公共子串。实现代码如下：

```
class  CommonSubString:
    # 找出最长的公共子串的长度
    def  maxPrefix(self,s1,s2):
        i=0
        while  i<len(s1) and i<len(s2):
            if  list(s1)[i] ==list(s2)[i]:
                i +=1
            else:
                break
            i +=1
        return  i
    # 获取最长的公共子串
    def  getMaxCommonStr(self,txt):
        n = len(txt)
        # 用来存储后缀数组
        suffixes=[None]*n
        longestSubStrLen = 0
        longestSubStr=None
        # 获取到后缀数组
        i=0
        while  i<n:
            suffixes[i] = txt[i:]
```

```
            i +=1
        # 对后缀数组排序
        suffixes.sort()
        i=1
        while   i<n:
            tmp=self.maxPrefix(suffixes[i],suffixes[i-1])
            if   tmp>longestSubStrLen:
                longestSubStrLen = tmp
                longestSubStr=suffixes[i][0:i+1]
            i +=1
        return   longestSubStr

if   __name__=="__main__":
    txt = "banana"
    c=CommonSubString()
    print   "最常的公共子串为："+c.getMaxCommonStr(txt)
```

算法性能分析：

这种方法在生成后缀数组的复杂度为 O(N)，排序的算法复杂度为 O(NlogN*N)，最后比较相邻字符串的操作的时间复杂度为 O(N)，所以算法的时间复杂度为 O(NlogN*N)。此外，由于申请了长度为 N 的额外的存储空间，因此空间复杂度为 O(N)。

5.17 如何求解字符串中字典序最大的子序列

【出自 MG 移动笔试题】

难度系数：★★★★☆　　　　　　**被考察系数：★★★☆☆**

题目描述：

给定一个字符串，求串中字典序最大的子序列。字典序最大的子序列是这样构造的：给定字符串 $a_0a_1\cdots a_{n-1}$，首先在字符串 $a_0a_1\cdots a_{n-1}$ 中找到值最大的字符 ai，然后在剩余的字符串 $a_{i+1}\cdots a_{n-1}$ 中找到值最大的字符 a_j 然后在剩余的 $a_{j+1}\cdots a_{n-1}$

中找到值最大的字符 $a_k\cdots$直到字符串的长度为 0，则 $a_ia_ja_k\cdots$即为答案。

分析与解答：

方法一：顺序遍历法

最直观的思路就是首先遍历一次字符串，找出最大的字符 a_i，接着从 a_i 开始遍历再找出最大的字符，依此类推直到字符串长度为 0。

以"acbdxmng"为例，首先对字符串遍历一遍找出最大的字符‘x’，接着从‘m’开始遍历找出最大的字符‘n’，然后从‘g’开始遍历找到最大的字符为‘g’，因此“acbdxmng”的最大子序列为“xng”。实现代码如下：

```
# 方法功能：求串中字典序最大的子序列
def   getLargestSub(src):
    if   src ==None:
        return   None
    lens = len(src)
    largestSub =[None]*(lens+1)
```

```
        k=0
        i=0
        while   i<lens:
            largestSub[k] = list(src)[i]
            j=i+1
            while   j<lens:
                # 找出第 i 个字符后面最大的字符放到 largestSub[k]中
                if   list(src)[j] > largestSub[k]:
                    largestSub[k]= list(src)[j]
                    i=j
                j +=1
            k +=1
            i +=1
        return   ''.join(largestSub[0:k])

if   __name__=="__main__":
    s = "acbdxmng"
    result = getLargestSub(s)
    if   result == None:
        print   "字符串为空"
    else:
        print   result
```

程序的运行结果为：

```
xng
```

算法性能分析：

这种方法在最坏的情况下（字符串中的字符按降序排列）时间复杂度为 $O(n^2)$；在最好的情况下（字符串中的字符按升序排列）时间复杂度为 $O(n)$。此外这种方法需要申请 n+1 个额外的存储空间，因此，空间复杂度为 $O(n)$。

方法一：逆序遍历法

通过对上述运行结果进行分析，发现 a_{n-1} 一定在所求的子串中，接着逆序遍历字符串，大于或等于 a_{n-1} 的字符也一定在子串中，依次类推，一直往前遍历，只要遍历到的字符大于或等于子串首字符，就把这个字符加到子串首。由于这种方法首先找到的是子串的最后一个字符，最后找到的是子串的第一个字符，因此，在实现的时候首先按照找到字符的顺序把找到的字符保存到数组中，最后再对字符数组进行逆序，从而得到要求的字符。以"acbdxmng"为例，首先，字符串的最后一个字符‘g’一定在子串中，接着逆向遍历找到大于或等于‘g’的字符‘n’加入到子串中“gn”（子串的首字符为‘n’），接着继续逆向遍历找到大于或等于‘n’的字符‘x’加入到子串中“gnx”，接着继续遍历，没有找到比‘x’大的字符。最后对子串“gnx”逆序得到“xng”。实现代码如下：

```
def   getLargestSub(src):
    if   src ==None:
        return   None
    lens = len(src)
    largestSub =[None]*(lens+1)
```

```
        # 最后一个字符一定在子串中
        largestSub[0] = list(src)[lens-1]
        i = lens-2
        j = 0
        # 逆序遍历字符串
        while   i>0:
            if   ord(list(src)[i])>= ord(largestSub[j]):
                j +=1
                largestSub[j] = list(src)[i]
            i -=1
        #largestSub[j+1]=''
        largestSub=largestSub[0:j+1]
        # 对子串进行逆序
        i=0
        while   i<j:
            tmp=largestSub[i]
            largestSub[i]=largestSub[j]
            largestSub[j]=tmp
            i +=1
            j -=1
        return   ''.join(largestSub)

if   __name__=="__main__":
        s = "acbdxmng"
        result = getLargestSub(s)
        if   result == None:
            print   "字符串为空"
        else:
            print   result
```

算法性能分析：

这种方法只需要对字符串遍历一次，因此，时间复杂度为 O(n)。此外，这种方法需要申请 n+1 个额外的存储空间，因此空间复杂度为 O(n)。

5.18 如何判断一个字符串是否由另外一个字符串旋转得到

【出自 WR 面试题】

难度系数：★★★★☆　　　　**被考察系数：**★★★☆☆

题目描述：

给定一个能判断一个单词是否为另一个单词的子字符串的方法，记为 isSubstring。如何判断 s2 是否能通过旋转 s1 得到（只能使用一次 isSubstring 方法）。例如："waterbottle"可以通过字符串"erbottlewat"旋转得到。

分析与解答：

如果题目没有对 isString 使用的限制，那么可以通过求出 s2 进行旋转的所有组合，然后与 s1 进行比较。但是这种方法的时间复杂度比较高。通过对字符串旋转进行仔细分析，发现对字符串 s1 进行旋转得到的字符串一定是 s1s1 的子串。因此可以通过判断 s2 是否是 s1s1 的子串来判断 s2 能否通过旋转 s1 得到。例如：s1="waterbottle"，那么 s1s1="wat**erbottlewat**erbottle"，显然 s2 是 s1s1 的子串，因此 s2 能通过旋转 s1 得到。实现代码如下：

```
#函数功能：判断 str2 是否为 str1 的子串
def  isSubstring(str1,str2):
    return  str1.find(str2)!=-1
# 函数功能：判断 str2 是否可以通过旋转 str1 得到
def  rotateSame(str1,str2):
    if  str1 == None or str2 == None:
        return  False
    len1 = len(str1)
    len2 = len(str2)
    # 判断两个字符串长度是否相等，如果不相等，那么不可能通过旋转得到
    if  len1!=len2:
        return  False
    # 申请临时空间存储 str1str1，多申请了一个空间存储'\0'
    tmp = [None]*(2*len1+1)
    # 是 tmp 为 str1str1
    i=0
    while  i<len1:
        tmp[i]=list(str1)[i]
        tmp[i+len1]=list(str1)[i]
        i +=1
    tmp[2*len1]='\0'
    # 判断 str2 是否为 tmp 的子串
    result=isSubstring(''.join(tmp),str2)
    return  result

if  __name__=="__main__":
    str1="waterbottle"
    str2="erbottlewat"
    result=rotateSame(str1,str2)
    if  result:
        print  str2+"可以通过旋转"+str1+"得到"
    else:
        print  str2+"不可以通过旋转"+str1+"得到"
```

程序的运行结果为：

```
erbottlewat 可以通过旋转 waterbottle 得到
```

为了简单起见，这种方法中 isSubstring 通过调用库函数的方式进行了实现，当然在采用 KMP 算法实现的 isSubstring 的效率最高。

算法性能分析：

这种方法首先对字符串 str1 进行了一次遍历，时间复杂度为 O(N)（其中，N 为字符串的

长度），接着调用了 isSubstring 函数（假设采用了 KMP 算法），这种方法的时间复杂度为 O(2N+N)=O(3N)，因此，整个算法的时间复杂度为 O(N)。此外这种方法申请了 2N+1 个存储空间，因此，算法的空间复杂度也为 O(N)。

5.19 如何求字符串的编辑距离

【出自 BD 笔试题】

难度系数：★★★★☆　　　　**被考察系数：**★★★★★

题目描述：

编辑距离又称 Levenshtein 距离，是指两个字符串之间由一个转成另一个所需的最少编辑操作次数。许可的编辑操作包括将一个字符替换成另一个字符、插入一个字符、删除一个字符。请设计并实现一个算法来计算两个字符串的编辑距离，并计算其复杂度。在某些应用场景下，替换操作的代价比较高，假设替换操作的代价是插入和删除的两倍，算法该如何调整？

分析与解答：

本题可以使用动态规划的方法来解决，具体思路如下：

给定字符串 s1，s2，首先定义一个函数 D(i,j)（0≤i≤strlen(s1)，0≤j≤strlen(s2)），用来表示第一个字符串 s1 长度为 i 的子串与第二个字符串 s2 长度为 j 的子串的编辑距离。从 s1 变到 s2 可以通过如下三种操作完成：

（1）添加操作。假设已经计算出 D(i,j−1)的值（s1[0…i]与 s2[0…j−1]的编辑距离），则 D(i,j)= D(i,j−1)+1（s1 长度为 i 的字串后面添加 s2[j]即可）。

（2）删除操作。假设已经计算出 D(i−1,j)的值（s1[0…i−1]到 s2[0…j]的编辑距离），则 D(i,j)= D(i−1,j)+1（s1 长度为 i 的字串删除最后的字符 s1[j]即可）。

（3）替换操作。假设已经计算出 D(i−1,j−1)的值（s1[0…i−1]与 s2[0…j−1]的编辑距离），如果 s1[i]=s2[j]，那么 D(i,j)= D(i−1，j−1)，如果 s1[i]!=s2[j]，那么 D(i,j)= D(i−1,j−1)+1（替换 s1[i]为 s2[j]，或替换 s2[j]为 s1[i]）。

此外，D(0,j)=j 且 D(i,0)=i（一个字符串与空字符串的编辑距离为这个字符串的长度）。

由此可以得出如下实现方式：对于给定的字符串 s1、s2，定义一个二维数组 D，则有以下几种可能性。

（1）如果 i==0，那么 D[i,j]=j (0≤j≤strlen(s2))。

（2）如果 j==0，那么 D[i,j]=i (0≤i≤strlen(s1))。

（3）如果 i>0 且 j>0，

（a）如果 s1[i]==s2[j]，那么 D (i, j) = min{ edit(i−1, j) + 1, edit(i, j−1) + 1, edit(i−1, j−1) }。

（b）如果 s1[i]!=s2[j]，那么 D (i, j) = min{ edit(i−1, j) + 1, edit(i, j−1) + 1, edit(i−1, j−1)+1 }。

通过以上分析可以发现，对于第一个问题可以直接采用上述的方法来解决。对于第二个问题，由于替换操作是插入或删除操作的两倍，只需要修改如下条件即可：

如果 s1[i]!=s2[j]，那么 D (i, j) = min{ edit(i−1, j) + 1, edit(i, j−1) + 1, edit(i−1, j−1)+2 }。

根据上述分析，给出实现代码如下：

```
class    EditDistance:
    def    mins(self,a,b,c):
```

```
        tmp = a if  a < b else  b
        return  tmp if  tmp < c else  c
    # 参数 replaceWight 用来表示替换操作与插入删除操作相比的倍数
    def  edit(self,s1,s2,replaceWight):
        # 两个空串的编辑距离为 0
        if  s1 == None and s2 == None:
            return  0
        # 如果 s1 为空串，那么编辑距离为 s2 的长度
        if  s1 == None:
            return  len(s2)
        if  s2 == None:
            return  len(s1)
        len1 = len(s1)
        len2 = len(s2)
        # 申请二维数组来存储中间的计算结果
        D =[([None]*(len2 +1))  for  i  in  range(len1+1)]
        i=0
        while  i<len1+1:
            D[i][0] = i
            i +=1
        i=0
        while  i < len2+1:
            D[0][i] = i
            i +=1
        i=1
        while  i<len1+1:
            j=1
            while  j<len2+1:
                if  list(s1)[i-1] == list(s2)[j - 1]:
                    D[i][j] = self.mins(D[i - 1][j] + 1, D[i][j - 1] + 1, D[i -1][j - 1])
                else:
                    D[i][j] = min(D[i-1][j] + 1, D[i][j - 1] + 1, D[i - 1][j -1] + replaceWight)
                j +=1
            i +=1

        print  "------------------------------"
        i=0
        while  i<len1+1:
            j=0
            while  j<len2+1:
                print  D[i][j],
                j +=1
            print  '\n'
            i +=1
        print  "------------------------------"
        dis = D[len1][len2]
        return  dis

if  __name__=="__main__":
    s1 = "bciln"
```

```
        s2 = "fciling"
        ed =EditDistance()
        print  "第一问 ："
        print  "编辑距离：" + str(ed.edit(s1, s2,1))
        print  "第二问 ："
        print  "编辑距离：" + str(ed.edit(s1, s2,2) )
```

程序的运行结果为：

```
第一问 ：
---------------------------------
0 1 2 3 4 5 6 7
1 1 2 3 4 5 6 7
2 2 1 2 3 4 5 6
3 3 2 1 2 3 4 5
4 4 3 2 1 2 3 4
5 5 4 3 2 2 2 3
---------------------------------
编辑距离：3
第二问 ：
---------------------------------
0 1 2 3 4 5 6 7
1 2 3 4 5 6 7 8
2 3 2 3 4 5 6 7
3 4 3 2 3 4 5 6
4 5 4 3 2 3 4 5
5 6 5 4 3 4 3 4
---------------------------------
编辑距离：4
```

算法性能分析：

这种方法的时间复杂度与空间复杂度都为 O(m*n)（其中，m、n 分别为两个字符串的长度）。

5.20 如何在二维数组中寻找最短路线

【出自 TX 面试题】

难度系数：★★★★☆　　　　　　　　　　**被考察系数：**★★★★☆

题目描述：

寻找一条从左上角（arr[0][0]）到右下角（arr[m−1][n−1]）的路线，使得沿途经过的数组中的整数的和最小。

分析与解答：

对于这道题，可以从右下角开始倒着来分析这个问题：最后一步到达 arr[m−1][n−1]只有两条路：通过 arr[m−2][n−1]到达或通过 arr[m−1][n−2]到达，假设从 arr[0][0]到 arr[m−2][n−1]沿途数组最小值为 f(m−2,n−1)，到 arr[m−1][n−2] 沿途数组最小值为 f(m−1,n−2)。因此，最后一步选择的路线为 min{ f(m−2,n−1), f(m−1,n−2)}。同理，选择到 arr[m−2][n−1]或 arr[m−1][n−2]

的路径可以采用同样的方式来确定。

由此可以推广到一般的情况。假设到 arr[i-1][j]与 arr[i][j-1]的最短路径的和为 f(i-1,j)和 f(i,j-1)，那么到达 arr[i][j]的路径上的所有数字和的最小值为：f(i,j)=min{ f(i-1,j), f(i,j-1)} + arr[i][j]。

方法一：递归法

根据这个递归公式可知，可以采用递归的方法来实现，递归的结束条件为遍历到 arr[0][0]。在求解的过程中还需要考虑另外一种特殊情况：遍历到 arr[i][j]（当 i=0 或 j=0）的时候只能沿着一条固定的路径倒着往回走直到 arr[0][0]。根据这个递归公式与递归结束条件可以给出实现代码如下：

```
def  getMinPath(arr,i,j):
    # 倒着走到了第一个结点，递归结束
    if   i == 0 and j == 0:
        return   arr[i][j]
    # 选取两条可能路径上的最小值
    elif   i > 0 and j > 0:
        return   arr[i][j] + \
    min(getMinPath(arr, i - 1, j), getMinPath(arr, i, j - 1))
    # 下面两个条件只可选择一个
    elif   i > 0 and j == 0:
        return   arr[i][j] + getMinPath(arr, i - 1, j)
         #j > 0 && i == 0
    else:
        return   arr[i][j] + getMinPath(arr, i, j - 1)

def  getMinPath2(arr):
    if   arr == None or len(arr) ==0:
        return   0
    return   getMinPath(arr,len(arr)-1,len(arr[0])-1)

if   __name__=="__main__":
    arr =[[1, 4, 3],[8, 7, 5],[2, 1, 5]]
    print   getMinPath2(arr)
```

程序的运行结果为：

```
17
```

这种方法虽然能得到题目想要的结果，但是效率太低，主要是因为里面有大量的重复计算过程，比如在计算 f(i-1,j)与 f(j-1,i)的过程中都会计算 f(i-1,j-1)。如果把第一次计算得到的 f(i-1,j-1)缓存起来，那么就不需要额外的计算了，而这也是典型的动态规划的思路，下面重点介绍动态规划方法。

方法二：动态规划法

动态规划法其实也是一种空间换时间的算法，通过缓存计算中间值，从而减少重复计算的次数，从而提高算法的效率。方法一从 arr[m-1][n-1]开始逆向通过递归来求解，而动态规划要求正向求解，以便利用前面计算出来的结果。

对于本题而言，显然 f(i,0)=arr[0][0]+…+arr[i][0]，f[0,j]= arr[0][0]+…+arr[0][j]。根据递推公式：f(i,j)=min{ f(i−1,j), f(i,j−1)} + arr[i][j]，从 i=1，j=1 开始顺序遍历二维数组，可以在遍历的过程中求出所有的 f(i,j)的值，同时把求出的值保存到另外一个二维数组中以供后续使用。当然在遍历的过程中可以确定这个最小值对应的路线，在这种方法中，除了求出最小值以外顺便还打印出了最小值的路线，实现代码如下：

```
def  getMinPath(arr) :
    if  arr == None or len(arr) ==0:
        return  0
    row = len(arr)
    col = len(arr[0])
    # 用来保存计算的中间值
    cache =[([None]*col)  for  i  in  range(row)]
    cache[0][0] = arr[0][0]
    i=1
    while  i<col:
        cache[0][i] = cache[0][i-1] + arr[0][i]
        i +=1
    j=1
    while  j<row:
        cache[j][0] = cache[j-1][0] + arr[j][0]
        j +=1
    # 在遍历二维数组的过程中不断把计算结果保存到 cache 中
    print"路径:",
    i=1
    while  i<row:
        j=1
        while  j<col:
            # 可以确定选择的路线为 arr[i][j-1]
            if  cache[i-1][j] > cache[i][j-1]:
                cache[i][j] = cache[i][j-1] + arr[i][j]
                print  "["+str(i)+","+str(j-1)+"]  ",
            #可以确定选择的路线为 arr[i-1][j]
            else:
                cache[i][j] = cache[i-1][j] + arr[i][j]
                print  "["+str(i-1)+","+str(j)+"]  ",
            j +=1
        i +=1
    print("["+str(row-1)+","+str(col-1)+"]")
    return  "最小值为："+str(cache[row-1][col-1])

if  __name__=="__main__":
    arr =[[1, 4, 3],[8, 7, 5],[2, 1, 5]]
    print  getMinPath(arr)
```

程序的运行结果为：

```
路径：[0,1]  [0,2]  [2,0]  [2,1]  [2,2]
最小值为：17
```

算法性能分析：

这种方法对二维数组进行了一次遍历，因此其时间复杂度为 O(m*n)。此外由于这种方法同样申请了一个二维数组来保存中间结果，因此其空间复杂度也为 O(m*n)。

5.21 如何截取包含中文的字符串

【出自 MT 面试题】

难度系数：★★★☆☆　　　　**被考察系数：**★★★☆☆

题目描述：

编写一个截取字符串的函数，输入为一个字符串和字节数，输出为按字节截取的字符串。但是要保证汉字不被截半个，例如"人 ABC"4，应该截为"人 AB"，输入"人 ABC 们 DEF"，6，应该输出为"人 ABC"而不是"人 ABC+们的半个"。

分析与解答：

在 Python2.7 语言中，在开头声明 encoding 为 utf8，一个中文占 3 个字节。本题先将中文转成 unicode 编码，便于识别是否是中文，再根据字符长度进行截取。根据这个思路，可以采用如下代码来满足题目的要求：

```
# 判断字符 c 是否是中文字符，如果是返回 True
def  isChinese(c):
    return  True if  c >= u'\u4e00' and c<=u'\u9fa5' else False

def  truncateStr(strs,lens):
    if  (strs == None or strs=="" or lens == 0):
        return  ""
    #chrArr = list(strs)
    chrArr=strs
    sb =""
    count = 0  # 用来记录当前截取字符的长度
    for  cc  in  chrArr:
        if  (count < lens):

            #print  sb,count
            if  (isChinese(cc)):
                # 如果要求截取子串的长度只差 1 个或者 2 个字符，但是接下来的字符是中文，
                #那么截取结果子串中不保存这个中文字符
                if  count + 1 <= lens and count + 3 >lens :
                    return  sb
                count = count + 3
                sb = sb+cc
            else:
                count = count + 1
                sb = sb+cc
        else:
            break
    return  sb
```

```
if  __name__=="__main__":
    sb = "人 ABC 们 DEF"
    sb_unicode=unicode(sb,'utf8')  # 转成 unicode 编码
    print  truncateStr(sb_unicode, 6)
```

程序的运行结果为：

```
人 ABC
```

5.22 如何求相对路径

【出自 SLL 笔试题】

难度系数：★★★☆☆　　　　**被考察系数：★★★☆☆**

题目描述：

编写一个函数，根据两个文件的绝对路径算出其相对路径。例如 a="/qihoo/app/a/b/c/d/new.c",b="/qihoo/app/1/2/test.c"，那么 b 相对于 a 的相对路径是"../../../../1/2/test.c"

分析与解答：

首先找到两个字符串相同的路径（/aihoo/app），然后处理不同的目录结构（a=" /a/b/c/d/new.c",b=" /1/2/test.c"）。处理方法为：对于 a 中的每一个目录结构，在 b 前面加“../”，对于本题而言，除了相同的目录前缀外，a 还有四级目录 a/b/c/d，因此只需要在 b=" /1/2/test.c"前面增加四个"../"得到的"../../../../1/2/test.c"就是 b 相对 a 的路径。实现代码如下：

```
def  getRelativePath(path1,path2):
    if  path1 == None   or path2 == None:
        print  "参数不合法\n"
        return
    relativePath = ""
    # 用来指向两个路径中不同目录的起始路径
    diff1 = 0
    diff2 = 0
    i=0
    j=0
    len1 = len(path1)
    len2 = len(path2)
    while  i<len1 and j<len2:
        # 如果目录相同，那么往后遍历
        if  list(path1)[i] == list(path2)[j]:
            if  list(path1)[i] == '/':
                diff1 = i
                diff2 = j
            i +=1
            j +=1
        else:
            # 不同的目录
            # 把 path1 非公共部分的目录转换为../
```

```
                diff1 +=1   # 跳过目录分隔符/
                while   diff1<len1:
                    # 碰到下一级目录
                    if   list(path1)[diff1] == '/':
                        relativePath+="../"
                    diff1 +=1
                # 把 path2 的非公共部分的路径加到后面
                diff2 +=1
                relativePath += path2[diff2:]
                break
        return   relativePath

if   __name__=="__main__":
        path1 = "/qihoo/app/a/b/c/d/new.c"
        path2 = "/qihoo/app/1/2/test.c"
        print   getRelativePath(path1,path2)
```

程序的运行结果为：

```
../../../../1/2/test.c
```

算法性能分析：

这种方法的时间复杂度与空间复杂度都为 O(max(m,n))（其中，m、n 分别为两个路径的长度）。

5.23 如何查找到达目标词的最短链长度

【出自 JD 面试题】

难度系数：★★★☆☆　　　　　　**被考察系数：**★★★☆☆

题目描述：

给定一个词典和两个长度相同的“开始”和“目标”的单词。找到从“开始”到“目标”最小链的长度。如果它存在，那么这条链中的相邻单词只有一个字符不同，而链中的每个单词都是有效的单词，即它存在于词典中。可以假设词典中存在“目标”字，所有词典词的长度相同。

例如：

给定一个单词词典为：[pooN, pbcc, zamc, poIc, pbca, pbIc, poIN]

start = TooN

target = pbca

输出结果为： 7

因为：TooN（start） - pooN - poIN - poIc - pbIc - pbcc - pbca(target)。

分析与解答：

本题主要的解决方法为：使用 BFS 的方式从给定的字符串开始遍历所有相邻（两个单词只有一个不同的字符）的单词，直到遍历找到目标单词或者遍历完所有的单词为止。实现代码如下：

```
from collections import deque
# 用来存储单词链的队列
class QItem:
    def __init__(self,word,lens):
        self.word=word
        self.lens=lens

# 判断两个字符串是否只有一个不同的字符
def isAdjacent(a,b):
    diff = 0
    lens = len(a)
    i=0
    while i<lens:
        if list(a)[i] != list(b)[i]:
            diff +=1
        if diff > 1:
            return False
        i +=1
    return diff == 1

# 返回从 start 到 target 的最短链
def shortestChainLen(start,target,D):
    Q=deque()
    item=QItem(start,1)
    Q.append(item)  # 把第一个字符串添加进来
    while len(Q)>0:
        curr =Q[0]
        Q.pop()
        for it in D:
                temp=it
                # 如果这两个字符串只有一个字符不同
                if isAdjacent(curr.word,temp):
                    item.word = temp
                    item.lens = curr.lens + 1
                    Q.append(item)  # 把这个字符串放入到队列中
                    # 把这个字符串从队列中删除来避免被重复遍历
                    D.remove(temp)
                    # 通过转变后得到了目标字符
                    if temp == target:
                        return item.lens
    return 0

if __name__=="__main__":
    D=[]
    D.append("pooN")
    D.append("pbcc")
    D.append("zamc")
    D.append("poIc")
    D.append("pbca")
    D.append("pbIc")
```

```
    D.append("poIN")
    start = "TooN"
    target = "pbca"
    print   "最短的链条的长度为: "+str(shortestChainLen(start, target, D))
```

程序的运行结果为：

```
最短的链条的长度为: 7
```

算法性能分析：

这种方法的时间复杂度为 $O(n^2m)$，其中 n 为单词的个数，m 为字符串的长度。

第 6 章　基本数字运算

计算机软件技术与数学是不可切割的有机整体，很多企业在招聘求职者的时候，往往非常在意求职者的数学能力，站在企业的角度来看，编程语言是很简单的东西，只要熟悉一种语言，其他语言也会很容易学会，而数学素养的高低却不然，需要长时间的学习与积累，直接决定了未来求职者的职业生涯的发展。所以，面试官在考察求职者时，也比较喜欢出此类题目。

6.1 如何判断一个自然数是否是某个数的平方

【出自 google 面试题】

难度系数：★★★☆☆　　　　被考察系数：★★★★☆

题目描述：

设计一个算法，判断给定的一个数 n 是否是某个数的平方，不能使用开方运算。例如 16 就满足条件，因为它是 4 的平方；而 15 则不满足条件，因为不存在一个数使得其平方值为 15。

分析与解答：

方法一：直接计算法

由于不能使用开方运算，因此最直接的方法就是计算平方。主要思路为：对 1 到 n 的每个数 i，计算它的平方 m，如果 m<n，那么继续遍历下一个值（i+1），如果 m==n，那么说明 n 是某个数的平方，如果 m>n，那么说明 n 不能表示成某个数的平方。实现代码如下：

```
# 判断一个自然数是否是某个数的平方
def isPower(n):
    if n<=0:
        print n+"不是自然数"
        return False
    i=1
    while i<n:
        m=i*i
        if m==n:
            return True
        elif m>n:
            return False
        i +=1
    return False

if __name__=="__main__":
    n1=15
    n2=16
    if isPower(n1):
        print str(n1)+"是某个自然数的平方"
```

```
        else:
            print  str(n1)+"不是某个自然数的平方"
        if  isPower(n2):
            print  str(n2)+"是某个自然数的平方"
        else:
            print  str(n2)+"不是某个自然数的平方"
```

程序的运行结果为：

```
15 不是某个自然数的平方
16 是某个自然数的平方
```

算法性能分析

由于这种方法只需要从 1 遍历到 $n^{0.5}$ 就可以得出结果，因此算法的时间复杂度为 $O(n^{0.5})$。

方法二：二分查找法

与方法一类似，这种方法的主要思路还是查找从 1～n 的数字中，是否存在一个数 m，使得 m 的平方为 n。只不过在查找的过程中使用的是二分查找的方法。具体思路为：首先判断 mid=(1+n)/2 的平方 power 与 m 的大小，如果 power>m，那么说明在[1，mid−1]区间继续查找，否则在[mid+1，n]区间继续查找。

实现代码如下：

```
def  isPower(n):
    low=1
    high=n
    while  low<high:
        mid=(low+high)/2
        power=mid*mid
        # 接着在 1～mid-1 区间查找
        if  power>n:
            high=mid-1
        # 接着在 mid+1 到 n 区间内查找
        elif  power<n:
            low=mid+1
        else:
            return  True
    return  False

if  __name__=="__main__":
    n1=15
    n2=16
    if  isPower(n1):
        print  str(n1)+"是某个自然数的平方"
    else:
        print  str(n1)+"不是某个自然数的平方"
    if  isPower(n2):
        print  str(n2)+"是某个自然数的平方"
    else:
        print  str(n2)+"不是某个自然数的平方"
```

算法性能分析

由于这种方法使用了二分查找的方法，因此，时间复杂度为 O(logn)，其中，n 为数的大小。

方法三：减法运算法

通过对平方数进行分析发现有如下规律：

$(n+1)^2=n^2+2n+1=(n-1)^2+(2*(n-1)+1)+2*n+1=\ldots\ldots=1+(2*1+1)+(2*2+1)+\ldots+(2*n+1)$。通过上述公式可以发现，这些项构成了一个公差为 2 的等差数列的和。由此可以得到如下的解决方法：对 n 依次减 1,3,5,7…，如果相减后的值大于 0，那么继续减下一项；如果相减后的值等于 0，那么说明 n 是某个数的平方；如果相减的值小于 0，那么说明 n 不是某个数的平方。根据这个思路，代码实现如下：

```
def  isPower(n):
    minus=1;
    while  n>0:
        n=n-minus;
        #n 是某个数的平方
        if  n==0:
            return  True;
        #n 不是某个数的平方
        elif  n<0:
            return  False;
        # 每次减数都加 2
        else:
            minus +=2;
    return  False

if  __name__=="__main__":
    n1=15
    n2=16
    if  isPower(n1):
        print  str(n1)+"是某个自然数的平方"
    else:
        print  str(n1)+"不是某个自然数的平方"
    if  isPower(n2):
        print  str(n2)+"是某个自然数的平方"
    else:
        print  str(n2)+"不是某个自然数的平方"
```

算法性能分析

这种方法的时间复杂度仍然为 $O(n^{0.5})$。由于方法一使用的是乘法操作，这种方法采用的是减法操作，因此这种方法的执行效率比方法一更高。

6.2 如何判断一个数是否为 2 的 n 次方

【出自 ALBB 面试题】

难度系数：★★★☆☆　　　　被考察系数：★★★★★

分析与解答：

方法一：构造法

2 的 n 次方可以表示为：2^0，2^1，2^2…，2^n，如果一个数是 2 的 n 次方，那么最直观的想法是对 1 执行了移位操作（每次左移一位），即通过移位得到的值必定是 2 的 n 次方（针对 n 的所有取值构造出所有可能的值）。所以要想判断一个数是否为 2 的 n 次方，只需要判断该数移位后的值是否与给定的数相等，实现代码如下：

```
# 判断 n 能否表示成 2 的 n 次方
def  isPower(n):
    if  n<1:
        return  False
    i=1
    while  i<=n:
        if  i==n:
            return  True
        i<<=1
    return  False

if  __name__=="__main__":
    if  isPower(8):
        print  "8 能表示成 2 的 n 次方"
    else:
        print  "8 不能表示成 2 的 n 次方"
    if  isPower(9):
        print  "9 能表示成 2 的 n 次方"
    else:
        print  "9 不能表示成 2 的 n 次方"
```

程序的运行结果为：

```
8 能表示成 2 的 n 次方
9 不能表示成 2 的 n 次方
```

算法性能分析:

上述算法的时间复杂度为 O(logn)。

方法二：与操作法

那么是否存在效率更高的算法呢？通过对 2^0，2^1，2^2…，2^n 进行分析，发现这些数字的二进制形式分别为：1，10，100，…。从二进制的表示可以看出，如果一个数是 2 的 n 次方，那么这个数对应的二进制表示中有且只有一位是 1，其余位都为 0。因此判断一个数是否为 2 的 n 次方可以转换为这个数对应的二进制表示中是否只有一位为 1。如果一个数的二进制表示中只有一位是 1，例如 num=00010000，那么 num−1 的二进制表示为 num−1=00001111，由于 num 与 num−1 二进制表示中每一位都不相同，因此 num&(num−1)的运算结果为 0。可以利用这种方法来判断一个数是否为 2 的 n 次方。实现代码如下：

```
def  isPower(n):
    if  n<1:
        return  False
```

```
        m=n&(n-1)
        return   m==0
```

算法性能分析：

这种方法的时间复杂度为 O(1)。

6.3 如何不使用除法操作符实现两个正整数的除法

【出自 WR 面试题】

难度系数：★★★★☆　　　　　　　　**被考察系数：**★★★☆☆

分析与解答：

方法一：减法

主要思路为：使被除数不断减去除数，直到相减的结果小于除数为止，此时，商就为相减的次数，余数为最后相减的差。例如在计算 14 除以 4 的时候，首先计算 14-4=10，由于 10>4，继续做减法运算：10-4=6，6-4=2，此时 2<4。由于总共进行了 3 次减法操作，最终相减的结果为 2，因此 15 除以 4 的商为 3，余数为 2。如果被除数比除数都小，那么商为 0，余数为被除数。根据这个思路的实现代码如下：

```
# 方法功能：计算两个自然数的除法
def   divide(m,n):
      print   str(m)+"除以"+str(n),
      res = 0
      remain = m
      # 被除数减除数，直到相减结果小于除数为止
      while   m>n:
            m=m-n
            res+=1
      remain=m
      print   "商为："+str(res)+"  余数："+str(remain)

if   __name__=="__main__":
      m = 14
      n = 4
      divide(m,n)
```

程序的运行结果为：

```
14 除以 4 商为：3 余数为：2
```

算法性能分析

这种方法循环的次数为 m/n，因此算法的时间复杂度为 O(m/n)。需要注意的是，这种方法也实现了不用%操作符实现%运算的目的。

方法二：移位法

方法一所采用的减法操作，还可以用等价的加法操作来实现。例如在计算 17 除以 4 的时候，可以尝试 4*1，4*2（4+4），4*3（4+4+4）依次进行计算，直到计算的结果大于 14 的时候就可以很容易求出商与余数。但是这种方法每次都递增 4，效率较低。下面给出另外一种增

加递增速度的方法：以 2 的指数进行递增（取 2 的指数的原因是，2 的指数操作可以通过移位操作来实现，有更高的效率），计算 4*1，4*2，4*4，4*8，由于 4*8>17，然后接着对 17-4*4=1 进入下一次循环用相同的方法进行计算。实现代码如下：

```
def  divide(m,n):
    print   str(m)+ "除以" + str(n),
    result = 0
    while   m >= n:
        multi = 1
        # multi * n>m/2(即 2* multi * n >m)时结束循环
        while   multi * n <= (m >> 1):
            multi <<= 1
        result += multi
        # 相减的结果进入下次循环
        m -= multi * n
    print   "商为：" + str(result) + "  余数：" + str(m)

if  __name__=="__main__":
    m = 14
    n = 4
    divide(m,n)
```

算法性能分析：

由于这种方法采用指数级的增长方式不断逼近 m/n，因此算法的时间复杂度为 O(log(m/n))。

引申一：如何不用加减乘除运算实现加法

分析与解答：

由于不能使用加减乘除运算，因此只能使用位运算了。首先通过分析十进制加法的规律来找出二进制加法的规律，从而把加法操作转换为二进制的操作来完成。

十进制的加法运算过程可以分为以下 3 个步骤：

1）各个位相加而不考虑进位，计算相加的结果 sum。

2）只计算各个位相加时进位的值 carry。

3）将 sum 与 carry 相加就可以得到这两个数相加的结果。

例如 15+29 的计算方法为：sum=34（不考虑进位），carry=10（只计算进位），因此，15+29=sum+carry=34+10=44。

同理，二进制加法与十进制加法有着相似的原理，唯一不同的是，在二进制加法中，sum 与 carry 的和可能还有进位，因此在二进制加法中会不停地执行 sum+carry 操作，直到没有进位为止。具体实现方法如下：

（1）二进制各个位相加而不考虑进位。由于在不考虑进位的时候加法操作可以用异或操作代替，因此，不考虑进位的加法可以用异或运算来代替。

（2）计算进位，由于只有 1+1 才会产生进位，因此进位的计算可以用与操作代替。进位的计算方法为：先做与运算，再把运算结果左移一位。

（3）不断对（1）（2）两步得到的结果相加，直到进位为 0 的时候为止。

根据这个思路实现代码如下：

```
def  add(n1,n2):
```

```
        sums = 0 # 保存不进位相加结果
        carry = 0 # 保存进位值
        while  True:    #判断进位值是否为 0
            sums = n1 ^ n2   #异或代替不进位相加
            carry = (n1 & n2) << 1   # 与操作代替计算进位值
            n1 = sums
            n2 = carry
            if  carry==0:
                break
        return  sums

if  __name__=="__main__":
    print  add(2,4)
```

程序的运行结果为：

```
6
```

引申二：如何不用加减乘除运算实现减法

分析与解答：

由于减去一个数等于加上这个数的相反数，即-n=～(n-1)=～n+1，因此 a-b=a+(-b)= a+(～b)+1，可以利用上面已经实现的加法操作来实现减法操作，实现代码如下：

```
def  add(n1,n2):
    sums = 0 # 保存不进位相加结果
    carry = 0 # 保存进位值
    while  True:    #判断进位值是否为 0
        sums = n1 ^ n2   #异或代替不进位相加
        carry = (n1 & n2) << 1   # 与操作代替计算进位值
        n1 = sums
        n2 = carry
        if  carry==0:
            break
    return  sums

def  sub(a,b):
    return  add(a, add(~b, 1))
```

引申三：如何不用加减乘除运算实现乘法

分析与解答：

以 11*14 为例介绍乘法运算的规律，11 的二进制可以表示为 1011，14 的二进制可以表示为 1110，二进制相乘的运算过程如下：

```
 1011
  * 1110
----------

        10110 <左移 1 位，乘以 0010
       101100 <左移 2 位，乘以 0100
 +    1011000 <左移 3 位，乘以 1000
   ----------
   10011010
```

二进制数 10011010 的十进制表示为 154=11*14，从这个例子可以看出，乘法运算可以转换为加法运算。计算 a*b 的主要思路为：（1）初始化运算结果为 0，sum=0；（2）找到 b 对应二进制中最后一个 1 的位置 i（位置编号从右到左依次为 0,1,2,3…），并去掉这个 1；（3）执行加法操作 sum+=a≪i；（4）循环执行（1）、（2）、（3）步，直到 b 对应的二进制数中没有更多的 1 为止。

从 6.2 节中可知，对 n 执行 n&(n−1)操作可以去掉 n 的二进制数表示中的最后一位 1，因此 n&～(n−1)的结果为只保留 n 的二进制数中的最后一位 1。因此，可以通过 n&～(n−1)找出 n 中最后一个 1 的位置，然后通过 n&(n−1)去掉最后一个 1。在上述的第（2）步中，首先执行 lastBit=n&～(n−1)，得到的值 lastBit 只包含 n 对应的二进制表示中最后一位 1，要想确定 1 的位置，需要通过对 1 不断进行左移操作，直到移位的结果等于 lastBit 时移位的次数就是位置编号。在实现的时候，为了提高程序的运行效率，可以把 1 向左移动的位数（0,1,2,3…31）先计算好并保存起来。实现代码如下：

```
def  add(n1,n2):
    sums = 0 #  保存不进位相加结果
    carry = 0 #  保存进位值
    while   True:    #判断进位值是否为 0
        sums = n1 ^ n2   #异或代替不进位相加
        carry = (n1 & n2) << 1   #  与操作代替计算进位值
        n1 = sums
        n2 = carry
        if   carry==0:
            break
    return   sums

def  multi (a,b):
    neg = (a > 0) ^ (b > 0) #  结果的正负数标识
    #  首先计算两个正数相乘的结果，最后根据 neg 确定结果的正负
    if   b<0:
        b=add(～b, 1) # -b
    if   a<0:
        a=add(～a, 1) # -a
    result = 0
    # key:1 向左移位后的值，value:移位的次数即位置编号
    bit_position=dict()
    #  计算出 1 向左移动（0,1,2...31）位的值
    i=0
    while   i<32:
        bit_position[1 << i]=i
        i+=1
    while   b > 0:
        #  计算出最后一位 1 的位置编号
        position = bit_position[b &  ～(b - 1)]
        result += (a << position)
        b &= b - 1 #  去掉最后一位 1
    if   neg:
        result = add(～result, 1)
    return   result
```

引申四：另外一种除法的实现方式

分析与解答：

由于除法是乘法的逆运算，因此，可以很容易地将除法运算转换为乘法运算，实现代码如下：

```
def  divid(a,b):
    neg = (a > 0) ^ (b > 0) #结果是否为负数
        #首先计算它们绝对值的除法
    if a<0:
        a = -a
    if b < 0:
        b = -b
    tmpMulti = 0
    result = 1
    while True:
        tmpMulti = multi(b,result)
        if tmpMulti<=a:
            result +=1
        else:
            break
    if  neg:
        return add(~(result-1), 1)
    else:
        return result -1
```

6.4 如何只使用+=操作符实现加减乘除运算

【出自 XL 笔试题】

难度系数：★★★★☆ **被考察系数：★★★☆☆**

分析与解答：

本题要求只能使用+=操作来实现加减乘除运算，下面重点介绍用+=操作来实现加减乘除运算的方法：

（1）加法操作：实现 a+b 的基本思路为对 a 执行 b 次+=操作即可；

（2）减法操作：实现 a−b（a>=b）的基本思路为：不断对 b 执行+=操作，直到等于 a 为止，在这个过程中记录执行+=操作的次数；

（3）乘法操作：实现 a*b 的基本思路为：利用已经实现的加法操作把 a 相加 b 次，就得到了 a*b 的值；

（4）除法操作：实现 a/b 的基本思路为：利用乘法操作，使 b 不断乘以 1，2，…n，直到 b*n>b 时，就可以得到商为 n−1。

根据以上思路，实现代码如下：

```
""""
方法功能：用+=实现加法操作（限制条件：至少有一个非负数）
输入参数：a,b 都是整数，且有一个非负数
返回值：    a+b
```

```
"""
def  add(a,b):
    if  a<0 and b<0:
        print  "无法用+=操作实现"
        return  -1
    if  b>=0:
        i=0
        while  i<b:
            a +=1
            i +=1
        return  a
    else:
        i=0
        while  i<a:
            b +=1
            i +=1
        return  b

"""
方法功能：用+=实现加减法操作（限制条件：被减数大于减数）
输入参数：a,b 都是整数且 a>=b
返回值：  a-b
"""
def  minus(a,b):
    if  a<b:
        print  "无法用+=操作实现"
        return  -1
    result = 0
    while   b!=a:
        b +=1
        result +=1
    return  result

"""
方法功能：用+=实现加乘法操作（限制条件：两个数都为整数）
输入参数：a,b 都是正整数
返回值：  a*b
"""
def  multi(a,b):
    if  a<=0 or b<=0:
        print  "无法用+=操作实现"
        return  -1
    result = 0
    i=0
    while  i<b:
        result = add(result,a)
        i +=1
    return  result

"""
方法功能：用+=实现加除法操作（限制条件：两个数都为整数）
输入参数：a,b 都是正整数
```

```
    返回值：  a、b
    """
    def  divide(a,b):
        if  a<=0 or b<=0:
            print  "无法用+=操作实现"
            return  -1
        result = 1
        tmpMulti = 0
        while  True:
            tmpMulti = multi(b,result)
            if  tmpMulti<=a:
                result +=1
            else:
                break
        return  result-1

    if  __name__=="__main__":
        print  add(2,-4)
        print  minus(2,-4)
        print  multi(2,4)
        print  divide(9,4)
```

程序的运行结果为：

```
-2
6
8
2
```

此外，在实现加法操作的时候，如果 a 与 b 都是整数，那么可以选择比较小的数进行循环，从而可以提高算法的性能。

6.5 如何根据已知随机数生成函数计算新的随机数

【出自 google 面试题】

难度系数：★★★★☆　　　　**被考察系数：**★★★☆☆

题目描述：

已知随机数生成函数 rand7()能产生的随机数是整数 1～7 的均匀分布，如何构造 rand10()函数，使其产生的随机数是整数 1～10 的均匀分布。

分析与解答：

要保证 rand10()产生的随机数是整数 1～10 的均匀分布，可以构造一个 1～10*n 的均匀分布的随机整数区间（n 为任何正整数）。假设 x 是这个 1～10*n 区间上的一个随机数，那么 x%10+1 就是均匀分布在 1～10 区间上的整数。

根据题意，rand7()函数返回 1 到 7 的随机数，那么 rand7()-1 则得到一个离散整数集合，该集合为{0，1，2，3，4，5，6}，该集合中每个整数的出现概率都为 1/7。那么(rand7()-1)*7 得到另一个离散整数集合 A，该集合元素为 7 的整数倍，即 A={0，7，14，21，28，35，42}，其中，每个整数的出现概率也都为 1/7。而由于 rand7()得到的集合 B={1，2，3，4，5，6，7}，其中每个整数出现的概率也为1/7。显然集合A与集合B中任何两个元素和组合可以与1～49之间的一个整数一一对应，即1～49之间的任何一个数，可以唯一地确定A和B中两个元素的一种组合方式，这个结论反过来也成立。由于集合A和集合B中元素可以看成是独立事件，根据独立事件的概率公式 P(AB)=P(A)P(B)，得到每个组合的概率是 1/7*1/7=1/49。因此(rand7()−1)*7+rand7()生成的整数均匀分布在1～49之间，而且每个数的概率都是1/49。

所以(rand7()−1)*7+rand7()可以构造出均匀分布在1～49的随机数，为了将49种组合映射为1到10之间的10种随机数，就需要进行截断了，即将41～49这样的随机数剔除掉，得到的数1～40仍然是均匀分布在1～40的，这是因为每个数都可以看成一个独立事件。由1～40区间上的一个随机数x，可以得到x%10+1就是均匀分布在1～10区间上的整数。

程序代码如下：

```
import random

# 产生的随机数是整数1-7的均匀分布
def rand7():
    return int(random.uniform(1,7))

# 产生的随机数是整数1-10的均匀分布
def rand10():
    x = 0
    while True:
        x= (rand7()-1)*7 + rand7()
        if x<=40:
            break
    return x % 10 + 1

if __name__=="__main__":
    i=0
    while i!=10:
        print rand10(),
        i +=1
```

程序的运行结果为：

```
6 10 8 1 8 6 3 8 10 7
```

6.6 如何判断1024!末尾有多少个0

【出自google面试题】

难度系数：★★★★☆　　　　被考察系数：★★★★☆

分析与解答：

方法一：蛮力法

最简单的方法就是计算出1024!的值，然后判断末尾有多少个0，但是这种方法有两个非常大的缺点：第一，算法的效率非常低下；第二，当这个数字比较大的时候直接计算阶乘可能会导致数据溢出，从而导致计算结果出现偏差。因此，下面给出一种比较巧妙的方法。

方法二：因子法

5 与任何一个偶数相乘都会增加末尾 0 的个数，由于偶数的个数肯定比 5 的个数多，因此，1～1024 所有数字中有 5 的因子的数字的个数决定了 1024!末尾 0 的个数。因此，只需要统计因子 5 的个数即可。此外 5 与偶数相乘会使末尾增加一个 0，25（有两个因子 5）与偶数相乘会使末尾增加两个 0，125（有三个因子 5）与偶数相乘会使末尾增加 3 个 0，625（有四个因子 5）与偶数相乘会使末尾增加四个 0。对于本题而言：

是 5 的倍数的数有：a1=1024 / 5 = 204 个；

是 25 的倍数的数有：a2=1024 / 25 = 40 个（a1 计算了 25 中的一个因子 5）；

是 125 的倍数的数有：a3=1024 / 125 = 8 个（a1，a2 分别计算了 125 中的一个因子 5）；

是 625 的倍数的数有：a4=1024 / 625 = 1 个（a1，a2，a3 分别计算了 625 中的一个因子 5）。

所以，1024! 中总共有 a1+a2+a3+a4=204+40+8+1=253 个因子 5。因此，末尾总共有 253 个 0。根据以上思路实现代码如下：

```
def  zeroCount(n):
    count = 0
    while  n > 0:
        n = n/5
        count += n
    return  count

if  __name__=="__main__":
    print  "1024!末尾 0 的个数为："+str(zeroCount(1024))
```

程序的运行结果为：

```
1024!末尾 0 的个数为：253
```

算法性能分析：

由于这种方法循环的次数为 n/5，因此算法时间复杂度为 O(n)。

引申：如何计算 N!末尾有几个 0？

分析与解答：

从以上的分析可以得出 N!末尾 0 的个数为 $N/5 + N/5^2 + N/5^3 \ldots\ldots + N/5^m$（$5^m<N$ 且 $5^{m+1}>N$）。

6.7 如何按要求比较两个数的大小

【出自 TX 笔试题】

难度系数：★★★★☆　　　　**被考察系数：**★★★★☆

题目描述：

如何比较 a、b 两个数的大小？不能使用大于、小于以及 if 语句。

分析与解答：

绝对值法

根据绝对值的性质可知，如果|a-b|==a-b，那么 max(a,b)=a，否则 max(a,b)=b，根据这个

思路实现代码如下：

```
def    maxs(a,b):
       return((a+b)+abs(a-b))/2

if   __name__=="__main__":
       print   maxs(5,6)
```

程序的运行结果为：

```
6
```

需要注意的是，由于宏定义不同于函数定义，在上述宏定义中，a，b 必须要有括号，否则当 a，b 的值为表达式的时候会出现意想不到的错误。

6.8 如何求有序数列的第 1500 个数的值

【出自 WR 面试题】

难度系数：★★★★☆　　　　**被考察系数：**★★★☆☆

题目描述：

一个有序数列，序列中的每一个值都能够被 2 或者 3 或者 5 所整除，1 是这个序列的第一个元素。求第 1500 个值是多少。

分析与解答：

方法一：蛮力法

最简单的方法就是用一个计数器来记录满足条件的整数的个数，然后从 1 开始遍历整数，如果当前遍历的数能被 2 或者 3 或者 5 整除，那么计数器的值加 1，当计数器的值为 1500 时，当前遍历到的值就是所要求的值。根据这个思路实现代码如下：

```
def   searth(n):
      i=0
      count = 0
      i=1
      while   True:
            if   i % 2 == 0 or i % 3 == 0 or i % 5 == 0:
                  count +=1
            if   count == n:
                  break
            i +=1
      return   i

if   __name__=="__main__":
      print   searth(1500)
```

程序的运行结果为：

```
2045
```

方法二：数字规律法

首先可以很容易得到 2,3 和 5 的最小公倍数为 30，此外，1～30 这个区间内满足条件的数有 22 个{2，3，4，5，6，8，9，10，12，14，15，16，18，20，21，22，24，25，26，27，28，30}，由于最小公倍数为 30，我们可以猜想，满足条件的数字是否具有周期性（周期为 30）呢？通过计算可以发现，31～60 这个区间内满足条件的数也恰好有 22 个{32，33，34，35，36，38，39，40，42，44，45，46，48，50，51，52，54，55，56，57，58，60}，从而发现这些满足条件的数具有周期性（周期为 30）。由于 1500/22=68 ，1500%68=4，从而可以得出第 1500 个数经过了 68 个周期，然后在第 69 个周期中取第四个满足条件的数{2，3，4，5}。从而可以得出第 1500 个数为 68*30+5=2045。根据这个思路实现代码如下：

```
def searth(n):
    a=[0,2,3,4,5,6,8,9,10,12,14,15,16,18,20,21,22,24,25,26,27,28]
    ret=int(n/22)*30+a[n%22]
    return ret
```

算法性能分析：

方法二的时间复杂度为 O(1)，此外，方法二使用了 22 个额外的存储空间。方法二的计算方法可以用来分析方法一的执行效率，从方法二的实现代码可以得出，方法一中循环执行的次数为(N/22)*30+a[N%22]，其中 a[N%22]的取值范围为 2～30，因此方法一的时间复杂度为 O(N)。

6.9 如何把十进制数(long 型)分别以二进制和十六进制形式输出

【出自 YH 面试题】

难度系数：★★★★☆　　　　**被考察系数：**★★★★☆

分析与解答：

Python 的左移 N 位代表乘以 2 的 N 次方，右移代表除以 2 的 N 次方。因此先将数值右移 i 位，得到除以 2 的 i 次方（整除）后的数值 b，如 10 除以 2 的 0 次方，得到 b=10；再取 b 整除 2 后的余数 0，即二进制的最后一位，以此类推，得到 10 转换 2 进制的结果 1010；二进制的位数有 64 位，以位数为上限，对输入的 10 进制数字进行循环转换操作，当循环达 64 次时终止，示例代码如下：

```
def intToBinary(n):
    hexNum = 8 * 8  # 二进制的位数(long 占 8 个字节)
    bit = []
    for i in range(hexNum):
        b=n >> i
        c,d=divmod(b,2)
        bit.append(str(d))
    return ''.join(bit[::-1])
```

```
def  intToHex(s):
    hexs = ""
    remainder = 0
    while  s != 0:
        remainder = s % 16
        if  remainder < 10:
            hexs =str(remainder+ int('0'))+ hexs
        else:
            hexs = str(remainder -10 + ord('A')) + hexs
        s = s >> 4
    return  chr(int(hexs))

if  __name__=="__main__":
    print  "10 的二进制输出为："+intToBinary(long(10))
    print  "10 的十六进制输出为："+intToHex(long(10))
```

程序的运行结果为：

```
10 的二进制输出为：
0000000000000000000000000000000000000000000000000000000000001010
10 的十六进制输出为：A
```

6.10 如何求二进制数中 1 的个数

【出自 TX 笔试题】

难度系数：★★★☆☆　　　　　　　　　　**被考察系数：**★★★★☆

题目描述：

给定一个整数，输出这个整数的二进制表示中 1 的个数。例如：给定整数 7，其二进制表示为 111，因此输出结果为 3。

分析与解答：

方法一：移位法

可以采用位操作来完成。具体思路如下：首先，判断这个数的最后一位是否为 1，如果为 1，那么计数器加 1，然后，通过右移丢弃掉最后一位，循环执行该操作直到这个数等于 0 为止。在判断二进制表示的最后一位是否为 1 时，可以采用与运算来达到这个目的。具体实现代码如下：

```
# 判断 n 二进制码中 1 的个数
def  countOne(n):
    count =0   # 用来计数
    while  n >0:
        if  (n &1) ==1: # 判断最后一位是否为 1
            count +=1
        n >>=1   # 移位丢掉最后一位
    return  count
```

```
if  __name__=="__main__":
    print  countOne(7)
    print  countOne(8)
```

程序的运行结果为：

```
3
1
```

算法性能分析:

这种方法的时间复杂度为 O(N)，其中 N 代表二进制数的位数。

方法二：与操作法

给定一个数 n，每进行一次 n&(n−1)计算，其结果中都会少了一位 1，而且是最后一位。例如，n=6，其对应的二进制表示为 110，n−1=5，对应的二进制表示为 101，n&(n−1)运算后的二进制表示为 100，其效果就是去掉了 110 中最后一位 1。可以通过不断地用 n&(n−1)操作去掉 n 中最后一位 1 的方法求出 n 中 1 的个数，实现代码如下：

```
def  countOne(n):
    count =0    # 用来计数
    while   n >0:
        if   n!=0: #  判断最后一位是否为 1
            n=n&(n−1)
        count +=1
    return   count

if  __name__=="__main__":
    print  countOne(7)
    print  countOne(8)
```

算法性能分析：

这种方法的时间复杂度为 O(m)，其中 m 为二进制数中 1 的个数，显然当二进制数中 1 的个数比较少的时候，这种方法有更高的效率。

6.11 如何找最小的不重复数

【出自 BD 笔试题】

难度系数：★★★★☆　　　　**被考察系数：**★★★★☆

题目描述：

给定任意一个正整数，求比这个数大且最小的“不重复数”，“不重复数”的含义是相邻两位不相同，例如 1101 是重复数，而 1201 是不重复数。

分析与解答：

方法一：蛮力法

最容易想到的方法就是对这个给定的数加 1，然后判断这个数是不是“不重复数”，如果不是，那么继续加 1，直到找到“不重复数”为止。显然这种方法的效率非常低下。

方法二：从右到左的贪心法

例如给定数字 11099，首先对这个数字加 1，变为 11**00**0，接着从右向左找出第一对重复的数字 00，对这个数字加 1，变为 11**00**1，继续从右向左找出下一对重复的数 00，将其加 1，同时把这一位往后的数字变为 0101…串（当某个数字自增后，只有把后面的数字变成 0101…，才是最小的不重复数字），这个数字变为 11010，接着采用同样的方法，**11**010->12010 就可以得到满足条件的数。

需要特别注意的是当对第 i 个数进行加 1 操作后可能会导致第 i 个数与第 i+1 个数相等，因此，需要处理这种特殊情况，下图以 99020 为例介绍处理方法。

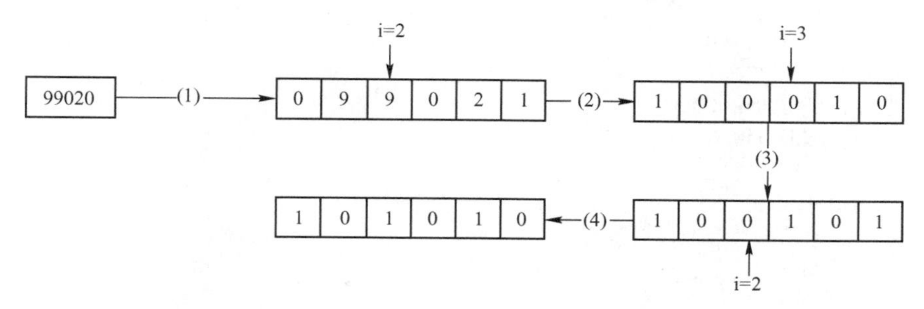

（1）把数字加 1 并转换为字符串。

（2）从右到左找到第一组重复的数 99（数组下标为 i=2），然后把 99 加 1，变为 100，然后把后面的字符变为 0101…串。得到 100010。

（3）由于执行步骤（2）后对下标为 2 的值进行了修改，导致它与下标为 i=3 的值相同，因此，需要对 i 自增变为 i=3，接着从 i=3 开始从右向左找出下一组重复的数字 00，对 00 加 1 变为 01，后面的字符变为 0101…串，得到 100101。

（4）由于下标为 i=3 与 i+1=4 的值不同，因此，可以从 i−1=2 的位置开始从右向左找出下一组重复的数字 00，对其加 1 就可以得到满足条件的最小的“不重复数”。

根据这个思路给出实现方法如下：

1）对给定的数加 1。

2）循环执行如下操作：对给定的数从右向左找出第一对重复的数（下标为 i），对这个数字加 1，然后把这个数字后面的数变为 0101…得到新的数。如果操作结束后下标为 i 的值等于下标为 i+1 的值，那么对 i 进行自增，否则对 i 进行自减；然后从下标为 i 开始从右向左重复执行步骤 2)，直到这个数是“不重复数”为止。

实现代码如下：

```
"""
方法功能：处理数字相加的进位
输入参数：num 为字符数组，pos 为进行加 1 操作对应的下标位置
"""
def  carry(num,pos):
    while  pos>0:
        if  int(num[pos])>9:
            num[pos]='0'
            num[pos-1]=str(int(num[pos-1]) + 1)
        pos -=1
```

```
"""
方法功能：获取大于 n 的最小不重复数
输入参数：n 为正整数
返回值：大于 n 的最小不重复数
"""
def  findMinNonDupNum(n):
    count=0 # 用来记录循环次数
    nChar=list(str(n+1))
    ch=[None]*(len(nChar)+2)
    ch[0]='0'
    ch[len(ch)-1]='0'
    i=0
    while  i<len(nChar):
        ch[i+1]=nChar[i]
        i +=1
    lens=len(ch)
    i=lens-2 # 从右向左遍历
    while  i>0:
        count +=1
        if  ch[i-1] ==ch[i]:
            ch[i]=str(int(ch[i]) +1) #末尾数字加 1
            carry(ch,i) # 处理进位
            # 把下标为 i 后面的字符串变为 0101…串
            j=i+1
            while  j<lens:
                if  (j-i)%2==1 :
                    ch[j]='0'
                else:
                    ch[j]='1'
                j +=1
            # 第 i 位加 1 后，可能会与第 i+1 位相等
            i +=1
        else:
            i -=1
    print  "循环次数为："+str(count)
    return  int(''.join(ch))

if  __name__=="__main__":
    print  findMinNonDupNum(23345)
    print  findMinNonDupNum(1101010)
    print  findMinNonDupNum(99010)
    print  findMinNonDupNum(8989)
```

程序的运行结果为：

```
循环次数为：7
23401
循环次数为：11
1201010
循环次数为：13
```

```
101010
循环次数为：10
9010
```

方法三：从左到右的贪心法

与方法二类似，只不过是从左到右开始遍历，如果碰到重复的数字，那么把其加 1，后面的数字变成 0101…串。实现代码如下：

```
"""
方法功能：处理数字相加的进位
输入参数：num 为字符数组，pos 为进行加 1 操作对应的下标位置
"""
def  carry(num,pos):
    while  pos>0:
        if  int(num[pos])>9:
            num[pos]='0'
            num[pos-1]=str(int(num[pos-1]) + 1)
        pos -=1

"""
方法功能：获取大于 n 的最小不重复数
输入参数：n 为正整数
返回值：大于 n 的最小不重复数
"""
def  findMinNonDupNum(n):
    count=0 # 用来记录循环次数
    nChar=list(str(n+1))
    ch=[None]*(len(nChar)+1)
    ch[0]='0'
    i=0
    while  i<len(nChar):
        ch[i+1]=nChar[i]
        i +=1
    lens=len(ch)
    i=2 # 从左向右遍历
    while  i<lens:
        count +=1
        if  ch[i-1]==ch[i]:
            ch[i] =str(int(ch[i])+1)   # 末尾数字加 1
            carry(ch,i) # 处理进位
            # 把下标为 i 后面的字符串变为 0101…串
            j=i+1
            while  j<lens:
                if  (j-i)%2==1 :
                    ch[j]='0'
                else:
                    ch[j]='1'
                j +=1
        else:
            i +=1
```

```
        print  "循环次数为："+str(count)
        return  int(''.join(ch))

if  __name__=="__main__":
    print  findMinNonDupNum(23345)
    print  findMinNonDupNum(1101010)
    print  findMinNonDupNum(99010)
    print  findMinNonDupNum(8989)
```

显然，方法三循环的次数少于方法二，因此，方法三的性能要优于方法二。

6.12 如何计算一个数的 n 次方

【出自 WB 面试题】

难度系数：★★★☆☆ **被考察系数：★★★★☆**

题目描述：

给定一个数 d 和 n，如何计算 d 的 n 次方？例如：d=2，n=3，d 的 n 次方为 $2^3=8$。

分析与解答：

方法一：蛮力法

可以把 n 的取值分为如下几种情况：

（1）n=0，那么计算结果肯定为 1；

（2）n=1，计算结果肯定为 d；

（3）n>0，计算方法为：初始化计算结果 result=1，然后对 result 执行 n 次乘以 d 的操作，得到的结果就是 d 的 n 次方；

（4）n<0，计算方法为：初始化计算结果 result=1，然后对 result 执行|n|次除以 d 的操作，得到的结果就是 d 的 n 次方；

以 2 的 3 次方为例，首先初始化 result=1，接着对 result 执行三次乘以 2 的操作：result =result*2=1*2=2，result =result*2=2*2=4，result =result*2=4*2=8，因此，2 的 3 次方等于 8。根据这个思路给出实现代码如下：

```
"""
方法功能：计算一个数的 n 次方
输入参数：d 为底数，n 为幂
返回值：   d^n
"""
def  power(d,n):
    if  n==0: return  1
    if  n==1: return  d
    result=1.0
    if  n>0:
        i=1
        while  i<=n:
            result*=d
            i +=1
        return  result
```

```
        else:
            i=1
            while   i<=abs(n):
                result=result/d
                i +=1
        return   result

if   __name__=="__main__":
    print   power(2,3)
    print   power(-2,3)
    print   power(2,-3)
```

程序的运行结果为：

```
8
-8
0.125
```

算法性能分析：

这种方法的时间复杂度为 O(n)，需要注意的是，当 n 非常大的时候，这种方法的效率是非常低下的。

方法二：递归法

由于方法一没有充分利用中间的计算结果，因此，算法效率还有很大的提升余地。例如在计算 2 的 100 次方的时候，假如已经计算出了 2 的 50 次方的值 $tmp=2^{50}$，就没必要对 tmp 再乘以 50 次 2，可以直接利用 tmp*tmp 就得到了 2^{100} 的值。可以利用这个特点给出递归实现方法如下：

（1）n=0，那么计算结果肯定为 1；

（2）n=1，计算结果肯定为 d；

（3）n>0，首先计算 $2^{n/2}$ 的值 tmp，如果 n 为奇数，那么计算结果 result=tmp*tmp*d，如果 n 为偶数，那么计算结果 result=tmp*tmp；

（4）n<0，首先计算 $2^{|n/2|}$的值 tmp，如果 n 为奇数，那么计算结果 result=1/(tmp*tmp*d)，如果 n 为偶数，那么计算结果 result=1/(tmp*tmp)。

根据以上思路实现代码如下：

```
def   power(d,n):
    if   n==0: return   1
    if   n==1:return   d
    tmp=power(d,abs(n)/2)+0.0
    #print   tmp
    if   n>0:
        if   n%2==1: # n 为奇数
            return   tmp*tmp*d
        else:   # n 为偶数
            return   tmp*tmp
    else:
        if   n%2==1:
            print   1/(tmp*tmp*d)
```

```
            return   1/(tmp*tmp*d)
        else:
            return   1/(tmp*tmp)
```

算法性能分析：

这种方法的时间复杂度为 O(logn)。

6.13 如何在不能使用库函数的条件下计算 n 的平方根

【出自 ALBB 面试题】

难度系数：★★★★☆　　　　**被考察系数：**★★★★☆

题目描述：

给定一个数 n，求出它的平方根，比如 16 的平方根为 4。要求不能使用库函数。

分析与解答：

正数 n 的平方根可以通过计算一系列近似值来获得，每个近似值都比前一个更加接近准确值，直到找出满足精度要求的那个数位置。具体而言，可以找出第一个近似值是 1，接下来的近似值则可以通过下面的公式来获得：$a_{i+1}=(a_i+n/a_i)/2$。实现代码如下：

```
# 获取 n 的平方根,e 为精度要求
def   squareRoot(n,e):
      new_one = n
      last_one = 1.0 #   第一个近似值为 1
      while   new_one - last_one > e: #  直到满足精度要求为止
            new_one = (new_one + last_one)/2 #  求下一个近似值
            last_one = n/new_one
      return   new_one

if   __name__=="__main__":
      n = 50
      e = 0.000001
      print   str(n) + "的平方根为" + str(squareRoot(n,e))
      n=4
      print    str(n) + "的平方根为"+ str(squareRoot(n,e))
```

程序的运行结果为：

```
50 的平方根为 7.071068
4 的平方根为 2.000000
```

6.14 如何不使用^操作实现异或运算

【出自 YMX 面试题】

难度系数：★★★☆☆　　　　**被考察系数：**★★★★☆

题目描述：

不使用^操作实现异或运算。

分析与解答：

最简单的方法是遍历两个整数的所有的位，如果两个数的某一位相等，那么结果中这一位的值为 0，否则结果中这一位的值为 1，实现代码如下：

```
class  MyXOR:
    def  __init__(self):
        self.BITS=32
    # 获取 x 与 y 的异或的结果
    def  xor(self,x,y):
        res = 0
        i=self.BITS-1
        while  i>=0:
            # 获取 x 与 y 当前的 bit 值
            b1 = (x & (1 << i))>0
            b2 = (y & (1 << i))>0
            # 只有这两位都是 1 或 0 的时候结果为 0
            if  (b1==b2):
                xoredBit = 0
            else:
                xoredBit = 1
            res <<= 1
            res |= xoredBit
            i -=1
        return  res

if  __name__=="__main__":
    x = 3
    y = 5
    mx=MyXOR()
    print  mx.xor(x, y)
```

程序的运行结果为：

```
6
```

下面介绍另外一种更加简洁的实现方法：x^y=(x | y) & (~x | ~y)，其中 x | y 表示如果在 x 或 y 中的 bit 为 1，那么结果的这一个 bit 的值也为 1，显然这个结果包括三部分：这个 bit 只有在 x 中为 1，只有在 y 中为 1，在 x 和 y 中都为 1，要在这个基础上计算出异或的结果，显然要去掉第三种情况，也就是说去掉在 x 和 y 中都为 1 的情况，而当一个 bit 在 x 和 y 中都为 1 的时候“~x | ~y”的值为 0，因此 (x | y) & (~x | ~y) 的值等于 x^y。实现代码如下：

```
def  xor(x,y):
    return  (x | y) & (~x | ~y)
```

算法性能分析：

这种方法的时间复杂度为 O(N)。

6.15 如何不使用循环输出 1 到 100

【出自 HW 面试题】

难度系数：★★☆☆☆　　　　　　　**被考察系数：★★★★☆**

题目描述：

实现一个函数，要求在不使用循环的前提下输出 1 到 100。

分析与解答：

很多情况下，循环都可以使用递归来给出等价的实现，实现代码如下：

```
def  prints(n):
    if(n > 0):
        prints(n-1)
        print  str(n),

if  __name__=="__main__":
    prints(100)
```

第7章　排列组合与概率

排列组合常应用于字符串或序列中，而求解排列组合的方法也比较固定：第一种是类似于动态规划的方法，即保存中间结果，依次附上新元素，产生新的中间结果；第二种是递归法，通常是在递归函数里，使用 for 循环，遍历所有排列或组合的可能，然后在 for 循环语句内调用递归函数。本章所涉及的排列组合相关问题很多都采用的是以上两种方法。

概率论是计算机科学非常重要的基础学科之一，由于概率型面试笔试题可以综合考查求职者的思维能力、应变能力、数学能力，所以概率题也是在程序员求职过程中经常会遇到的问题。

7.1 如何求数字的组合

【出自 HW 面试题】

难度系数：★★★★☆　　　　**被考察系数：★★★★☆**

题目描述：

用 1、2、2、3、4、5 这六个数字，写一个 main 函数，打印出所有不同的排列，例如：512234、412345 等，要求："4" 不能在第三位，"3" 与 "5" 不能相连。

分析与解答：

打印数字的排列组合方式的最简单的方法就是递归，但本题存在两个难点：第一，数字中存在重复数字，第二，明确规定了某些位的特性。显然，采用常规的求解方法似乎不能完全适用了。

其实，可以换一种思维，把求解这 6 个数字的排列组合问题转换为大家都熟悉的图的遍历的问题，解答起来就容易多了。可以把 1、2、2、3、4、5 这 6 个数看成是图的 6 个结点，对这 6 个结点两两相连可以组成一个无向连通图，这 6 个数对应的全排列等价于从这个图中各个结点出发深度优先遍历这个图中所有可能路径所组成的数字集合。例如，从结点 "1" 出发所有的遍历路径组成了以 "1" 开头的所有数字的组合。由于 "3" 与 "5" 不能相连，因此，在构造图的时候使图中 "3" 和 "5" 对应的结点不连通就可以满足这个条件。对于 "4" 不能在第三位，可以在遍历结束后判断是否满足这个条件。

具体而言，实现步骤如下所示：

（1）用 1、2、2、3、4、5 这 6 个数作为 6 个结点，构造一个无向连通图。除了 "3" 与 "5" 不连通外，其他的所有结点都两两相连。

（2）分别从这 6 个结点出发对图做深度优先遍历。每次遍历完所有结点的时候，把遍历的路径对应数字的组合记录下来，如果这个数字的第三位不是 "4"，那么把这个数字存放到集合 Set 中（由于这 6 个数中有重复的数，因此，最终的组合肯定也会有重复的。由于集合 Set 的特点为集合中的元素是唯一的，不能有重复的元素，因此，通过把组合的结果放到 Set 中可以过滤掉重复的组合）。

（3）遍历 Set 集合，打印出集合中所有的结果，这些结果就是本问题的答案。

实现代码如下：

```
class  Test:
    def  __init__(self,arr):
        # self.numbers=[1, 2, 2, 3, 4, 5]
        self.numbers = arr
        # 用来标记图中结点是否被遍历过
        self.visited = [False]*len(self.numbers)
        # 图的二维数组表示
        self.graph =[([None]*len(self.numbers))  for  i  in  range(len(self.numbers))]
        self.n = 6
        # 数字的组合
        self.combination =''
        # 存放所有的组合
        self.s =set()
    """
    **方法功能：对图从结点 start 位置开始进行深度遍历
    ** 输入参数：start：遍历的起始位置
    """
    def  depthFirstSearch(self,start):
        self.visited[start] = True
        self.combination += str(self.numbers[start])
        if  len(self.combination) == self.n:
            # 4 不出现在第三个位置
            if  self.combination.index("4") != 2:
                self.s.add((self.combination))
        j=0
        while  j<self.n:
            if  self.graph[start][j] == 1 and self.visited[j] == False:
                self.depthFirstSearch(j)
            j +=1
        self.combination=self.combination[:-1]
        self.visited[start] = False
    # 方法功能：获取 1、2、2、3、4、5 的左右组合，使得"4"不能在第三位，"3"与"5"不能相连
    def  getAllCombinations(self):
        # 构造图
        i=0
        while  i<self.n:
            j=0
            while  j<self.n:
                if  i == j:
                    self.graph[i][j] = 0
                else:
                    self.graph[i][j] = 1
                j +=1
            i +=1
        # 确保在遍历的时候 3 与 5 是不可达的
        self.graph[3][5] = 0
        self.graph[5][3] = 0
```

```
        # 分别从不同的结点出发深度遍历图
        i=0
        while  i<self.n:
            self.depthFirstSearch(i)
            i +=1

    def  printAllCombinations(self):
        for  strs  in  self.s:
            print  strs,

if  __name__=="__main__":
    arr =[1, 2, 2, 3, 4, 5]
    t =Test(arr)
    t.getAllCombinations()
    # 打印所有组合
    t.printAllCombinations()
```

由于结果过多，这里只给出部分运行结果：

```
    102345 145203 312045 503124 541032 310425 301425 543201 243015 243150 310542 231405 150324
431250 405132 401325 230541 315204 251034 023145 450123 052431 543102 132540 542013 120543 231450 302541
```

7.2 如何拿到最多金币

【出自 WS 笔试题】

难度系数：★★★★☆ **被考察系数：★★★★☆**

题目描述：

10 个房间里放着数量随机的金币。每个房间只能进入一次，并只能在一个房间中拿金币。一个人采取如下策略：前 4 个房间只看不拿。随后的房间只要看到比前 4 个房间都多的金币数，就拿。否则就拿最后一个房间的金币。编程计算这种策略拿到最多金币的概率。

分析与解答：

这道题要求一个概率的问题，由于 10 个房间里放的金币的数量是随机的，因此，在编程实现的时候首先需要生成 10 个随机数来模拟 10 个房间里金币的数量。然后判断通过这种策略是否能拿到最多的金币。如果仅仅通过一次模拟来求拿到最多金币的概率显然是不准确的，那么就需要进行多次模拟，通过记录模拟的次数 m，拿到最多金币的次数 n，从而可以计算出拿到最多金币的概率 n/m。显然这个概率与金币的数量以及模拟的次数有关系。模拟的次数越多越能接近真实值。下面以金币数为 1 到 10 的随机数，模拟次数为 1000 次为例给出实现代码：

```
import  random

"""
方法功能：总共 n 个房间，判断用指定的策略是否能拿到最多金币
返回值：如果能拿到返回 True，否则返回 False
"""
def  getMaxNum(n):
```

```
        if  n<1:
            print  "参数不合法"
            return
        a = [None]*n
        # 随机生成 n 个房间里金币的个数
        i=0
        while  i<n:
            a[i] = random.uniform(1,n)   # 生成 1~n 的随机数
            i +=1
            # 找出前四个房间中最多的金币个数
        max4 = 0
        i=0
        while  i<4:
            if  a[i]>max4:
                max4 = a[i]
            i +=1
        i=4
        while  i<n-1:
            if  a[i]>max4: # 能拿到最多的金币
                return  True
            i +=1
        return  False # 不能拿到最多的金币

if  __name__=="__main__":
    monitorCount = 1000+0.0
    success = 0
    i=0
    while  i<monitorCount:
        if  getMaxNum(10):
            success +=1
        i +=1
    print  success/monitorCount
```

程序的运行结果为：

```
0.421
```

运行结果分析：

运行结果与金币个数的选择以及模拟的次数都有关系，而且由于是个随机问题，因此同样的程序每次的运行结果也会不同。

7.3 如何求正整数 n 所有可能的整数组合

【出自 HW 面试题】

难度系数：★★★★☆　　　　**被考察系数：**★★★☆☆

题目描述：

给定一个正整数 n，求解出所有和为 n 的整数组合，要求组合按照递增方式展示，而且

唯一。例如：4=1+1+1+1、1+1+2、1+3、2+2、4（4+0）。

分析与解答：

以数值 4 为例，和为 4 的所有的整数组合一定都小于 4（1,2,3,4）。首先选择数字 1，然后用递归的方法求和为 3（4-1）的组合，一直递归下去直到用递归求和为 0 的组合的时候，所选的数字序列就是一个和为 4 的数字组合。然后第二次选择 2，接着用递归求和为 2（4-2）的组合；同理下一次选 3，然后用递归求和为 1（4-3）的所有组合。依此类推，直到找出所有的组合为止，实现代码如下：

```
"""
方法功能：求和为 sums 的所有整数组合
输入参数：sums 正整数，result 存储组合结果,count 记录组合中数字的个数
"""
def   getAllCombination(sums,result,count):
    if   sums < 0:
        return
    # 数字的组合满足和为 sums 的条件，打印出所有组合
    if   sums == 0:
        print   "满足条件的组合：",
        i=0
        while   i<count:
            print   result[i],
            i +=1
        print   '\n'
        return
    # 打印 debug 信息，为了便于理解
    print   "-----当前组合：",
    i=0
    while   i<count:
        print   str(result[i]),
        i +=1
    print   "-----"
    # 确定组合中下一个取值
    i = ( 1 if   count == 0   else result[count - 1])
    print   "----"+"i="+str(i)+" count="+str(count)+"----"   # 打印 debug 信息，为了便于理解

    while   i<=sums:
        result[count] = i
        count +=1
        getAllCombination(sums - i, result, count) #  求和为 sums-i 的组合
        count -=1     # 递归完成后，去掉最后一个组合的数字
        i +=1         # 找下一个数字作为组合中的数字

# 方法功能：找出和为 n 的所有整数的组合
def   showAllCombination(n):
    if   n<1:
        print   "参数不满足要求"
        return
    result =[None]*n # 存储和为 n 的组合方式
    getAllCombination(n, result,0)
```

```
if  __name__=="__main__":
    showAllCombination(4)
```

程序的运行结果为：

```
----当前组合：----
---i=1 count=0---
----当前组合：1 ----
---i=1 count=1---
----当前组合：1 1 ----
---i=1 count=2---
----当前组合：1 1 1 ----
---i=1 count=3---
满足条件的组合：1 1 1 1
满足条件的组合：1 1 2
----当前组合：1 2 ----
---i=2 count=2---
满足条件的组合：1 3
----当前组合：2 ----
---i=2 count=1---
满足条件的组合：2 2
----当前组合：3 ----
---i=3 count=1---
满足条件的组合：4
```

运行结果分析：

从上面运行结果可以看出，满足条件的组合为：{1,1,1,1}，{1,1,2 }，{1,3}，{2 ,2}，{4}，其他的为调试信息。从打印出的信息可以看出：在求和为 4 的组合中，第一步选择了 1；然后求 3（4-1）的组合也选了 1，求 2（3-1）的组合的第一步也选择了 1，依次类推，找出第一个组合为{1,1,1,1}。然后通过 count-和 i+找出最后两个数字 1 与 1 的另外一种组合 2，最后三个数字的另外一种组合 3；接下来用同样的方法分别选择 2，3 作为组合的第一个数字，就可以得到以上结果。

代码 i = (count == 0 ? 1 : result[count - 1]);用来保证：组合中的下一个数字一定不会小于前一个数字，从而保证了组合的递增性。如果不要求递增（例如把{1,1,2}和{2,1,1}看作两种组合），那么把上面一行代码改成 i=1 即可。

7.4 如何用一个随机函数得到另外一个随机函数

【出自 XM 面试题】

难度系数：★★★★☆　　　　**被考察系数：**★★★☆☆

题目描述：

有一个函数 func1 能返回 0 和 1 两个值，返回 0 和 1 的概率都是 1/2，问怎么利用这个函数得到另一个函数 func2，使 func2 也只能返回 0 和 1，且返回 0 的概率为 1/4，返回 1 的概率为 3/4。

分析与解答：

func1 得到 1 与 0 的概率都为 1/2。因此，可以调用两次 func1，分别生成两个值 a1 与 a2，用这两个数组成一个二进制 a2a1，它的取值的可能性为 00,01,10,11，并且得到每个值的概率都为(1/2)*(1/2)=1/4，因此，如果得到的结果为 00，那么返回 0（概率为 1/4），其他情况返回 1（概率为 3/4）。实现代码如下：

```
import random
# 返回 0 和 1 的概率都为 1/2
def func1():
    return int(round(random.random()))

# 返回 0 的概率为 1/4,返回 1 的概率为 3/4
def func2():
    a1=func1()
    a2=func1()
    tmp=a1
    tmp|=(a2<<1)
    if tmp==0:
        return 0
    else:
        return 1

if __name__=="__main__":
    i=0
    while i<16:
        print func2(),
        i +=1
    print'\n'
    i=0
    while i<16:
        print func2(),
        i +=1
```

程序的运行结果为：

```
1 1 1 0 1 1 0 1 1 0 1 1 1 1 0 1
1 1 1 1 1 1 1 1 1 1 0 0 0 0 1 0
```

由于结果是随机的，调用的次数越大，返回的结果就越接近 1/4 与 3/4。

7.5 如何等概率地从大小为 n 的数组中选取 m 个整数

【出自 ALBB 面试题】

难度系数：★★★★☆　　　　**被考察系数：**★★★☆☆

题目描述：

随机地从大小为 n 的数组中选取 m 个整数，要求每个元素被选中的概率相等。

分析与解答：

从 n 个数中随机选出一个数的概率为 1/n，然后在剩下的 n−1 个数中再随机找出一个数的概率也为 1/n（第一次没选中这个数的概率为 (n−1)/n，第二次选中这个数的概率为 1/(n−1)，因此，随机选出第二个数的概率为((n−1)/n) * (1/(n−1))=1/n），依次类推，在剩下的 k 个数中随机选出一个元素的概率都为 1/n。因此，这种方法的思路为：首先从有 n 个元素的数组中随机选出一个元素，然后把这个选中的数字与数组第一个元素交换，接着从数组后面的 n-1 个数字中随机选出 1 个数字与数组第二个元素交换，依次类推，直到选出 m 个数字为止，数组前 m 个数字就是随机选出来的 m 个数字，且它们被选中的概率相等。实现代码如下：

```
import    random
def    getRandomM(a,n,m):
        if    a==None or n<=0 or n<m:
                print    "参数不合理"
                return
        i=0
        while    i<m:
                j=random.randint(i,n-1) #//  获取 i 到 n-1 间的随机数
                #  随机选出的元素放到数组的前面
                tmp=a[i]
                a[i]=a[j]
                a[j]=tmp
                i +=1

if    __name__=="__main__":
        a= [1, 2, 3, 4, 5, 6, 7, 8, 9,10 ]
        n = 10
        m = 6
        getRandomM(a, n, m)
        i=0
        while    i<m:
                print    a[i],
                i +=1
```

程序的运行结果为：

```
1  8  9  7  2  4
```

算法性能分析:

这种方法的时间复杂度为 O(m)。

7.6 如何组合 1，2，5 这三个数使其和为 100

【出自 HW 面试题】

难度系数：★★★★☆　　　　**被考察系数：**★★★★☆

题目描述：

求出用 1，2，5 这三个数不同个数组合的和为 100 的组合个数。为了更好地理解题目的意思，下面给出几组可能的组合：100 个 1，0 个 2 和 0 个 5，它们的和为 100；50 个 1，25 个 2，0 个 5 的和也是 100；50 个 1，20 个 2，2 个 5 的和也为 100。

分析与解答：

方法一：蛮力法

最简单的方法就是对所有的组合进行尝试，然后判断组合的结果是否满足和为 100，这些组合有如下限制：1 的个数最多为 100 个，2 的个数最多为 50 个，5 的个数最多为 20 个。实现思路为：遍历所有可能的组合 1 的个数 x（0<=x<=100），2 的个数 y（0=<y<=50），5 的个数 z（0<=z<=20），判断 x+2y+5z 是否等于 100，如果相等，那么满足条件，实现代码如下：

```
def  combinationCount(n):
    count=0
    num1=n      # 1 最多的个数
    num2=n/2    # 2 最多的个数
    num5=n/5    # 5 最多的个数
    x=0
    while  x<=num1:
        y=0
        while  y<=num2:
            z=0
            while  z<=num5:
                if  x+2*y+5*z==n: # 满足条件
                    count +=1
                z +=1
            y +=1
        x +=1
    return  count

if  __name__=="__main__":
    print  combinationCount(100)
```

程序的运行结果为：

```
541
```

算法性能分析：

这种方法循环的次数为 101 * 51 * 21。

方法二：数字规律法

针对这种数学公式的运算，一般都可以通过找出运算的规律进而简化运算的过程，对于本题而言，对 x + 2y + 5z = 100 进行变换可以得到 x + 5z = 100 − 2y。从这个表达式可以看出，x + 5z 是偶数且 x + 5z<=100。因此，求满足 x + 2y + 5z = 100 组合的个数就可以转换为求满足“x + 5z 是偶数且 x + 5z<=100”的个数。可以通过对 z 的所有可能的取值（0<=z<=20）进行遍历从而计算满足条件的 x 的值。

当 z=0 时，x 的取值为 0,2,4，…，100（100 以内所有的偶数），个数为（100+2）/2

当 z=1 时，x 的取值为 1,3,5，…，95（95 以内所有的奇数），个数为（95+2）/2

当 z=2 时，x 的取值为 0,2,4，…，90（90 以内所有的偶数），个数为（90+2）/2

当 z=3 时，x 的取值为 1,3,5，…，85（85 以内所有的奇数），个数为（85+2）/2

……

当 z=19 时， x 的取值为 5, 3, 1（5 以内所有的奇数），个数为（5+2）/2
当 z=20 时， x 的取值为 0（0 以内所有的偶数），个数为（0+2）/2
根据这个思路，实现代码如下：

```
def  combinationCount(n):
    count=0
    m=0
    while  m<=n:
        count +=(m+2)/2
        m +=5
    return  count
```

算法性能分析：

这种方法循环的次数为 21。

7.7 如何判断还有几盏灯泡亮着

【出自 HW 面试题】

难度系数：★★★★☆　　　　**被考察系数：**★★★★☆

题目描述：

100 个灯泡排成一排，第一轮将所有灯泡打开；第二轮每隔一个灯泡关掉一个，即排在偶数的灯泡被关掉，第三轮每隔两个灯泡，将开着的灯泡关掉，关掉的灯泡打开。依次类推，第 100 轮结束的时候，还有几盏灯泡亮着？

分析与解答：

（1）对于每盏灯，当拉动的次数是奇数时，灯就是亮着的，当拉动的次数是偶数时，灯就是关着的。

（2）每盏灯拉动的次数与它的编号所含约数的个数有关，它的编号有几个约数，这盏灯就被拉动几次。

（3）1～100 这 100 个数中有哪几个数，约数的个数是奇数？

我们知道，一个数的约数都是成对出现的，只有完全平方数约数的个数才是奇数个。

所以，这 100 盏灯中有 10 盏灯是亮着的，它们的编号分别是：1、4、9、16、25、36、49、64、81、100。

下面是程序的实现：

```
def  factorIsOdd(a):
    total =0
    i=1
    while  i<=a:
        if  a%i == 0:
            total +=1
        i +=1
    if  total%2 == 1:
        return  1
    else:
```

```
        return   0

def   totalCount(num,n):
    count = 0
    i=0
    while   i<n:
        # //判断因子数是否为奇数，如果是奇数（灯亮），那么加 1
        if   factorIsOdd(num[i]) ==1:
            print   "亮着的灯的编号是："+str(num[i])
            count +=1
        i +=1
    return   count

if   __name__=="__main__":
    num =[None] * 100
    i=0
    while   i<100:
        num[i] = i+1
        i +=1
    count = totalCount(num,100)
    print   "最后总共有"+str(count)+"盏灯亮着。"
```

程序的运行结果为：

```
亮着的灯的编号是：1
亮着的灯的编号是：4
亮着的灯的编号是：9
亮着的灯的编号是：16
亮着的灯的编号是：25
亮着的灯的编号是：36
亮着的灯的编号是：49
亮着的灯的编号是：64
亮着的灯的编号是：81
亮着的灯的编号是：100
最后总共有 10 盏灯亮着。
```

第 8 章　排　　序

排序是算法的入门知识，其思想可以用于很多算法中，而且因为排序算法实现代码较少，应用较为广泛，所以在程序员面试笔试中，求职者经常会被问及排序算法及其相关的问题。虽然排序算法名目繁多，各不相同，但万变不离其宗，只要熟悉了算法思想，灵活运用它们也并非难事。

一般在面试笔试中，最常考的排序算法是快速排序和归并排序，而插入排序、冒泡排序、堆排序、基数排序、桶排序等算法也经常会被提及。而排序算法的考察形式往往也较为常见，就是面试官要求求职者现场写代码，同时也会要求求职者分析各类排序算法的的优劣、使用场景、时间复杂度以及空间复杂度等，所以，求职者熟练掌握各类排序算法思想及其特点是非常有必要的。

8.1 如何进行选择排序

【出自 BD 面试题】

难度系数：★★★☆☆　　　　**被考察系数：★★☆☆☆**

选择排序是一种简单直观的排序算法，它的基本原理如下：对于给定的一组记录，经过第一轮比较后得到最小的记录，然后将该记录与第一个记录进行交换；接着对不包括第一个记录以外的其他记录进行第二轮比较，得到最小的记录并与第二个记录进行位置交换；重复该过程，直到进行比较的记录只有一个时为止。以数组{38, 65, 97, 76, 13, 27, 49}为例（假设要求为升序排列），具体步骤如下：

第一次排序后：13 [65 97 76 38 27 49]

第二次排序后：13 27 [97 76 38 65 49]

第三次排序后：13 27 38 [76 97 65 49]

第四次排序后：13 27 38 49 [97 65 76]

第五次排序后：13 27 38 49 65 [97 76]

第六次排序后：13 27 38 49 65 76 [97]

最后排序结果：13 27 38 49 65 76 97

示例代码如下：

```
def select_sort(lists):
    # 选择排序
    count = len(lists)
    for i in range(0, count):
        min = i
        for j in range(i + 1, count):
            if lists[min] > lists[j]:
                min = j
        lists[min], lists[i] = lists[i], lists[min]
```

```
        return   lists

    if  __name__=="__main__":
        lists=[3,4,2,8,9,5,1]
        print  '排序前序列为:',
        for  i  in  (lists):
            print  i,
        print  '\n 排序后结果为:',
        for  i  in  (select_sort(lists)):
            print  i,
```

程序的运行结果为：

```
排序前序列为: 3 4 2 8 9 5 1
排序后结果为: 1 2 3 4 5 8 9
```

选择排序是一种不稳定的排序方法，最好、最坏和平均情况下的时间复杂度都为 $O(n^2)$，空间复杂度为 $O(1)$。

8.2 如何进行插入排序

【出自 JD 面试题】

难度系数：★★☆☆☆　　**被考察系数：**★★★☆☆

对于给定的一组记录，初始时假设第一个记录自成一个有序序列，其余的记录为无序序列；接着从第二个记录开始，按照记录的大小依次将当前处理的记录插入到其之前的有序序列中，直至最后一个记录插入到有序序列中为止。以数组{38, 65, 97, 76, 13, 27, 49}为例（假设要求为升序排列），直接插入排序具体步骤如下：

第一步插入 38 以后：[38] 65 97 76 13 27 49

第二步插入 65 以后：[38 65] 97 76 13 27 49

第三步插入 97 以后：[38 65 97] 76 13 27 49

第四步插入 76 以后：[38 65 76 97] 13 27 49

第五步插入 13 以后：[13 38 65 76 97] 27 49

第六步插入 27 以后：[13 27 38 65 76 97] 49

第七步插入 49 以后：[13 27 38 49 65 76 97]

示例代码如下：

```
def  insert_sort(lists):
    # 插入排序
    count = len(lists)
    for  i  in  range(1, count):
        key = lists[i]
        j = i - 1
        while  j >= 0:
            if  lists[j] > key:
                lists[j + 1] = lists[j]
                lists[j] = key
```

```
                j -= 1
        return  lists

if  __name__=="__main__":
    lists=[3,4,2,8,9,5,1]
    print  '排序前序列为:',
    for  i  in  lists:
        print  i,
    print  '\n 排序后结果为:',
    for  i  in  (insert_sort(lists)):
        print  i,
```

程序的运行结果为：

```
排序前序列为: 3 4 2 8 9 5 1
排序后结果为: 1 2 3 4 5 8 9
```

插入排序是一种稳定的排序方法，最好情况下的时间复杂度为 O(n)，最坏情况下的时间复杂度为 $O(n^2)$，平均情况下的时间复杂度为 $O(n^2)$。空间复杂度为 O(1)。

8.3 如何进行冒泡排序

【出自 XM 面试题】

难度系数：★★★☆☆ **被考察系数：★★★★☆**

冒泡排序顾名思义就是整个过程就像气泡一样往上升，单向冒泡排序的基本思想是（假设由小到大排序）：对于给定的 n 个记录，从第一个记录开始依次对相邻的两个记录进行比较，当前面的记录大于后面的记录时，交换其位置，进行一轮比较和换位后，n 个记录中的最大记录将位于第 n 位；然后对前（n−1）个记录进行第二轮比较；重复该过程直到进行比较的记录只剩下一个时为止。

以数组{36, 25, 48, 12, 25, 65, 43, 57}为例（假设要求为升序排列），具体排序过程如下：

初始状态：[36 25 48 12 25 65 43 57]

1 次排序：[25 36 12 25 48 43 57 65]

2 次排序：[25 12 25 36 43 48] 57 65

3 次排序：[12 25 25 36 43] 48 57 65

4 次排序：[12 25 25 36] 43 48 57 65

5 次排序：[12 25 25] 36 43 48 57 65

6 次排序：[12 25] 25 36 43 48 57 65

7 次排序：[12] 25 25 36 43 48 57 65

示例代码如下：

```
def bubble_sort(lists):
    # 冒泡排序
    for i in range(len(lists)-1):
        for j in range(len(lists)-i-1):
```

```
                if lists[j] > lists[j+1]:
                    lists[j], lists[j+1] = lists[j+1], lists[j]
        return lists

if  __name__=="__main__":
    lists=[3,4,2,8,9,5,1]
    print  '排序前序列为:',
    for  i  in  lists:
        print  i,
    print  '\n 排序后结果为:',
    for  i  in  (bubble_sort(lists)):
        print  i,
```

程序的运行结果为：

```
排序前序列为: 3 4 2 8 9 5 1
排序后结果为: 1 2 3 4 5 8 9
```

冒泡排序是一种稳定的排序方法，最好的情况下的时间复杂度为 O(n)，最坏情况下时间复杂度为 $O(n^2)$，平均情况下的时间复杂度为 $O(n^2)$。空间复杂度为 O(1)。

8.4 如何进行归并排序

【出自 ALBB 面试题】

难度系数：★★★★☆ **被考察系数：★★★★☆**

归并排序是利用递归与分治技术将数据序列划分成为越来越小的半子表，再对半子表排序，最后再用递归步骤将排好序的半子表合并成为越来越大的有序序列。其中“归”代表的是递归的意思，即递归地将数组折半地分离为单个数组。例如，数组[2, 6, 1, 0]会先折半，分为[2, 6]和[1, 0]两个子数组，然后再折半将数组分离，分为[2]，[6]和[1]，[0]。“并”就是将分开的数据按照从小到大或者从大到小的顺序再放到一个数组中。如上面的[2]、[6]合并到一个数组中是[2, 6]，[1]、[0]合并到一个数组中是[0, 1]，然后再将[2, 6]和[0, 1]合并到一个数组中即为[0, 1, 2, 6]。

具体而言，归并排序算法的原理如下：对于给定的一组记录（假设共有 n 个记录），首先将每两个相邻的长度为 1 的子序列进行归并，得到 n/2（向上取整）个长度为 2 或 1 的有序子序列，再将其两两归并，反复执行此过程，直到得到一个有序序列为止。

所以，归并排序的关键就是两步：第一步，划分子表；第二步，合并半子表。以数组{49, 38, 65, 97, 76, 13, 27}为例（假设要求为升序排列），排序过程如下：

```
初始关键字：[49]  [38]  [65]  [97]  [76]  [13]  [27]
一次归并后：[38   49]   [65   97]   [13   76]   [27]
二次归并后：[38   49    65    97]   [13   27   76]
三次归并后：[13   27    38    49    65    76   97]
```

示例代码如下：

```
def    merge(left, right):
    i, j = 0, 0
    result = []
    while    i < len(left) and j < len(right):
        if    left[i] <= right[j]:
            result.append(left[i])
            i += 1
        else:
            result.append(right[j])
            j += 1
    result += left[i:]
    result += right[j:]
    return    result

def    merge_sort(lists):
    # 归并排序
    if    len(lists) <= 1:
        return    lists
    num = len(lists) / 2
    left = merge_sort(lists[:num])
    right = merge_sort(lists[num:])
    return    merge(left, right)

if    __name__=="__main__":
    lists=[3,4,2,8,9,5,1]
    print    '排序前序列为:',
    for    i    in    lists:
        print    i,
    print    '\n 排序后结果为:',
    for    i    in    (merge_sort(lists)):
        print    i,
```

程序的运行结果为：

```
排序前序列为: 3 4 2 8 9 5 1
排序后结果为: 1 2 3 4 5 8 9
```

二路归并排序的过程需要进行 logn 次。每一趟归并排序的操作，就是将两个有序子序列进行归并，而每一对有序子序列归并时，记录的比较次数均小于等于记录的移动次数，记录移动的次数均等于文件中记录的个数 n，即每一趟归并的时间复杂度为 O(n)。因此二路归并排序在最好、最坏和平均情况的时间复杂度为 O(nlogn)，而且是一种稳定的排序方法，空间复杂度为 O(n)。

8.5 如何进行快速排序

【出自 TX 面试题】

难度系数：★★★★☆　　　　被考察系数：★★★★★

快速排序是一种非常高效的排序算法，它采用“分而治之”的思想，把大的拆分为小的，小的再拆分为更小的。其原理是：对于一组给定的记录，通过一趟排序后，将原序列分为两部分，其中前部分的所有记录均比后部分的所有记录小，然后再依次对前后两部分的记录进行快速排序，递归该过程，直到序列中的所有记录均有序为止。

具体算法步骤如下：

（1）分解：将输入的序列 array[m,…,n]划分成两个非空子序列 array [m,…,k]和 array [k+1,…,n]，使 array [m,…,k]中任一元素的值不大于 array [k+1,…,n]中任一元素的值。

（2）递归求解：通过递归调用快速排序算法分别对 array [m,…,k]和 array [k+1,…,n]进行排序。

（3）合并：由于对分解出的两个子序列的排序是就地进行的，所以在 array [m,…,k]和 array [k+1,…,n]都排好序后，不需要执行任何计算，array [m,…,n]就已排好序。

以数组{49, 38, 65, 97, 76, 13, 27, 49}为例（假设要求为升序排列）。

第一次排序过程如下：

初始化关键字 [49 38 65 97 76 13 27 49]

第一次交换后：[27 38 65 97 76 13 49 49]

第二次交换后：[27 38 49 97 76 13 65 49]

j 向左扫描，位置不变，第三次交换后：[27 38 13 97 76 49 65 49]

i 向右扫描，位置不变，第四次交换后：[27 38 13 49 76 97 65 49]

j 向左扫描 [27 38 13 49 76 97 65 49]

整个排序过程如下：

初始化关键字 [49 38 65 97 76 13 27 49]

一次排序之后：[27 38 13] 49 [76 97 65 49]

二次排序之后：[13] 27 [38] 49 [49 65]76 [97]

三次排序之后： 13 27 38 49 49 [65]76 97

最后的排序结果：13 27 38 49 49 65 76 97

示例代码如下：

```
def    quick_sort(lists, left, right):
        # 快速排序
        if    left >= right:
                return    lists
        key = lists[left]
        low = left
        high = right
        while    left < right:
                while    left < right and lists[right] >= key:
                        right -= 1
                lists[left] = lists[right]
                while    left < right and lists[left] <= key:
                        left += 1
                lists[right] = lists[left]
        lists[right] = key
        quick_sort(lists, low, left - 1)
```

```
            quick_sort(lists, left + 1, high)
        return  lists

if  __name__=="__main__":
    lists=[3,4,2,8,9,5,1]
    print  '排序前序列为:',
    for  i  in  (lists):
        print  i,
    print  '\n 排序后结果为:',
    for  i  in  (quick_sort(lists,0,len(lists)-1)):
        print  i,
```

程序的运行结果为：

```
排序前序列为: 3 4 2 8 9 5 1
排序后结果为: 1 2 3 4 5 8 9
```

当初始的序列整体或局部有序时，快速排序的性能将会下降，此时快速排序将退化为冒泡排序。

快速排序的相关特点如下：

（1）最坏时间复杂度

最坏情况是指每次区间划分的结果都是基准关键字的左边（或右边）序列为空，而另一边的区间中的记录项仅比排序前少了一项，即选择的基准关键字是待排序的所有记录中最小或者最大的。例如，若选取第一个记录为基准关键字，当初始序列按递增顺序排列时，每次选择的基准关键字都是所有记录中的最小者，这时记录与基准关键字的比较次数会增多。因此，在这种情况下，需要进行（n−1）次区间划分。对于第 k（0<k<n）次区间划分，划分前的序列长度为（n−k+1），需要进行（n−k）次记录的比较。当 k 从 1～(n−1)时，进行的比较次数总共为 n(n−1)/2，所以在最坏情况下快速排序的时间复杂度为 $O(n^2)$。

（2）最好时间复杂度

最好情况是指每次区间划分的结果都是基准关键字左右两边的序列长度相等或者相差为 1，即选择的基准关键字为待排序的记录中的中间值。此时，进行的比较次数总共为 nlogn，所以在最好情况下快速排序的时间复杂度为 O(nlogn)。

（3）平均时间复杂度

快速排序的平均时间复杂度为 O(nlogn)。虽然快速排序在最坏情况下的时间复杂度为 $O(n^2)$，但是在所有平均时间复杂度为 O(nlogn)的算法中，快速排序的平均性能是最好的。

（4）空间复杂度

快速排序的过程中需要一个栈空间来实现递归。当每次对区间的划分都比较均匀时（即最好情况），递归树的最大深度为⌈logn⌉+1（⌈logn⌉为向上取整）；当每次区间划分都使得有一边的序列长度为 0 时（即最好情况），递归树的最大深度为 n。在每轮排序结束后比较基准关键字左右的记录个数，对记录多的一边先进行排序，此时，栈的最大深度可降为 logn。因此，快速排序的平均空间复杂度为 O(logn)。

（5）基准关键字的选取

基准关键字的选择是决定快速排序算法性能的关键。常用的基准关键字的选择有以下几种方式：

1）三者取中。三者取中是指在当前序列中，将其首、尾和中间位置上的记录进行比较，选择三者的中值作为基准关键字，在划分开始前交换序列中的第一个记录与基准关键字的位置。

2）取随机数。取 left（左边）和 right（右边）之间的一个随机数 m(left≤m≤right)，用 n[m]作为基准关键字。这种方法使得 n[left]～n[right]之间的记录是随机分布的，采用此方法得到的快速排序一般称为随机的快速排序。

需要注意快速排序与归并排序的区别与联系。快速排序与归并排序的原理都是基于分治思想，即首先把待排序的元素分成两组，然后分别对这两组排序，最后把两组结果合并起来。

而它们的不同点在于，进行的分组策略不同，后面的合并策略也不同。归并排序的分组策略是假设待排序的元素存放在数组中，那么其把数组前面一半元素作为一组，后面一半元素作为另外一组。而快速排序则是根据元素的值来分组，即大于某个值的元素放在一组，而小于某个值的元素放在另外一组，该值称为基准值。所以，对整个排序过程而言，基准值的挑选非常重要，如果选择不合适，太大或太小，那么所有的元素都分在一组了。对于快速排序和归并排序来说，如果分组策略越简单，那么后面的合并策略就越复杂，因为快速排序在分组时，已经根据元素大小来分组了，而合并的时候，只需把两个分组合并起来就行了，归并排序则需要对两个有序的数组根据大小进行合并。

8.6 如何进行希尔排序

【出自 MTDZDP 面试题】

难度系数：★★★★☆　　**被考察系数：★★★☆☆**

希尔排序也称为“缩小增量排序”。它的基本原理是：首先将待排序的元素分成多个子序列，使得每个子序列的元素个数相对较少，对各个子序列分别进行直接插入排序，待整个待排序序列“基本有序后”，再对所有元素进行一次直接插入排序。

具体步骤如下：

（1）选择一个步长序列 t1，t2，…，tk，满足 ti>tj(i<j)，tk=1。

（2）按步长序列个数 k，对待排序序列进行 k 趟排序。

（3）每趟排序，根据对应的步长 ti，将待排序列分割成 ti 个子序列，分别对各个子序列进行直接插入排序。

需要注意的是，当步长因子为 1 时，所有元素作为一个序列来处理，其长度为 n。以数组{26, 53, 67, 48, 57, 13, 48, 32, 60, 50}（假设要求为升序排列），步长序列{5, 3, 1}为例。具体步骤如下：

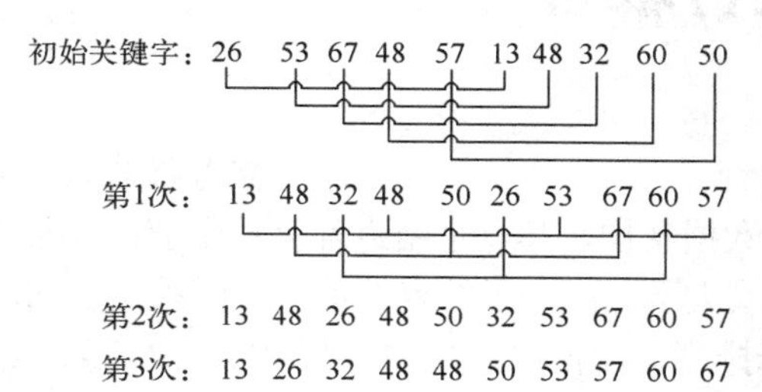

示例代码如下：

```
def  shell_sort(lists):
    # 希尔排序
    count = len(lists)
    step = 2
    group = count / step
    while  group > 0:
        for  i  in  range(0, group):
            j = i + group
            while  j < count:
                k = j - group
                key = lists[j]
                while  k >= 0:
                    if  lists[k] > key:
                        lists[k + group] = lists[k]
                        lists[k] = key
                    k -= group
                j += group
        group /= step
    return  lists

if  __name__=="__main__":
    lists=[3,4,2,8,9,5,1]
    print  '排序前序列为:',
    for  i  in  (lists):
        print  i,
    print  '\n 排序后结果为:',
    for  i  in  (shell_sort(lists)):
        print  i,
```

程序的运行结果为：

```
排序前序列为: 3 4 2 8 9 5 1
排序后结果为: 1 2 3 4 5 8 9
```

希尔排序的关键并不是随便地分组后各自排序，而是将相隔某个“增量”的记录组成一个子序列，实现跳跃式的移动，使得排序的效率提高。希尔排序是一种不稳定的排序方法，平均时间复杂度为 O(nlogn)，最差情况下的时间复杂度为 $O(n^s)(1<s<2)$，空间复杂度为 O(1)。

8.7 如何进行堆排序

【出自 SH 面试题】

难度系数：★★★★☆　　　　　　　　**被考察系数：★★★★☆**

堆是一种特殊的树形数据结构，其每个结点都有一个值，通常提到的堆都是指一棵完全二叉树，根结点的值小于（或大于）两个子结点的值，同时根结点的两个子树也分别是一个堆。

堆排序是一树形选择排序，在排序过程中，将 R[1,⋯,N]看成是一棵完全二叉树的顺序存储结构，利用完全二叉树中双亲结点和孩子结点之间的内在关系来选择最小的元素。

堆一般分为大顶堆和小顶堆两种不同的类型。对于给定 n 个记录的序列(r(1),r(2),…,r(n))，当且仅当满足条件(r(i)≥r(2i),i=1,2,…,n)时称之为大顶堆，此时堆顶元素必为最大值。对于给定 n 个记录的序列(r(1),r(2),…,r(n))，当且仅当满足条件(r(i)≤r(2i+1),i=1,2,…,n)时称之为小顶堆，此时堆顶元素必为最小值。

堆排序的思想是对于给定的 n 个记录，初始时把这些记录看作为一棵顺序存储的二叉树，然后将其调整为一个大顶堆，然后将堆的最后一个元素与堆顶元素（即二叉树的根结点）进行交换后，堆的最后一个元素即为最大记录；接着将前（n−1）个元素（即不包括最大记录）重新调整为一个大顶堆，再将堆顶元素与当前堆的最后一个元素进行交换后得到次大的记录，重复该过程直到调整的堆中只剩一个元素时为止，该元素即为最小记录，此时可得到一个有序序列。

堆排序主要包括两个过程：一是构建堆；二是交换堆顶元素与最后一个元素的位置。

示例代码如下：

```
def  adjust_heap(lists, i, size):
    lchild = 2 * i + 1
    rchild = 2 * i + 2
    maxs = i
    if  i < size / 2:
        if  lchild < size and lists[lchild] > lists[maxs]:
            maxs = lchild
        if  rchild < size and lists[rchild] > lists[maxs]:
            maxs = rchild
        if  maxs != i:
            lists[maxs], lists[i] = lists[i], lists[maxs]
            adjust_heap(lists, maxs, size)

def  build_heap(lists, size):
    for  i  in  range(0, (size/2))[::-1]:
        adjust_heap(lists, i, size)

def  heap_sort(lists):
    size = len(lists)
    build_heap(lists, size)
    for  i  in  range(0, size)[::-1]:
        lists[0], lists[i] = lists[i], lists[0]
        adjust_heap(lists, 0, i)

if  __name__=="__main__":
    lists=[3,4,2,8,9,5,1]
    print  '排序前序列为:',
    for  i  in  lists:
        print  i,
    print  '\n 排序后结果为:',
    heap_sort(lists)
    for  i  in  lists:
        print  i,
```

程序的运行结果为：

```
排序前序列为: 3 4 2 8 9 5 1
排序后结果为: 1 2 3 4 5 8 9
```

堆排序方法对记录较少的文件效果一般，但对于记录较多的文件还是很有效的，其运行时间主要耗费在创建堆和反复调整堆上。堆排序即使在最坏情况下，其时间复杂度也为O(nlogn)。它是一种不稳定的排序方法。

8.8 如何进行基数排序

【出自 DD 面试题】

难度系数：★★★★☆　　　　被考察系数：★★★☆☆

基数排序（radix sort）属于“分配式排序”（distribution sort），又称“桶子法”（bucket sort或 bin sort），排序的过程就是将最低位优先法用于单关键字的情况。下面以[73, 22, 93, 43, 55, 14, 28, 65, 39, 81]为例来介绍排序的基本思想。

（1）根据个位数把这些数字分配到编号为 0～9 的桶子中，如下所示：

桶编号	桶中的数
0	
1	81
2	22
3	73 93 43
4	14
5	55 65
6	
7	
8	28
9	39

（2）接下来将这些桶子中的数值重新串接起来，成为以下的数列：

81, 22, 73, 93, 43, 14, 55, 65, 28, 39

接着再十位数来分配：

桶编号	桶中的数
0	
1	14
2	22 28
3	39
4	43
5	55
6	65
7	73
8	81
9	93

（3）接下来将这些桶子中的数值重新串接起来，成为以下的数列：

14, 22, 28, 39, 43, 55, 65, 73, 81, 93

此时数组的排序已经完成了；如果排序的对象有三位数以上，那么持续进行以上的动作直至最高位数为止。示例代码如下：

```
import    math
def    radix_sort(lists, radix=10):
       k = int(math.ceil(math.log(max(lists), radix)))
       bucket = [[]    for    i    in    range(radix)]
       for    i    in    range(1, k+1):
              for    j    in    lists:
                     bucket[j/(radix**(i-1)) % (radix**i)].append(j)
              del lists[:]
              for    z    in    bucket:
                     lists += z
                     del z[:]
       return    lists

if    __name__=="__main__":
       lists=[3,4,2,8,9,5,1]
       print    '排序前序列为:',
       for    i    in    lists:
              print    i,
       print    '\n 排序后结果为:',
       for    i    in    (radix_sort(lists)):
              print    i,
```

程序的运行结果为：

```
排序前序列为: 3 4 2 8 9 5 1
排序后结果为: 1 2 3 4 5 8 9
```

LSD 的基数排序适用于位数小的数列，如果位数多的话，那么使用 MSD 的效率会比较好。MSD 的方式与 LSD 相反，是由高位数为基底开始进行分配，但在分配之后并不马上合并回一个数组中，而是在每个“桶子”中建立“子桶”，将每个桶子中的数值按照下一数位的值分配到“子桶”中。在进行完最低位数的分配后再合并回单一的数组中。

将要排序的元素分配至某些“桶”中，藉以达到排序的作用，基数排序法是属于稳定性的排序，其时间复杂度为 O(nlog(r)m)，其中 r 为所采取的基数，而 m 为堆数。

在某些时候，基数排序法的效率高于其他的稳定性排序法。

第 9 章 大 数 据

计算机硬件的扩容确实可以极大地提高程序的处理速度，但考虑到其技术、成本等方面的因素，它并非一条放之四海而皆准的途径。而随着互联网技术的发展，机器学习、深度学习、大数据、人工智能、云计算、物联网、移动通信技术的发展，每时每刻，数以亿万计的用户产生着数量巨大的信息，海量数据时代已经来临。由于通过对海量数据的挖掘能有效地揭示用户的行为模式，加深对用户需求的理解，提取用户的集体智慧，从而为研发人员决策提供依据，提升产品用户体验，进而占领市场，所以当前各大互联网公司研究都将重点放在了海量数据分析上，但是，只寄希望于硬件扩容是很难满足海量数据分析需要的，如何利用现有条件进行海量信息处理已经成为各大互联网公司亟待解决的问题。所以，海量信息处理正日益成为当前程序员笔试面试中一个新的亮点。

不同于常规量级数据中提取信息，在海量信息中提取有用数据，会存在以下几个方面的问题：首先，数据量过大，数据中什么情况都可能存在，如果信息数量只有 20 条，那么人工可以逐条进行查找、比对，可是当数据规模扩展到上百条、数千条、数亿条，甚至更多时，仅仅只通过人工已经无法解决存在的问题，必须通过工具或者程序进行处理。其次，对海量数据信息处理，还需要有良好的软硬件配置，合理使用工具，合理分配系统资源，通常情况下，如果需要处理的数据量非常大，超过了 TB 级，那么小型机、大型工作站是要考虑的，普通的计算机如果有好的方法，那么也可以考虑，例如通过联机做成工作集群。最后，对海量数据信息处理时，要求很高的处理方法和技巧，如何进行数据挖掘算法的设计以及如何进行数据的存储访问等都是研究的难点。

针对海量数据的处理，可以使用的方法非常多，常见的方法有 Hash（字典）法、Bit-map（位图）法、Bloom filter 法、数据库优化法、倒排索引法、外排序法、Trie 树、堆、双层桶法以及 MapReduce 法等。**其中，Hash 法、Bit-map（位图）法、Trie 树、堆等方法的考察频率最高、使用范围最为广泛，是读者需要重点掌握的方法。**

9.1 如何从大量的 url 中找出相同的 url

【出自 BD 面试题】

难度系数：★★★★☆ **被考察系数：★★★★☆**

题目描述：

给定 a、b 两个文件，各存放 50 亿个 url，每个 url 各占 64B，内存限制是 4GB，请找出 a、b 两个文件共同的 url。

分析解答：

由于每个 url 需要占 64B，所以 50 亿个 url 占用空间的大小为 50 亿×64=5GB×64=320GB。由于内存大小只有 4GB，因此不可能一次性把所有的 url 都加载到内存中处理。对于这个类型的题目，一般都需要使用分治法，即把一个文件中的 url 按照某一特征分成多个文件，使得每个文件的内容都小于 4GB，这样就可以把这个文件一次性读到内存中进行处理了。对于本题而言，主要的实现思路为：

（1）遍历文件 a，对遍历到的 url 求 hash(url)%500，根据计算结果把遍历到的 url 分别存储到 a0,a1,a2,…,a499（计算结果为 i 的 url 存储到文件 ai 中），这样每个文件的大小大约为 600MB。当某一个文件中 url 的大小超过 2GB 的时候，可以按照类似的思路把这个文件继续分为更小的子文件（例如：如果 a1 大小超过 2GB，那么可以把文件继续分成 a11,a12…）。

（2）使用同样的方法遍历文件 b，把文件 b 中的 url 分别存储到文件 b0,b1,…,b499 中。

（3）通过上面的划分，与 ai 中 url 相同的 url 一定在 bi 中。由于 ai 与 bi 中所有的 url 的大小不会超过 4GB，因此可以把它们同时读入到内存中进行处理。具体思路为：遍历文件 ai，把遍历到的 url 存入到 hash_set 中，接着遍历文件 bi 中的 url，如果这个 url 在 hash_set 中存在，那么说明这个 url 是这两个文件共同的 url，可以把这个 url 保存到另外一个单独的文件中。当把文件 a0～a499 都遍历完成后，就找到了两个文件共同的 url。

9.2 如何从大量数据中找出高频词

【出自 BD 面试题】

难度系数：★★★★☆　　　　**被考察系数：**★★★★★

题目描述：

有一个 1GB 大小的文件，文件里面每一行是一个词，每个词的大小不超过 16B，内存大小限制是 1MB，要求返回频数最高的 100 个词。

分析解答：

由于文件大小为 1GB，而内存大小只有 1MB，因此不可能一次把所有的词读入到内存中处理，因此也需要采用分治的方法，把一个大的文件分解成多个小的子文件，从而保证每个文件的大小都小于 1MB，进而可以直接被读取到内存中处理。具体的思路为：

（1）遍历文件，对遍历到的每一个词，执行如下 Hash 操作：hash(x)%2000，将结果为 i 的词存放到文件 ai 中，通过这个分解步骤，可以使每个子文件的大小大约为 400KB 左右，如果这个操作后某个文件的大小超过 1MB 了，那么可以采用相同的方法对这个文件继续分解，直到文件的大小小于 1MB 为止。

（2）统计出每个文件中出现频率最高的 100 个词。最简单的方法为使用字典来实现，具体实现方法为，遍历文件中的所有词，对于遍历到的词，如果在字典中不存在，那么把这个词存入字典中（键为这个词，值为 1），如果这个词在字典中已经存在了，那么把这个词对应的值加 1。遍历完后可以非常容易地找出出现频率最高的 100 个词。

（3）第（2）步找出了每个文件出现频率最高的 100 个词，这一步可以通过维护一个小顶堆来找出所有词中出现频率最高的 100 个。具体方法为，遍历第一个文件，把第一个文件中出现频率最高的 100 个词构建成一个小顶堆。（如果第一个文件中词的个数小于 100，那么可以继续遍历第 2 个文件，直到构建好有 100 个结点的小顶堆为止）。继续遍历，如果遍历到的词的出现次数大于堆顶上词的出现次数，那么可以用新遍历到的词替换堆顶的词，然后重新调整这个堆为小顶堆。当遍历完所有文件后，这个小顶堆中的词就是出现频率最高的 100 个词。当然这一步也可以采用类似归并排序的方法把所有文件中出现频率最高的 100 个词排序，最终找出出现频率最高的 100 个词。

引申：怎么在海量数据中找出重复次数最多的一个

前面的算法是求解 top100，而这道题目只是求解 top1，可以使用同样的思路来求解。唯一不同的是，在求解出每个文件中出现次数最多的数据后，接下来从各个文件中出现次数最多的数据中找出出现次数最多的数不需要使用小顶堆，只需要使用一个变量就可以完成。方法很简单，此处不再赘述。

9.3 如何找出访问百度最多的 IP

【出自 BD 面试题】

难度系数：★★★★☆　　　　**被考察系数：**★★★★★

题目描述：

现有海量日志数据保存在一个超级大的文件中，该文件无法直接读入内存，要求从中提取某天访问 BD 次数最多的那个 IP。

分析解答：

由于这道题只关心某一天访问 BD 最多的 IP，因此可以首先对文件进行一次遍历，把这一天访问 BD 的 IP 的相关信息记录到一个单独的文件中。接下来可以用上一节介绍的方法来求解。由于求解思路是一样的，这里就不再详细介绍了。唯一需要确定的是把一个大文件分为几个小文件比较合适。以 IPV4 为例，由于一个 IP 地址占用 32 位，因此最多会有 2^{32}=4G 种取值情况。如果使用 hash(IP)%1024 值，那么把海量 IP 日志分别存储到 1024 个小文件中。这样，每个小文件最多包含 4M 个 IP 地址。如果使用 2048 个小文件，那么每个文件会最多包含 2M 个 IP 地址。因此，对于这类题目而言，首先需要确定可用内存的大小，然后确定数据的大小。由这两个参数就可以确定 Hash 函数应该怎么设置才能保证每个文件的大小都不超过内存的大小，从而可以保证每个小的文件都能被一次性加载到内存中。

9.4 如何在大量的数据中找出不重复的整数

【出自 BD 面试题】

难度系数：★★★★☆　　　　**被考察系数：**★★★★★

题目描述：

在 2.5 亿个整数中找出不重复的整数，注意，内存不足以容纳这 2.5 亿个整数。

分析解答：

由于这道题目与前面的题目类似，也是无法一次性把所有数据加载到内存中，因此也可以采用类似的方法求解。

方法一：分治法

采用 hash 的方法，把这 2.5 亿个数划分到更小的文件中，从而保证每个文件的大小不超过可用的内存的大小。然后对于每个小文件而言，所有的数据可以一次性被加载到内存中，因此可以使用子典或 set 来找到每个小文件中不重复的数。当处理完所有的文件后就可以找出这 2.5 亿个整数中所有的不重复的数。

方法二：位图法

对于整数相关的算法的求解，位图法是一种非常实用的算法。对于本题而言，如果可用的内存空间超过 1GB 就可以使用这种方法。具体思路为：假设整数占用 4B（如果占用 8B，那么求解思路类似，只不过需要占用更大的内存），4B 也就是 32 位，可以表示的整数的个数为 2^{32}。由于本题只查找不重复的数，而不关心具体数字出现的次数，因此可以分别使用 2bit 来表示各个数字的状态：用 00 表示这个数字没有出现过，01 表示出现过 1 次，10 表示出现了多次，11 暂不使用。

根据上面的逻辑，在遍历这 2.5 亿个整数的时候，如果这个整数对应的位图中的位为 00，那么修改成 01，如果为 01 那么修改为 10，如果为 10 那么保持原值不变。这样当所有数据遍历完成后，可以再遍历一遍位图，位图中为 01 的对应的数字就是没有重复的数字。

9.5 如何在大量的数据中判断一个数是否存在

【出自 TX 面试题】

难度系数：★★★★☆　　　　**被考察系数：★★★★☆**

题目描述：

在 2.5 亿个整数中找出不重复的整数，注意，内存不足以容纳这 2.5 亿个整数。

分析解答：

显然数据量太大，不可能一次性把所有的数据都加载到内存中，那么最容易想到的方法当然是分治法。

方法一：分治法

对于大数据相关的算法题，分治法是一个非常好的方法。针对这道题而言，主要的思路为：可以根据实际可用内存的情况，确定一个 Hash 函数，比如 hash(value)%1000，通过这个 Hash 函数可以把这 2.5 亿个数字划分到 1000 个文件中(a1，a2，…，a1000)，然后再对待查找的数字使用相同的 Hash 函数求出 Hash 值，假设计算出的 Hash 值为 i，如果这个数存在，那么它一定在文件 ai 中。通过这种方法就可以把题目的问题转换为文件 ai 中是否存在这个数。那么在接下来的求解过程中可以选用的思路比较多，如下所示：

（1）由于划分后的文件比较小了，可以直接被装载到内存中，可以把文件中所有的数字都保存到 hash_set 中，然后判断待查找的数字是否存在。

（2）如果这个文件中的数字占用的空间还是太大，那么可以用相同的方法把这个文件继续划分为更小的文件，然后确定待查找的数字可能存在的文件，然后在相应的文件中继续查找。

方法二：位图法

对于这类判断数字是否存在、判断数字是否重复的问题，位图法是一种非常高效的方法。这里以 32 位整型为例，它可以表示数字的个数为 2^{32}。可以申请一个位图，让每个整数对应位图中的一个 bit，这样 2^{32} 个数需要位图的大小为 512MB。具体实现的思路为：申请一个 512MB 大小的位图，并把所有的位都初始化为 0；接着遍历所有的整数，对遍历到的数字，把相应位置上的 bit 设置为 1。最后判断待查找的数对应的位图上的值是多少，如果是 0，那么表示这个数字不存在，如果是 1，那么表示这个数字存在。

9.6 如何查询最热门的查询串

【出自 TX 面试题】

难度系数：★★★★☆　　　　　**被考察系数：**★★★★★

题目描述：

搜索引擎会通过日志文件把用户每次检索使用的所有查询串都记录下来，每个查询串的长度为 1～255B。

假设目前有 1000 万个记录（这些查询串的重复度比较高，虽然总数是 1000 万，但如果除去重复后，那么不超过 300 万个。一个查询串的重复度越高，说明查询它的用户越多，也就是越热门），请统计最热门的 10 个查询串，要求使用的内存不能超过 1GB。

分析解答：

从题目中可以发现，每个查询串最长为 255B，1000 万个字符串需要占用 2.55GB 内存，因此无法把所有的字符串全部读入到内存中处理。对于这类型的题目，分治法是一个非常实用的方法。

方法一：分治法

对字符串设置一个 hash 函数，通过这个 hash 函数把字符串划分到更多更小的文件中，从而保证每个小文件中的字符串都可以直接被加载到内存中处理，然后求出每个文件中出现次数最多的 10 个字符串；最后通过一个小顶堆统计出所有文件中出现最多的 10 个字符串。

从功能角度出发，这种方法是可行的，但是由于需要对文件遍历两遍，而且 hash 函数也需要被调用 1000 万次，所以性能不是很好，针对这道题的特殊性，下面介绍另外一种性能较好的方法。

方法二：字典法

虽然字符串的总数比较多，但是字符串的种类不超过 300 万个，因此可以考虑把所有字符串出现的次数保存在一个字典中（键为字符串，值为字符串出现的次数）。字典所需要的空间为 300 万*（255+4）=3MB*259=777MB（其中，4 表示用来记录字符串出现次数的整数占用 4B）。由此可见 1G 的内存空间是足够用的。基于以上的分析，本题的求解思路为：

（1）遍历字符串，如果字符串在字典中不存在，那么直接存入字典中，键为这个字符串，值为 1。如果字符串在字典中已经存在了，那么把对应的值直接加 1。这一步操作的时间复杂度为 O(N)，其中 N 为字符串的数量。

（2）在第一步的基础上找出出现频率最高的 10 个字符串。可以通过小顶堆的方法来完成，遍历字典的前 10 个元素，并根据字符串出现的次数构建一个小顶堆，然后接着遍历字典，只要遍历到的字符串的出现次数大于堆顶字符串的出现次数，就用遍历的字符串替换堆顶的字符串，然后把堆调整为小顶堆。

（3）对所有剩余的字符串都遍历一遍，遍历完成后堆中的 10 个字符串就是出现次数最多的字符串。这一步的时间复杂度为 O(Nlog10)。

方法三：trie 树法

方法二中使用字典来统计每个字符串出现的次数。当这些字符串有大量相同前缀的时候，可以考虑使用 trie 树来统计字符串出现的次数。可以在树的结点中保存字符串出现的次数，0

表示没有出现。具体的实现方法为，在遍历的时候，在 trie 树中查找，如果找到，那么把结点中保存的字符串出现的次数加 1，否则为这个字符串构建新的结点，构建完成后把叶子结点中字符串的出现次数设置为 1。这样遍历完字符串后就可以知道每个字符串的出现次数，然后通过遍历这个树就可以找出出现次数最多的字符串。

trie 树经常被用来统计字符串的出现次数。它的另外一个大的用途就是字符串查找，判断是否有重复的字符串等。

9.7 如何统计不同电话号码的个数

【出自 BD 面试题】

难度系数：★★★★☆　　　　**被考察系数：**★★★★★

题目描述：

已知某个文件内包含一些电话号码，每个号码为 8 位数字，统计不同号码的个数。

分析解答：

这个题目从本质上而言也是求解数据重复的问题，对于这类问题，一般而言，首先会考虑位图法。对于本题而言，8 位电话号码可以表示的范围为：0000 0000～9999 9999，如果用 1bit 表示一个号码，那么总共需要 1 亿个 bit，总共需要大约 100MB 的内存。

通过上面的分析可知，这道题的主要思路为：申请一个位图并初始化为 0，然后遍历所有电话号码，把遍历到的电话号码对应的位图中的 bit 设置为 1。当遍历完成后，如果 bit 值为 1，那么表示这个电话号码在文件中存在，否则这个 bit 对应的电话号码在文件中不存在。所以 bit 值为 1 的数量即为不同电话号码的个数。

那么对于这道题而言，最核心的算法是如何确定电话号码对应的是位图中的哪一位。下面重点介绍这个转化的方法，这里使用下面的对应方法。

00000000 对应位图最后一位：0x0000…000001。

00000001 对应位图倒数第二位：0x0000…0000010（1 向左移一位）。

00000002 对应位图倒数第三位：0x0000…0000100（1 向左移 2 位）。

00000012 对应位图的倒数十三为：0x0000…0001 0000 0000 0000。

通常而言，位图都是通过一个整数数组来实现的（这里假设一个整数占用 4B）。由此可以得出通过电话号码获取位图中对应位置的方法为（假设电话号码为 P）：

（1）通过 P/32 就可以计算出该电话号码在 bitmap 数组的下标。（因为每个整数占用 32bit，通过这个公式就可以确定这个电话号码需要移动多少个 32 位，也就是可以确定它对应的 bit 在数组中的位置。）

（2）通过 P%32 就可以计算出这个电话号码在这个整型数字中具体的 bit 的位置，也就是 1 这个数字对应的左移次数。因此可以通过把 1 向左移 P%32 位然后把得到的值与这个数组中的值做或运算，这样就可以把这个电话号码在位图中对应的为设置为 1。

这个转换的操作可以通过一个非常简单的函数来实现：

```
def  phoneToBit(phone):
    bitmap [phone / (8*4)] |= 1<<(phone%(8*4))    # bitmap 表示申请的位图
```

9.8 如何从 5 亿个数中找出中位数

【出自 BD 面试题】

难度系数：★★★★☆　　　　被考察系数：★★★★☆

题目描述：

从 5 亿个数中找出中位数。数据排序后，位置在最中间的数值就是中位数。当样本数为奇数时，中位数=(N+1)/2；当样本数为偶数时，中位数为 N/2 与 1+N/2 的均值（那么 10G 个数的中位数，就是第 5G 大的数与第 5G+1 大的数的平均值了）。

分析解答：

如果这道题目没有内存大小的限制，那么可以把所有的数字排序后找出中位数，但是最好的排序算法的时间复杂度都是 O(NlogN)（N 为数字的个数）。这里介绍另外一种求解中位数的算法：双堆法。

方法一：双堆法

这种方法的主要思路是维护两个堆，一个大顶堆，一个小顶堆，且这两个堆需要满足如下两个特性：

特性一：大顶堆中最大的数值小于等于小顶堆中最小的数。

特性二：保证这两个堆中的元素个数的差不能超过 1。

当数据总数为偶数的时候，当这两个堆建立好以后，中位数显然就是两个堆顶元素的平均值。当数据总数为奇数的时候，根据两个堆的大小，中位数一定在数据多的堆的堆顶。对于本题而言，具体实现思路为：维护两个堆 maxHeap 与 minHeap，这两个堆的大小分别为 max_size 和 min_size。然后开始遍历数字。对于遍历到的数字 data：

（1）如果 data<maxHeap 的堆顶元素，那么此时为了满足特性 1，只能把 data 插入到 maxHeap 中。为了满足特性二，需要分以下几种情况讨论。

a）如果 max_size≤min_size，那么说明大顶堆元素个数小于小顶堆元素个数，此时把 data 直接插入大顶堆中，并把这个堆调整为大顶堆；

b）如果 max_size>min_size，那么为了保持两个堆元素个数的差不超过 1，此时需要把 maxHeap 堆顶的元素移动到 minHeap 中，接着把 data 插入到 maxHeap 中。同时通过对堆的调整分别让两个堆保持大顶堆与小顶堆的特性。

（2）如果 maxHeap 堆顶元素≤data≤minHeap 堆顶元素，那么为了满足特性一，此时可以把 data 插入任意一个堆中，为了满足特性二，需要分以下几种情况讨论：

a）如果 max_size<min_size，那么显然需要把 data 插入到 maxHeap 中；

b）如果 max_size>min_size，那么显然需要把 data 插入到 minHeap 中；

c）如果 max_size==min_size，那么可以把 data 插入到任意一个堆中。

（3）如果 data>maxHeap 的堆顶元素，那么此时为了满足特性一，只能把 data 插入到 minHeap 中。为了满足特性二，需要分以下几种情况讨论。

a）如果 max_size≥min_size，那么把 data 插入到 minHeap 中；

b）如果 max_size<min_size，那么需要把 minHeap 堆顶元素移到 maxHeap 中，然后把 data 插入到 minHeap 中。

通过上述方法可以把 5 亿个数构建两个堆，两个堆顶元素的平均值就是中位数。

这种方法由于需要把所有的数据都加载到内存中，当数据量很大的时候，由于无法把数据一次性加载到内存中，因此这种方法比较适用于数据量小的情况。对于本题而言，5 亿个数字，每个数字在内存中占 4B，5 亿个数字需要的内存空间为 2GB 内存。当可用的内存不足 2GB 时，显然不能使用这种方法，因此下面介绍另外一种方法。

方法二：分治法

分治法的核心思想为把一个大的问题逐渐转换为规模较小的问题来求解。对于本题而言，顺序读取这 5 亿个数字。

（1）对于读取到的数字 num，如果它对应的二进制中最高位为 1，那么把这个数字写入到 f1 中，如果最高位是 0，那么写入到 f0 中。通过这一步就可以把这 5 亿个数字划分成两部分，而且 f0 中的数字都大于 f1 中的数字（因为最高位是符号位）。

（2）通过上面的划分可以非常容易地知道中位数是在 f0 中还是在 f1 中，假设 f1 中有 1 亿个数，那么中位数一定在文件 f0 中从小到大是第 1.5 亿个数与它后面的一个数求平均值。

（3）对于 f0 可以用次高位的二进制的值继续把这个文件一分为二，使用同样的思路可以确定中位数是哪个文件中的第几个数。直到划分后的文件可以被加载到内存的时候，把数据加载到内存中后排序，从而找出中位数。

需要注意的是，这里有一种特殊情况需要考虑，当数据总数为偶数的时候，如果把文件一分为二后发现两个文件中的数据有相同的个数，那么中位数就是数据总数小的文件中的最大值与数据总数大的文件中的最小值的平均值。对于求一个文件中所有数据的最大值或最小值，可以使用前面介绍的分治法进行求解。

9.9 如何按照 query 的频度排序

【出自 BD 面试题】

难度系数：★★★★☆　　　　**被考察系数：**★★★★★

题目描述：

有 10 个文件，每个文件 1GB，每个文件的每一行存放的都是用户的 query，每个文件的 query 都可能重复。要求按照 query 的频度排序。

分析解答：

对于这种题，如果 query 的重复度比较大，那么可以考虑一次性把所有 query 读入到内存中处理，如果 query 的重复率不高，那么可用的内存不足以容纳所有的 query，那么就需要使用分治法或者其他的方法来解决。

方法一：hash_map 法

如果 query 的重复率比较高，那么说明不同的 query 总数比较小，可以考虑把所有的 query 都加载到内存中的 hash_map 中（由于 hash_map 中针对每个不同的 query 只保存一个键值对，因此这些 query 占用的空间会远小于 10GB，有希望把它们一次性都加载到内存中）。接着就可以对 hash_map 按照 query 出现的次数进行排序。

方法二：分治法

这种方法需要根据数据量的大小以及可用内存的大小来确定问题划分的规模。对于本题而言，可以顺序遍历 10 个文件中的 query，通过 hash 函数 hash(query)%10 把这些 query 划分到 10 个文件中，通过这样的划分，每个文件的大小为 1GB 左右，当然可以根据实际情况来调整 hash 函数，如果可用内存很小，那么可以把这些 query 划分到更多的小的文件中。

如果划分后的文件还是比较大，那么可以使用相同的方法继续划分，直到每个文件都可以被读取到内存中进行处理为止，然后对每个划分后的小文件使用 hash_map 统计每个 query 出现的次数，然后根据出现次数排序，并把排序好的 query 以及出现次数写入到另外一个单独的文件中。这样针对每个文件，都可以得到一个按照 query 出现次数排序的文件。

接着对所有的文件按照 query 的出现次数进行排序，这里可以使用归并排序（由于无法把所有的 query 都读入到内存中，因此这里需要使用外排序）。

9.10 如何找出排名前 500 的数

【出自 TX 面试题】

难度系数：★★★★☆　　　　**被考察系数：**★★★★★

题目描述：

有 20 个数组，每个数组有 500 个元素，并且是有序排列好的，现在如何在这 20*500 个数中找出排名前 500 的数？

分析解答：

对于求 top k 的问题，最常用的方法为堆排序方法。对于本题而言，假设数组降序排列，可以采用如下方法：

（1）首先建立大顶堆，堆的大小为数组的个数，即 20，把每个数组最大的值（数组第一个值）存放到堆中。Python 中 heapq 是小顶堆，通过对输入和输出的元素分别取相反数来实现大顶堆的功能。

（2）接着删除堆顶元素，保存到另外一个大小为 500 的数组中，然后向大顶堆插入删除的元素所在数组的下一个元素。

（3）重复第（1）、（2）个步骤，直到删除个数为最大的 k 个数，这里为 500。

为了在堆中取出一个数据后，能知道它是从哪个数组中取出的，从而可以从这个数组中取下一个值，可以设置一个数组，数组中带入每个元素在原数组中的位置。为了便于理解，把题目进行简化：三个数组，每个数组有 5 个元素且有序，找出排名前 5 的数。

```
import heapq

def getTop(data):
    rowSize = len(data)
    columnSize = len(data[0])
    result3 = [None]* columnSize
    # 保持一个最小堆，这个堆存放来自 20 个数组的最小数
    heap=[]
    i=0
    while i < rowSize:
        arr=(None,None,None)#数组设置三个变量，分别为数值，数值来源的数组，数值在数组
中的次序 index
```

```
            arr=(-data[i][0],i,0)
            heapq.heappush(heap,arr)
            i +=1
        num = 0
        while  num < columnSize:
            # 删除顶点元素
            d = heapq.heappop(heap)
            result3[num] = -d[0]
            num +=1
            if  (num >= columnSize):
                break
            # 将 value 置为该数原数组里的下一个数
            arr=(-data[d[1]][d[2] + 1],d[1],d[2] + 1)
            heapq.heappush(heap,arr)
        return  result3

    if  __name__=="__main__":
        data =[[29, 17, 14, 2, 1],[19, 17, 16, 15, 6],[30, 25, 20, 14, 5]]
        print  getTop(data)
```

程序的运行结果为：

```
30 29 25 20 19
```

通过把 ROWS 改成 20，COLS 改成 50，并构造相应的数组，就能实现题目的要求。对于升序排列的数组，实现方式类似，只不过是从数组的最后一个元素开始遍历。